今日から
モノ知り
シリーズ

トコトンやさしい

電波の本 第2版

相良岩男

電波はいまやあらゆる分野で情報の伝送に活用されています。本書では電波（電磁波）の誕生から最近の応用まで、基礎となる技術をベースに、電波の分類と基本的な特性、および分類領域での電波応用などについて楽しく紹介します。

B&Tブックス
日刊工業新聞社

はじめに

本書では、21世紀の重要な通信インフラである電波を取り上げ周波数範囲ごとに異なる電波の特徴、並びに周波数ごとに対応する電波の応用機器について記述することを目標としました。記述に当たり、可能な限り、平易な文章と、目で見て理解しやすい図面で表現できるように心がけました。本の構成は6章より成り立っています。

第1章では、有線に代わって電波（無線）があらゆる産業・民生分野で活躍している姿を図解イメージで表しました。電波は便利だからといって、好き勝手に使用しては混乱を招きます。秩序のある運用が必要です。このことについて簡単に解説してあります。

第2章では、電波とは何かについて取り上げました。電波は電磁波の一部で3《テラ》Hz以下の周波数範囲を指しています。この電磁波は19世紀後半から20世紀前半にかけて大きく展開していきました。電磁波が歴代の科学者の知恵の上に発見されたといっても過言ではありません。マックスウエルは電界と磁界との関係を示す電磁方程式を導びき出し電磁波の存在を予言し、ヘルツが電磁波を見つけています。さらにプランクの量子論とアインシュタインの特殊相対論によって電磁波は粒子であり、波動であるという奇妙な性質を持っていることがわかったのです。電波はこれら科学者の研究に対する情熱が集積された結晶ということができます。電波を応用するにはこの発展の経緯を理解することが必要で、これらの経緯についても触れています。

第3章では、電波は超長波領域からテラヘルツ波領域まで分類されていますが、電波の特性は周波数が高くなると光の性質に近づいていき、それぞれの周波数領域で電気的特性は異なってきます。電波を応用するには、それぞれの周波数帯での性質をよく理解することが重要です。この関係を図解で示しました。

第4章では、電波を応用した電子機器の基本回路構成について取り上げました。情報を伝える信号は電波に乗せてアンテナから送信し、離れた場所でアンテナから信号の乗った目的とする電波を受信し情報を取り出していきます。この基本的な流れは一方向のみ信号を送るラジオ受信機やテレビ受像機と、相互に情報交換のできる携帯電話、スマホなど応用には多くの種類があります。このとき必要な基本回路について解説してあります。

第5章では電波の新しい利用に関して取り上げます。パソコンが登場したころは、文章を作成する、計算をする、データを保管する、印刷をする、といった限られた分野でしたが、インターネットの登場によって電波応用環境は激変してきました。あらゆるモノと接続し、モノとモノとがお互いに制御することのできるIoT時代となってきています。この便利なパソコンを動作させるため、電波は不可欠となってきました。この新しい応用における電波の使用に関して取り上げています。

第6章では、電波を応用した応用製品として、ラジオや地上デジタルテレビやスマホや電波時計やレーダ、さらにこれから新しい電波応用展開となる自動運転自動車社会や人工知能や電波電力送電や世界の気象衛星や家庭内調理器や宇宙と電波などを取り上げました。

「トコトンやさしい電波の本」は2003年谷腰欣司先生によって記述され、好評を博しましたが、谷腰先生は2013年病により亡くなられました。今般、第2版に当たり、小生が大役を担うことになり、谷腰先生のご遺志を引き継いで記述いたしました。

最後に、本書の出版に際し、ご協力を戴いた日刊工業新聞社関係者の方々に感謝の意を申し上げます。

2016年2月

相良岩男

トコトンやさしい

電波の本

第2版

目次

目次 CONTENTS

第1章 電波の応用

第2章 電磁波に含まれる電波

第3章 電波の性質

第4章 電波応用で必要な基本回路

第5章 情報機器を支える電波の応用

第6章 電波を応用した電子機器

第1章

電波の応用

1 電磁波の誕生と電波の応用

電波は真空中を伝播する

情報と信号：人間は生きるため多くの情報（information）が必要です。18世紀後半、イギリスで産業革命が起こり、遠く離れた場所の情報を知ることが一段と重要となってきました。このような環境下で、情報をいったん電気的な信号（signal）に変換して電線ケーブルを使って送信して受信し再び信号から情報に変換するという有線による信号の伝送路がいろいろと発明されています。1840年、情報をモールス符号信号にした電信が、1876年、音声を電圧変化信号にした電話器が登場しています。19世紀後半になると、電波を用いた無線による信号の伝送路が登場してきました。1899年ドーバー海峡を挟んでイギリスとフランス間で無線モールス電信が成功したとの驚くべきニュースをきっかけに20世紀初頭から急速に無線の研究が始まりました。

電磁波の誕生：1864年理論物理学者マックスウエルは電流が電線を流れるときに生じる電界と、磁石から生じる磁界の間には何か関係があるのではないかと推理を続ける中で、有名な電磁方程式の理論を導き出し、電磁波が存在することを理論的に予測したのです。だが、マックスウエルの予測した電磁波の存在することが実際に確かめられたのは何と24年経過した1888年のことです。物理学者ヘルツが実験中に発見しました。この実験成功によって物理学者たちは「電磁波（電波）が真空中を飛ぶ」ことに大変な衝撃を受けました。

電波とは：電磁波は電界と磁界の相互作用によって電気エネルギーを真空中（空気中も含む）に伝播していく横波のことです。日本電波法の規定で、電波は「波長が3《テラ》Hz以下（300万《メガ》Hz）の電磁波である」と決められています。（一般には3《キロ》Hzから1《ギガ》Hz位が用いられています）。

電波の応用：20世紀後半から、電波を応用した無線電子機器が飛躍的に発展していきました。

要点BOX
- ●産業革命で遠く離れた場所情報の知見が必要に
- ●マックスウェルが電磁波の存在を予測
- ●20世紀後半に電波応用が花開く

信号の伝送に用いる電波

電波はあらゆる分野で情報の伝送に使用されている。

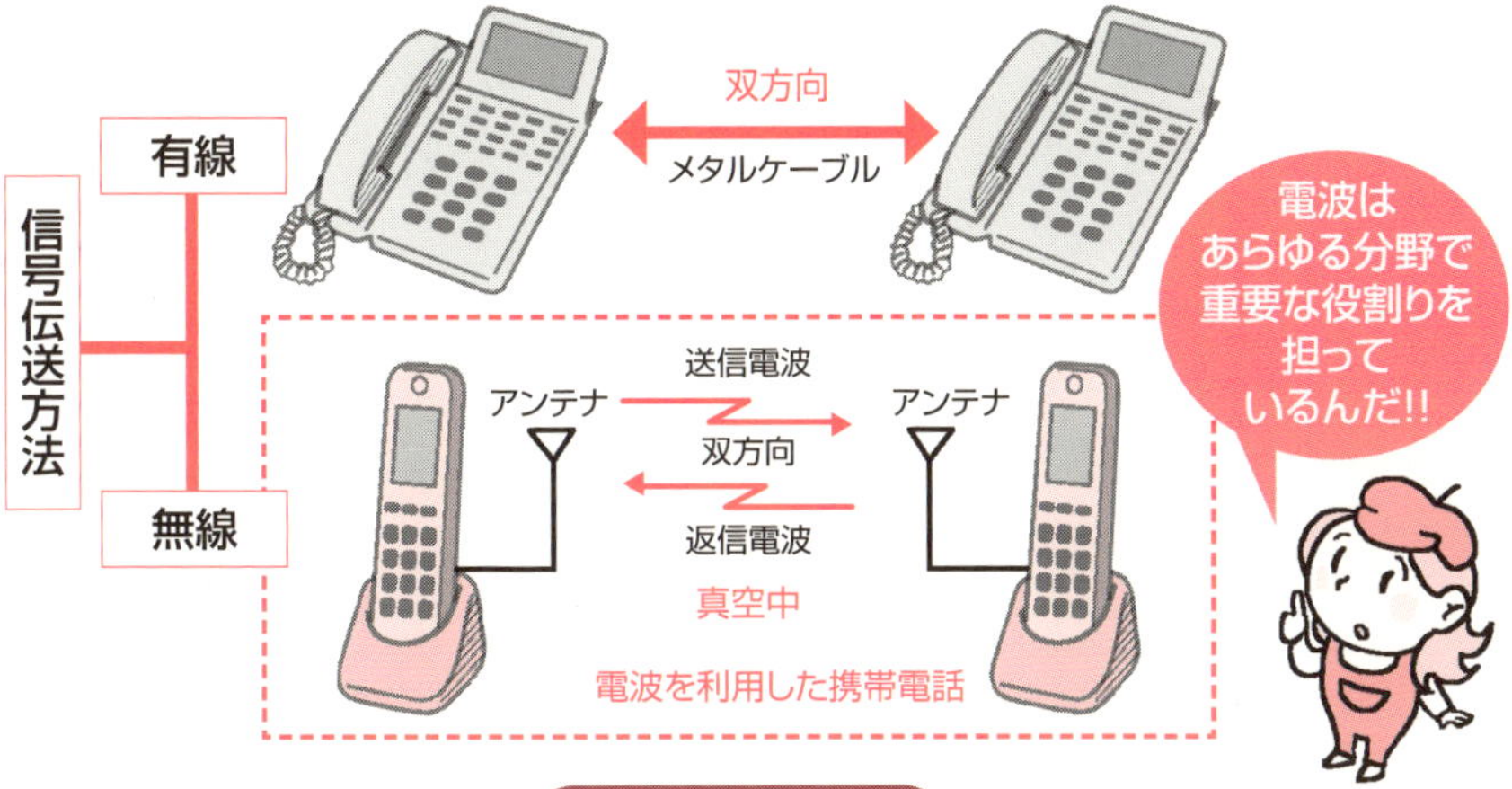

電磁波と電波

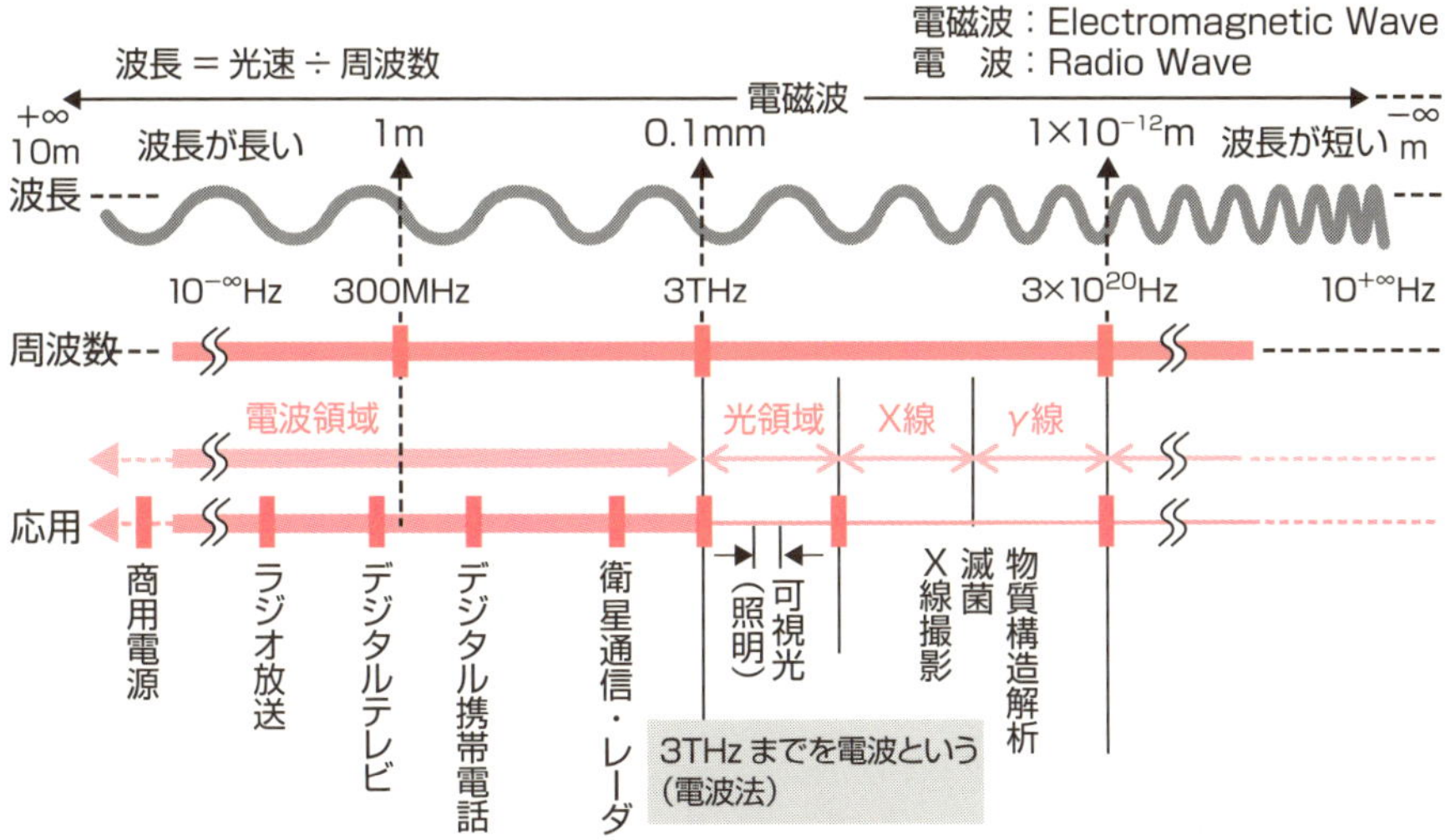

電波応用の基本

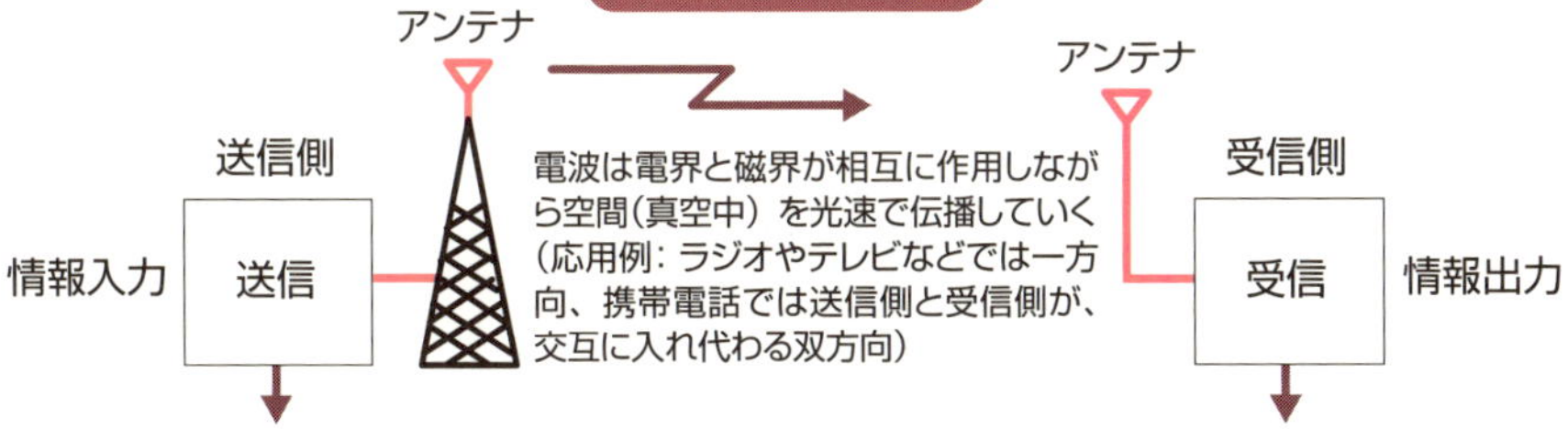

2 電波を利用した時代へ

電波応用機器はアナログからデジタルへ

20世紀電波の応用は急速に拡大：20世紀初頭から有線通信網として、文字や数字などの信号を取り扱う電信用テレックス網と、会話のできる電話用電話網が登場してきました。やがて20世紀中ばから無線通信網の開発が始まり、紆余曲折を経て１９３０年からアメリカでは相互に信号を送信または受信のできる双方向無線通信網が登場してきました。同時に片方向に信号を送信するラジオ放送局が、１９４１年からアメリカで白黒テレビ局が誕生しています。

二度にわたる世界大戦の中で、無線を応用した軍用向けの航空・船舶無線やレーダなどが開発されています。この無線を支えた増幅素子は真空管でした。しかし、真空管は形状が大きく壊れやすいなどという構造的な欠陥と同時に、高周波対応や消費電力などの点で問題があり、次第に開発は行き詰まりつつありました。

20世紀半ば、真空管の欠点を克服した優れた特性（超小型、高周波対応、低電力消費）を持つ増幅素子であるトランジスタ（transistor）が１９５８年に、さらに多数のトランジスタを集積化したIC（Integrated Circuit）が１９５９年に発明されたのです。このトランジスタやICの登場により、高性能な無線の応用機器が飛躍的な発展をしていきました。さらにICの優れた特性によって変動のあるアナログから正確な信号処理のできるデジタルが登場し、ここから計算や検索に威力を発揮するパソコンが登場してきています。

21世紀はデジタルの時代へ：21世紀になると、デジタルを応用した夢の電話といわれた携帯電話や高精細デジタルテレビなどが登場してきました。この中で、特に注目されたのがパソコン間を繋いでデータ交換のできるインターネット（internet）が、アメリカで登場してきました。特徴として、通信の制御が中央集約型から分散型へと変わったこと、デジタル信号をパケット（packet）で送るようになったことがあります。

要点BOX

- 20世紀中ばから無線通信網開発
- トランジスタ、ICの発明で飛躍的に発展
- 21世紀はデジタルの時代

ラジオとテレビの誕生

アメリカでラジオ実験成功

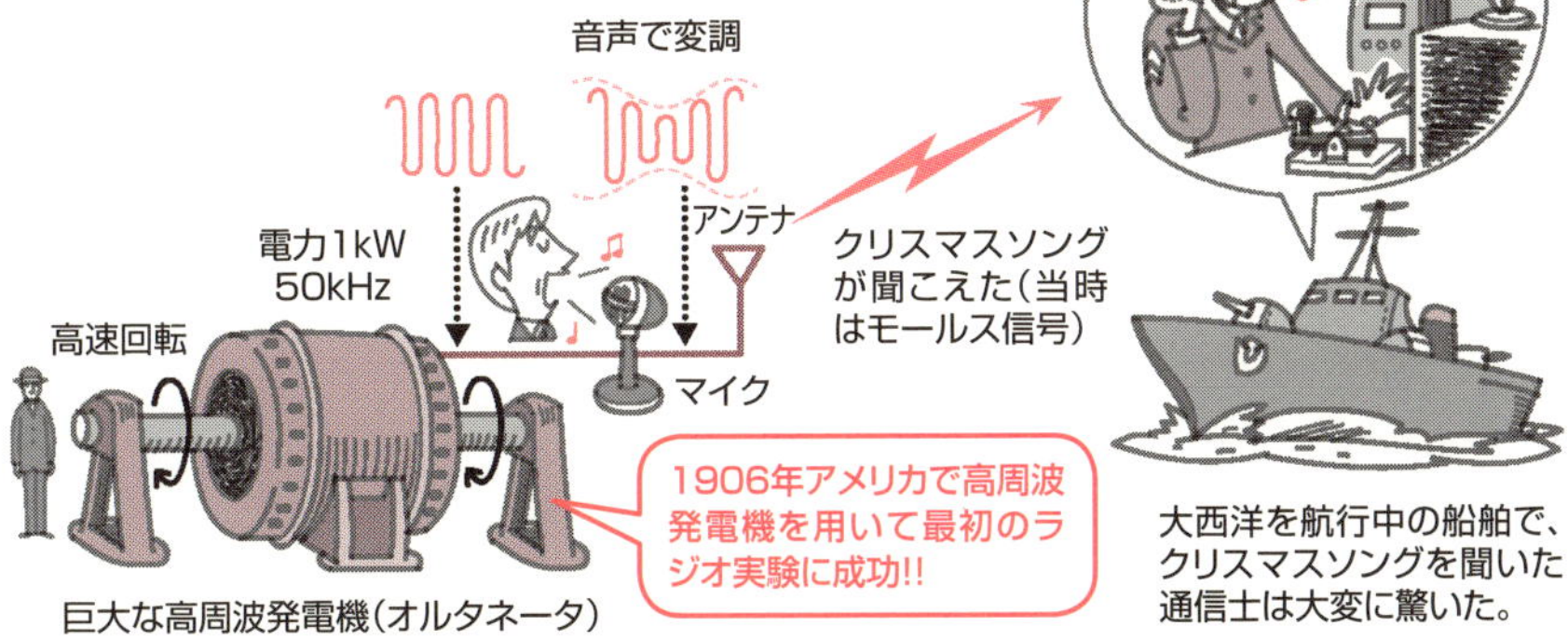
音声で変調
電力1kW
50kHz
アンテナ
高速回転
マイク
クリスマスソング
が聞こえた（当時
はモールス信号）
1906年アメリカで高周波
発電機を用いて最初のラ
ジオ実験に成功!!
巨大な高周波発電機（オルタネータ）
大西洋を航行中の船舶で、
クリスマスソングを聞いた
通信士は大変に驚いた。

日本で開発された最初のテレビ

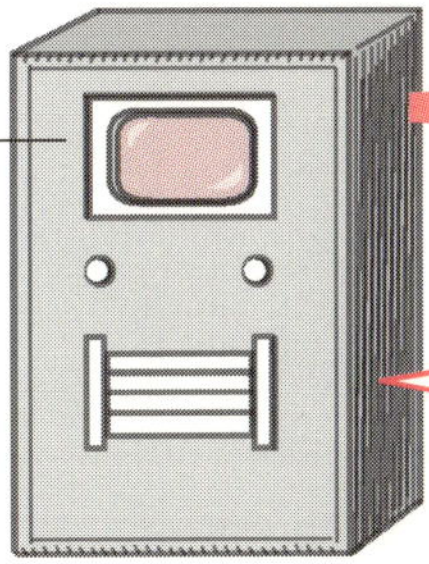
12インチ（約30cm）
白黒ブラウン管

1940年第12回東京オリンピックに向けてNHKが開発したテレビ受信機

2020年第32回オリンピックにはデジタル8Kテレビ（7680×4320）が登場（2018年スタート）予定

アナログ（当時）

走査線	441 本
縦横比	5：4
映像搬送波	45.0MHz
音声搬送波	41.5MHz

電波を応用した電子機器の誕生

20世紀 ／ **21世紀**

アナログ時代

- 1906年 米国ラジオの実験成功
- 1920年 米国ラジオ放送
- 1925年 日本ラジオ放送
- 1941年 米国白黒テレビ放送
- 1952年 日本白黒テレビ放送
- 1954年 米国カラーテレビ放送
- 1960年 日本カラーテレビ放送

デジタル時代

- 1979年 第一世代携帯電話
- 1988年 インターネット
- 1993年 第二世代携帯電話
- 2001年 第三世代携帯電話
- 2003年 地上デジタルテレビ放送
- 2011年 BSデジタルテレビ放送
- 2018年 8Kテレビ放送開始予定

3 電波とインターネット

モノ自身の判断でモノを制御する

情報の応用が飛躍的に拡大：産業分野や民生分野でインターネットは電子メールや情報検索などで用いられていますが、ここに来てインターネットの利用は驚異的に発展しようとしてきています。これがIoT／M2Mで、ここでは電波（無線）が重要な役割を担っています。

IoT（Internet of Things）：従来のインターネットには多くのパソコンやサーバなどが接続され、お互いに情報交換や検索などに使用されてきました。これからのインターネットは、さらに進化しすべてのモノが接続され、人間など他からの操作を介しないで、モノ同士がお互いに信号を交換し、モノ自身の判断でモノを制御するような信号伝送路として使用するIoT時代になろうとしています。例えばインターネット上にテレビカメラなどのモノを接続し、交通制御応用ではディスプレイを見ながら人間自身が人の流れを見るなどして使用してきましたが、これからはインターネットにテレビカメラや信号機などのモノを接続し、写った映像から自動的に人間の数を検測したデータを作成し、このデータ解析から交差点の信号間隔を自動的に変更することも可能となります。この他、種々な機器や各種センサなどのモノに接続され、この中から必要とするモノ自身を選択し必要とする信号を読み取り、自ら行動を起こすような信号伝送路の役割をインターネットが担うことになります。これからのIoTを支えるのはワイヤレスつまり電波技術です。

M2M（Machine to Machine）：M2MはIoTの一つの分野で、独立して別個の動作をしている機械と機械の信号が人間の介入なしにインターネットを通して機械間に伝わり、自動的に動作が行われることです。例えば、あるモノが他のモノの状況など必要な信号のみをインターネット上で選択し、動作させるかどうか担当するモノ自身で判断しながら動作していきます。無線で行うのがワイヤレスM2Mです。

要点BOX

- ●モノ同士がお互いに信号を交換
- ●インターネットによるIoT/M2Mの時代へ
- ●IoTを支えるワイヤレス（電波技術）

IoTのイメージ

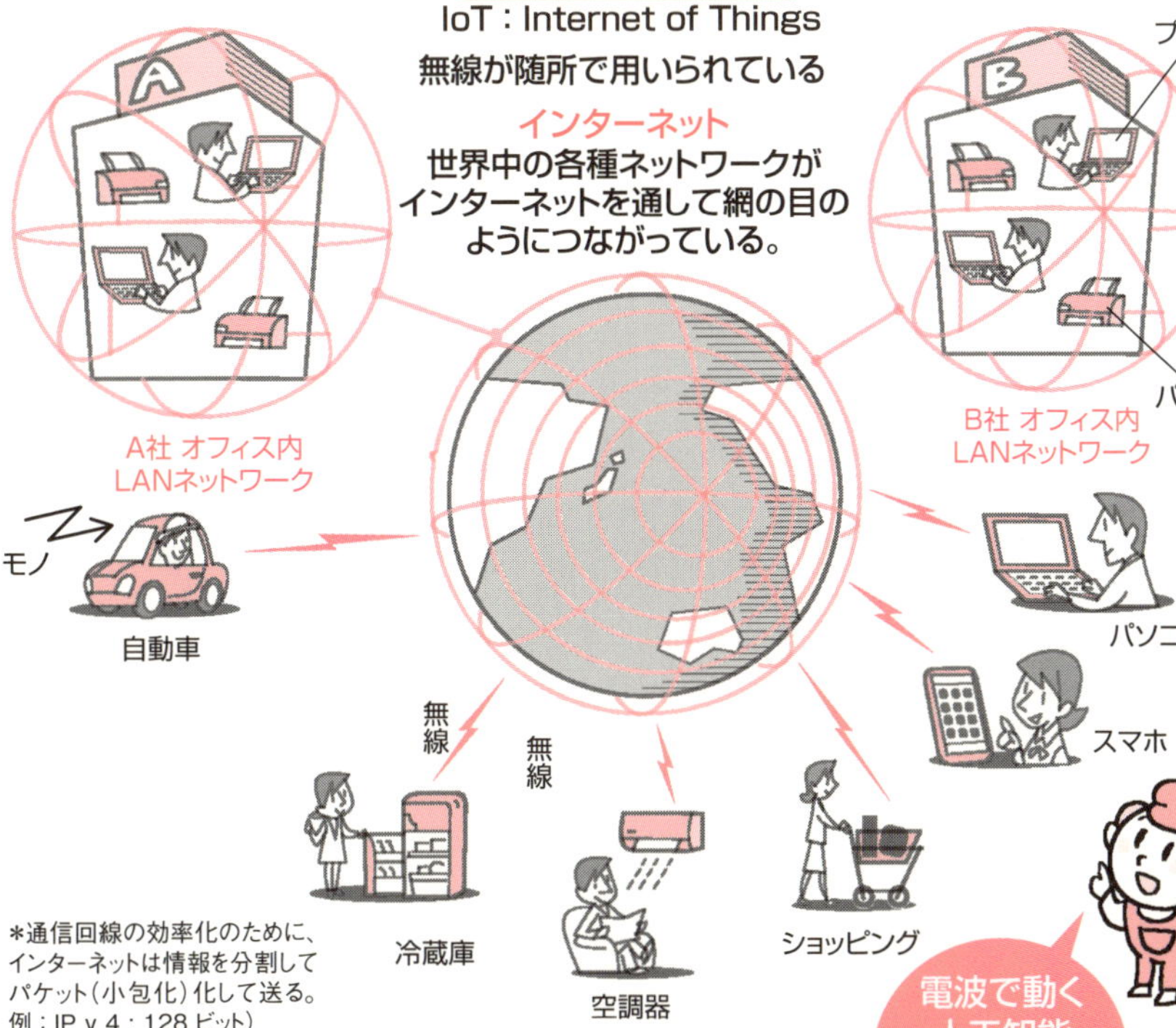

*通信回線の効率化のために、
インターネットは情報を分割して
パケット(小包化)化して送る。
例;IP v 4;128 ビット)

M2Mのイメージ

M2M : Machine to Machine

- すべての装置が情報を無線または有線で送受している。
- 下図の自働組み立ての場合、それぞれの工程で必要とするデータをそれぞれの工程の装置自身が集めて判断して動作していく。人間は介入しない。

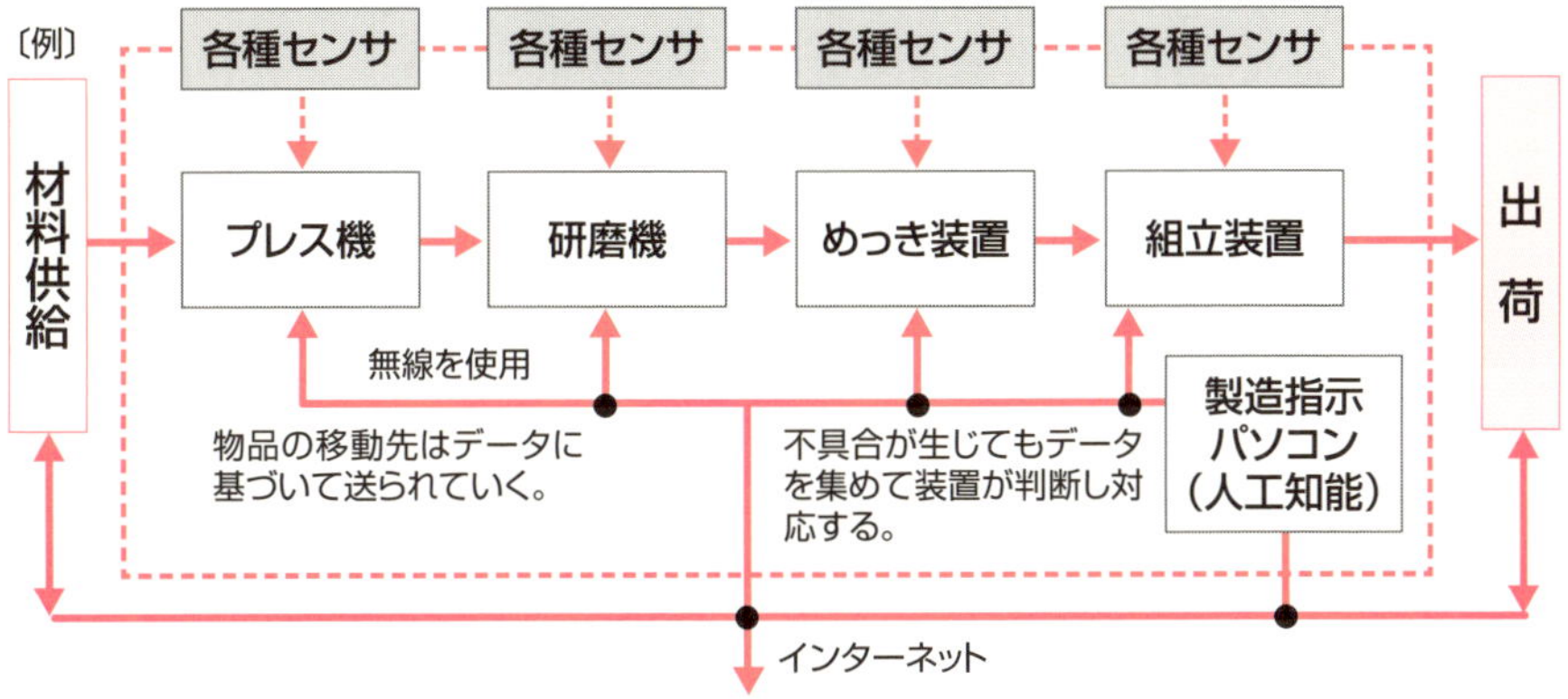

4 電波が活躍するオフィス

インターネットの利用方法にも新しい動きが

オフィスの仕事：一般のオフィスでは、いろいろなクライアント（client：顧客）から発せられる種々なリクエスト（要求）に対して、それぞれのリクエストに対応した処理（サービス）を行うのが主な仕事です。これらの役割を担うのがサーバ（server：ネットワークに繋がった多くのデータベースからリクエストに合ったデータを提供するコンピュータとソフト）と呼んでいます。サーバにはファイルサーバ、ウェブサーバ、プリントサーバなどが企業内情報網としてＬＡＮで結ばれています。

企業内を飛び交う電波：建物内ではデータの伝送は有線ＬＡＮまたは無線ＬＡＮで、建物外では有線電話網や携帯電話網や通信衛星やＧＰＳによってインターネット網に接続されグローバルネットワークを構成しています。近年は一段と電子機器の種類と応用範囲が広がり、これらを接続する配線複雑化の解消や利便性の面で、ますます電波の利用が注目されるようになってきました。

電波を応用したネットワークへ：21世紀、インターネットの利用方法にも新しい動きが出てきました。この中で特に注目されているのが、多くの分野で発生する膨大なデータを処理して新しい情報を得るというビッグデータ手法です。例えば、膨大なカメラを道路上に設置し、ここから得られる膨大なデータを解析し、どの時間帯にはどの方面からどの方面に移動する自動車が多いのかを知ることもできます。今まで得られなかった情報・通信に関する新しい情報を得るという技術が注目されるようになってきました。

この他に、使用者の所有するパソコン上にあったデータやソフトをいったん巨大な仮想コンピュータに移動させ、必要に応じてどこの場所からでもインターネットを通して自由に取り出せることのできるクラウド・コンピュータ・サービスが登場してきました。この新しい考え方はＩＣＴ（情報通信技術）革命とも呼ばれています。ここに無線は大きく関わっています。

要点BOX

●オフィスでは電波が随所で活躍している
●電波は利便性の面で注目
●新しい考え方ICT（情報通信技術）

オフィス内の通信網

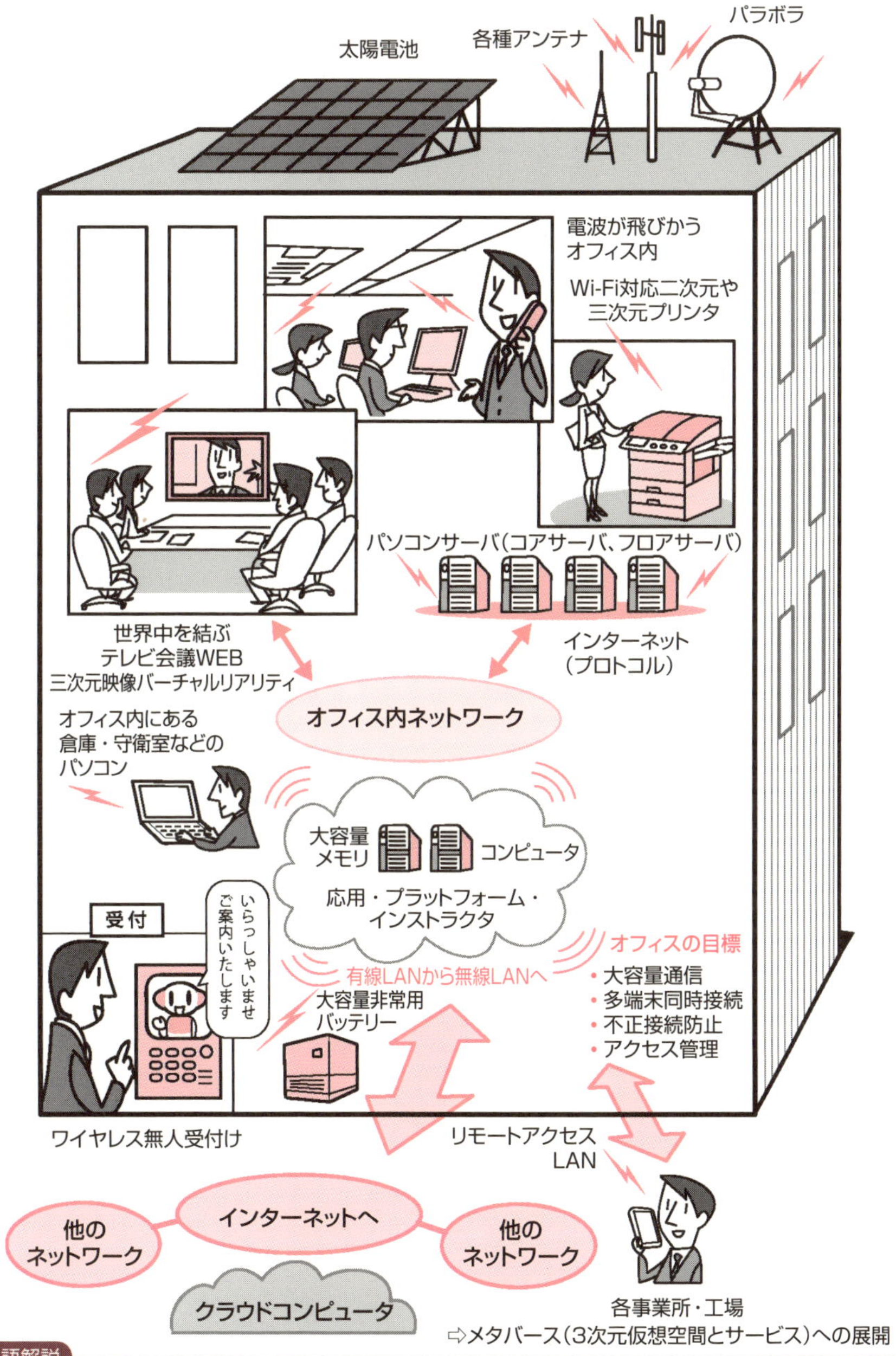

用語解説

ICT：Information communication technology（情報通信技術）の略

5 電波と産業分野

電波はあらゆる産業分野で活躍

航空分野：航空無線は飛行機との連絡用にVHFを、飛行機の運航ではGNSS（衛星航法）が、空港では空港無線に電波が用いられています。

自動車分野：自動車分野では、GPSを利用したナビゲーションやGPS内蔵ドライブレコーダや高速道路でのETC料金支払いや交通情報案内（携帯電話利用）やVICSに電波が用いられています。タクシーではタクシー無線が用いられています。さらにIP無線（携帯電話のデータ通信網を利用したデジタル通信）や周波数を有効利用できるMCA無線があります。

天気予報分野：天気予報では、気象衛星やアメダス（日本国内に約300か所ある無人観測施設）などで電波が用いられています。

鉄道分野：鉄道では、連絡用の鉄道無線や、GPSを利用した運転手支援システムやATS（自動列車停止装置）や信号機など、多岐に電波は用いられています。改札口や金融やショッピングでは特定小電力無線による専用ICカードが用いられています。

社会インフラ関係：水道や電気やガスなど基本となる社会インフラの中で、無線はそれぞれに対応した業務無線を使用しています。

病院分野：院内連絡用無線とか、医療機器用テレメータなどに特定小電力無線RFIDが、X線機器（CTスキャンなど）に電波が用いられます。病院内では電波がペースメーカに影響する関係で、使用が制限されています。

警察・消防・防衛での無線：警察では警察無線や電波の指向性を利用した速度違反レーダが、消防では消防無線が、防衛関係では防衛無線が用いられています。

工場関連：工場では構内無線や生産機器の制御などに無線が用いられています。最近、無線で動くロボットが、製品在庫管理などでは特定小電力無線が用いられています。

要点BOX

- ●航空・自動車・鉄道分野での活躍
- ●天気予報・社会インフラ関係での活躍
- ●警察・消防・防衛での活躍

産業分野での電波応用

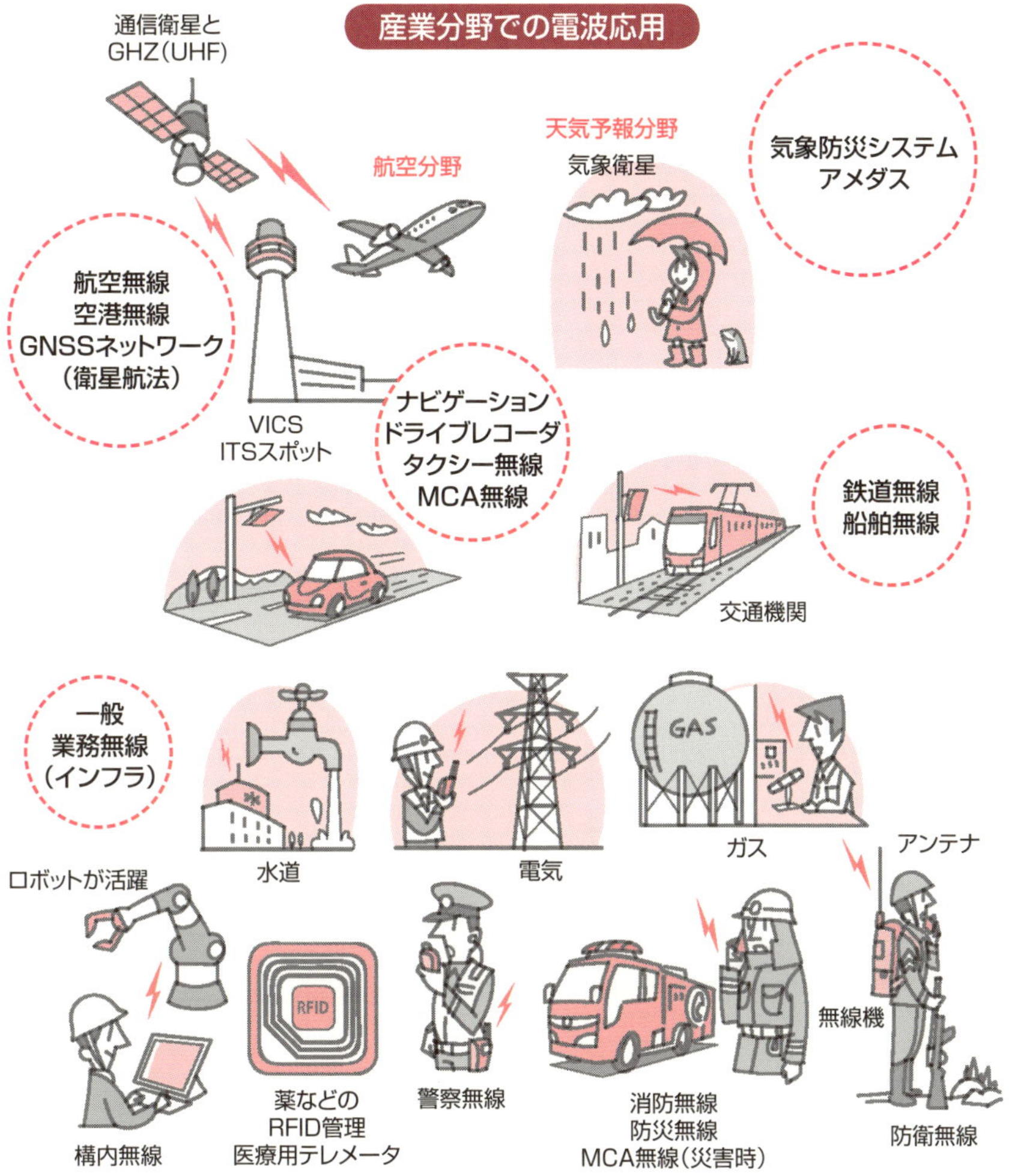

特定小電力無線の応用

6 電波を利用したデジタル電子機器誕生

電波にデジタル技術が重畳されてきた

デジタルテレビの登場：初期のテレビはアナログ方式でしたが、技術的問題点が三つありました。一つ目が雷や自動車イグニッション雑音よる雑音問題、二つ目が映像のアスペクト比（縦横比）や画質に対して満足していないといった映像問題、三つ目が山間地に電波が届かないといった難視聴地域問題でした。

これらの問題を解決する唯一の方法が、デジタル方式のテレビにすることでした。デジタル化するために新しくアナログ／デジタル変換回路やデジタル変調復調回路や雑音回路など多くの新しい技術開発が行われ、日本では２００３年からアナログテレビに変わってデジタル方式による地上デジタルテレビ波放送が始まっています。

デジタル化によって雑音問題や映像問題は解決しましたが、難視聴地域問題は未解決でした。この対策として、２０１１年から衛星を利用したBSデジタル放送（旧方式は２０００年）登場し、難視聴地問題を解決したのです。この他にCSテレビ１１０度やCSテレビ１２４度があります。ラジオ（特に顕著なのが短波を利用した海外向け）では、フェージング現象（電波が電離層で反射し、元の周波数と合成されて電波に乱れの生じる現象）がありましたが、すでにアナログラジオが災害用として広く普及しているためと、時報放送で生じる時間遅れなどから、現在は一般のラジオはデジタル化されていません。現在はインターネットを利用したデジタルラジオとデジタルテレビの音声に採用されています。

デジタル化したスマートフォンの登場：日本における第一世代の携帯電話はアナログ方式で１９７９年（自動車電話からスタート）から運用が始まっています。本格的な携帯電話は１９８５年のショルダー型でした。だが当時の携帯電話の主目的は通話でした。通話者増加で第二世代のデジタル方式携帯電話が登場してきましたが、データ通信速度は９・６キロbpsでした。

要点BOX

- ●テレビはアナログ式からデジタル式へ
- ●難視聴地域解消にBS/CSテレビ
- ●携帯電話は第四世代へ

デジタルテレビの登場

アナログテレビからデジタルテレビへ

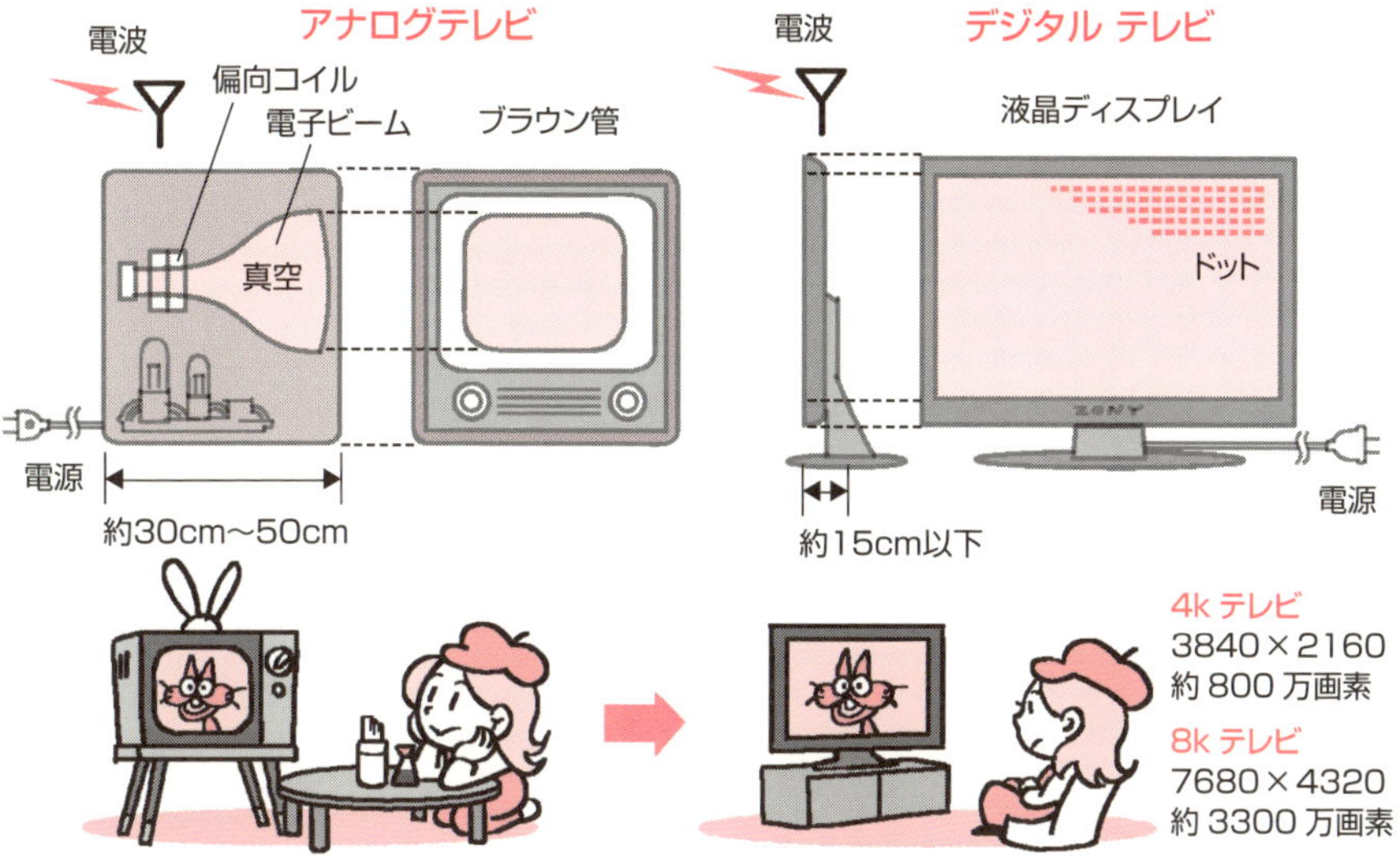

総画素数：442本×332画素≒15万画素
縦横比：4：3
ブラウン管の大きさ：17インチ〔例〕

総画素数：1920画素×1080本≒207万画素
縦横比：16：9
液晶ディスプレイ：40インチ〔例〕

縦横比（aspect ratio）：一般には「横：縦」で表記

携帯電話の発展

ショルダフォンからスマホへ

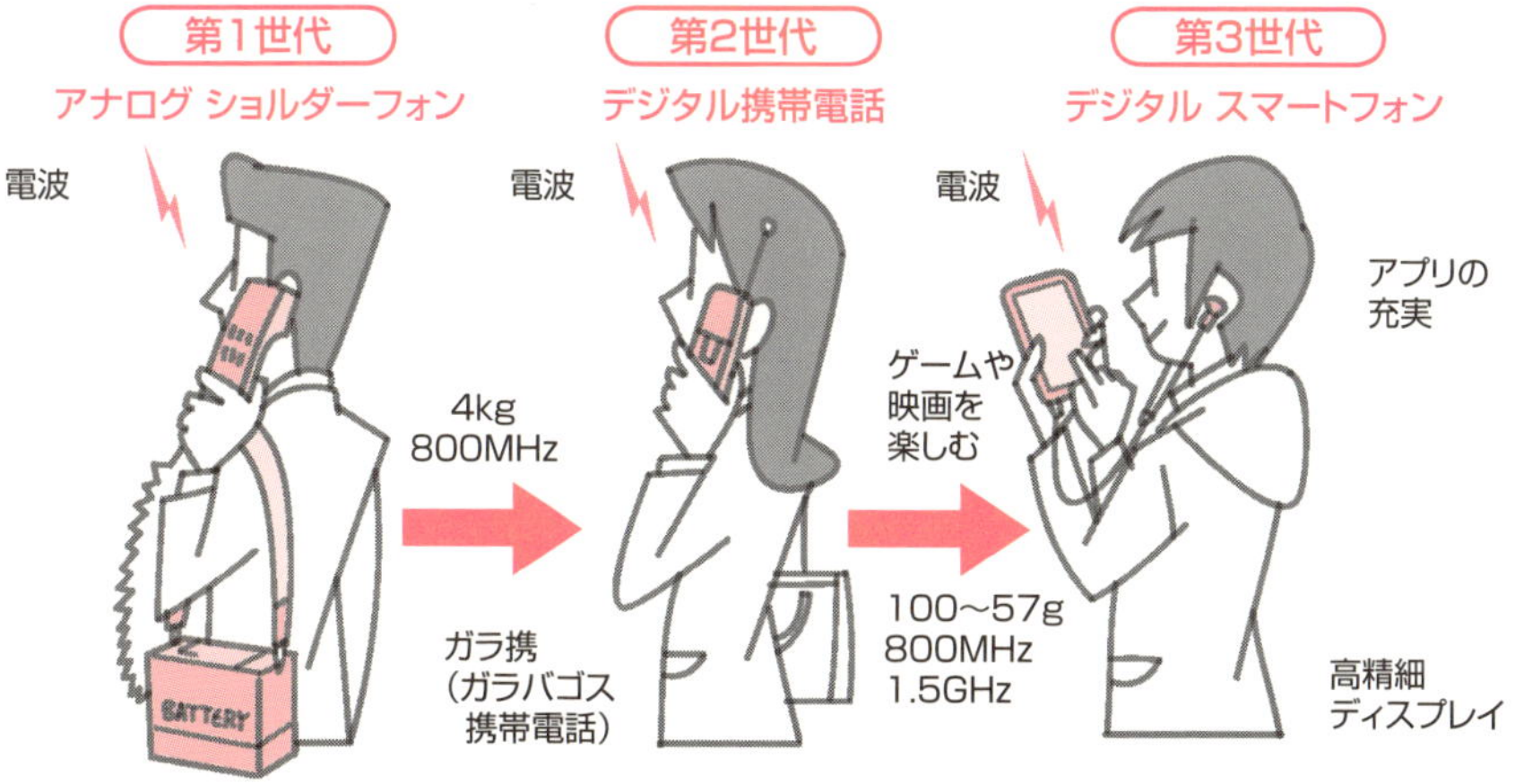

データ通信速度は、第3世代は 384kbps、第 3・9世代は14Mbps、第4世代では 1Gbps、第5世代では 10Gbps、第6世代では Tbps となる予定。

7 電波と民生分野

電波は民生電子機器分野のあらゆる領域で活躍

家庭内に電波が飛び交う：20世紀初頭、家庭内にある電波応用電子機器はラジオや電蓄くらいでした。21世紀は電波を利用した電子機器の開発で、電波が家庭内を飛び交う時代となりました。もし人間が室内の電波を見ることができたなら、部屋一面を埋め尽している無数の電波の雲を見ることができるでしょう。

娯楽関連：一般家庭で娯楽の中心となるのが地上波テレビとBS・CSテレビやAM・FMラジオやオーディオやゲーム機などです。これら電子機器などの制御は赤外線（電磁波990nm）リモコンを使用していますが。この変調に38キロHzの周波数が用いられています。

インターネット関連：一般家庭ではパソコンがメール送受信や情報検索などに普通に使われています。このパソコンにはマウスなどの付属機器が必要ですが、ここに2・4ギガHzのブルートゥースが、デジカメやプリンタなどとの接続にWi-Fi（無線LAN）が用いられています。

情報機器関連：外部との連絡に固定電話と携帯電話が用いられます。固定電話は有線ですが、デジタルコードレス電話では親機と子機との間は2・4ギガHzの小電力無線で繋がれています。近年、携帯電話（ガラケイ：ガラバコス：旧式）からスマホ（スマートフォン）へ移行するようになってきましたが、ワイヤレスイヤフォンやワイヤレススピーカにブルートゥースによる特定小電力無線が用いられています。

テレメータ関連：テレメータ（リモコン）で動かす各種の電子機器が登場してきました。これらは無免許であるため、厳しく電力が制限されています。テレメータを応用した電子機器としてリモコン自動車やドローン（無人飛行機）などがあります。これらは無線で電子機器の動作を操っています。カラオケ用のワイヤレスマイクにも2・4ギガHzの特定小電力無線（免許を必要とするタイプもある）が用いられています。

キッチン関連：電子レンジやIH電気釜やIHクッキングに電波が用いられています。

要点BOX

- ●家庭内は飛び交う電波で一杯
- ●マウスやプリンタなども無線に
- ●テレメータ応用の自動車、ドローン

民生分野での電波応用

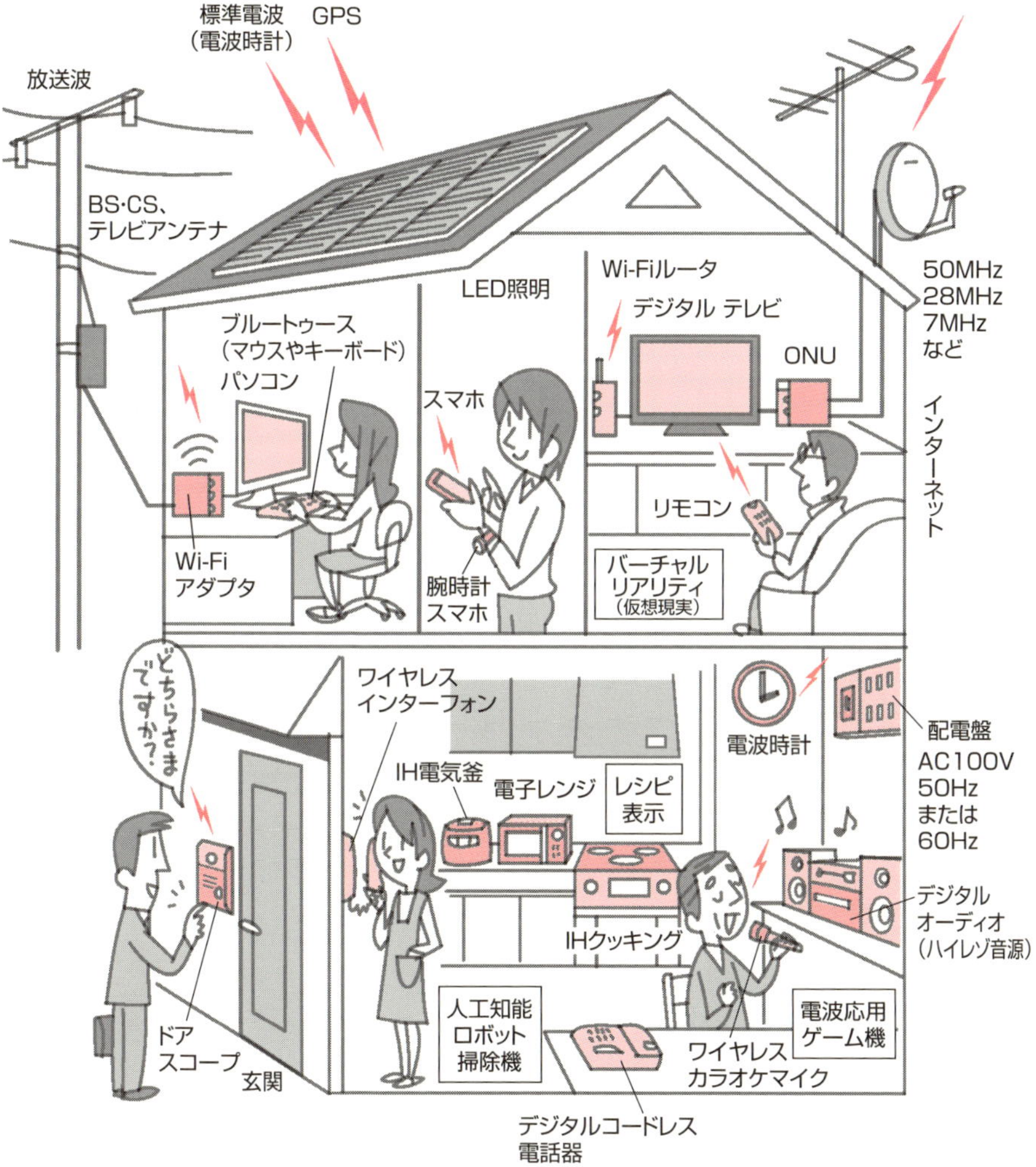

用語解説

IH：Induction Heatingの略で誘導加熱のこと。

8 電波を使用するための電波法

電波は法律に従って運用される

電波は人々の貴重な財産：電波は生活に必要な情報を得るうえで重要な役割を担っています。勝手に電波を使用すると、電波の周波数は重複して使用され混信などの障害が発生します。このような事態を避けるため国は電波法で電波に関する条令を設けて厳しく規制しています。

無線局の開設・運用に免許が必要：電波で信号となる符号（データ）を送受するのが「無線電信」であり、音声や音楽を送受できるのが「無線電話」です。これらは電波を使用するので、ともに「無線設備」といっています。この無線設備とこれを操作する人を含めて「無線局」となります。無線局（移動する無線設備を含む）には、電波を利用して信号を送受できる機器と、操作する無線通信士資格のある人が必ず必要です。受信のみの場合は無線局といいません。この無線局を開設する者は総務大臣の免許を必要とし「登録局」となります。この者は「無線従事者」と呼ばれています。

無線設備では電波法で技術基準に適合した「技適マーク」の付いた無線機を使用します。携帯電話では、携帯電話事業者が包括的に免許を取得し、携帯電話に「技適マーク」が付いています。

無線局の開設・運用に免許が不必要：小規模で他の無線局の運用を妨げないものは「特定無線設備」と呼び規定しています。特定無線設備に中で、他の無線局の運用に妨害を与える恐れの少ないのが「特別特定無線設備」です。これらの無線設備は免許の不要な小電力無線局となります。

特定無線設備では、周波数26・9《メガ》Hz～27・2《メガ》Hz、空中線出力が0・5W以下の場合で、市民ラジオで使用しています。特別特定無線設備では、周波数や使用する機器に関係なく空中線出力が1W以下で無線設備のある無線局の運用を妨害しないように無線設備から3mの距離における電界強度が500μV以下の場合で、無線設備には「技適マーク」が必要です。

要点BOX

- ●電波は勝手に使用できない
- ●無線局は免許が必要
- ●小電力無線局では免許不必要

無線局の開設と運用には免許が必要

電波法
「電波を公平かつ
能率的に利用する」ために
法律で使用法が定められている
法律を順守（抜粋）

- 電波は 3THz以下の周波数をいう。
- 「無線電信」は電波を利用して符号を送受できる「通信設備」をいう。
- 「無線電話」は電波を利用して音声や音響を送受できる「通信設備」をいう。
- 「通信設備」の操作は免許を受けた「無線従事者」が行う。

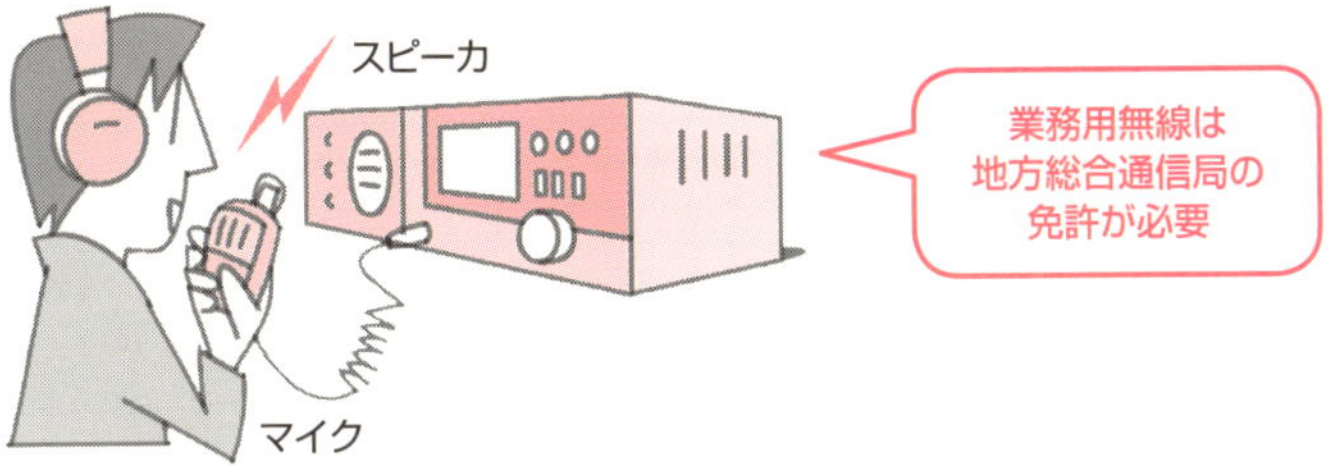
スピーカ
マイク
業務用無線は
地方総合通信局の
免許が必要

無線局の開設と運用に免許が不必要な場合

- 特定無線設備は小電力無線の一種で、免許を要しない無線局である。
- 特定無線設備では、26.9MHz～27.2MHzの電波で空中線出力が0.5W以下の場合。市民ラジオ（短距離無線）など
- 特別特定無線設備では、空中線出力が 1W 以下の無線局で、総務省が定める機能を有し、 他の無線局の運用を阻害する混信妨害を与えない場合。コードレス電話、無線 LAN、NFC、RFID、テレメータなど
- ISM（Industrial、Scientific、Medicia）バンド 2.4GHz 帯、5.7GHz 帯、920MHz

電波は
法律に基づいて
使用します!!
法律
電波を利用するときは
必ず自分で法律を
確認すること!!

Column

エレクトロニックスは琥珀から始まった

紀元前ギリシャでは琥珀は貴重な宝石として愛用されていました。琥珀は太古の昔に繁茂した樹木の樹脂が固まった茶褐色の軽い化石です。この琥珀を磨くため、布などで擦ると不思議な力(静電気)が働き、髪の毛を吸い付けるのです。

これは琥珀に神の力があるためだとギリシャ人は考えていました。そのギリシャでは太陽のことを「エレクトル」と呼んでいましたので、琥珀のこの現象は「エーレクトロン」と呼ばれ、この言葉から今日の電子産業は「エレクトロニックス」と呼ばれる起源となっています。

一方、摩擦などしなくても鉄を引き付ける不思議な石がギリシャのマグネシア地方で発見されていました。ここから不思議な石は「マグネット」と呼ばれたとのことです。だが、なぜ摩擦すると不思議な力が働き、マグネットは鉄を吸い付けるのか謎でした。数千年ほど経過した16世紀、イギリスのギルバートは羅針盤の針が北極に近づくにつれ下を指すようになることから「地球に磁気がある」と考えたのです。だが、磁石がなぜ金属を引き付けるのかという謎までは解明できませんでした。この謎に解決の糸口が見え始めたのが1820年のことです。

メール法による接頭語

電波の周波数範囲は広いので、分かりやすいように名前が付けられています。日本語と欧米語で単位の付け方が異なっています。

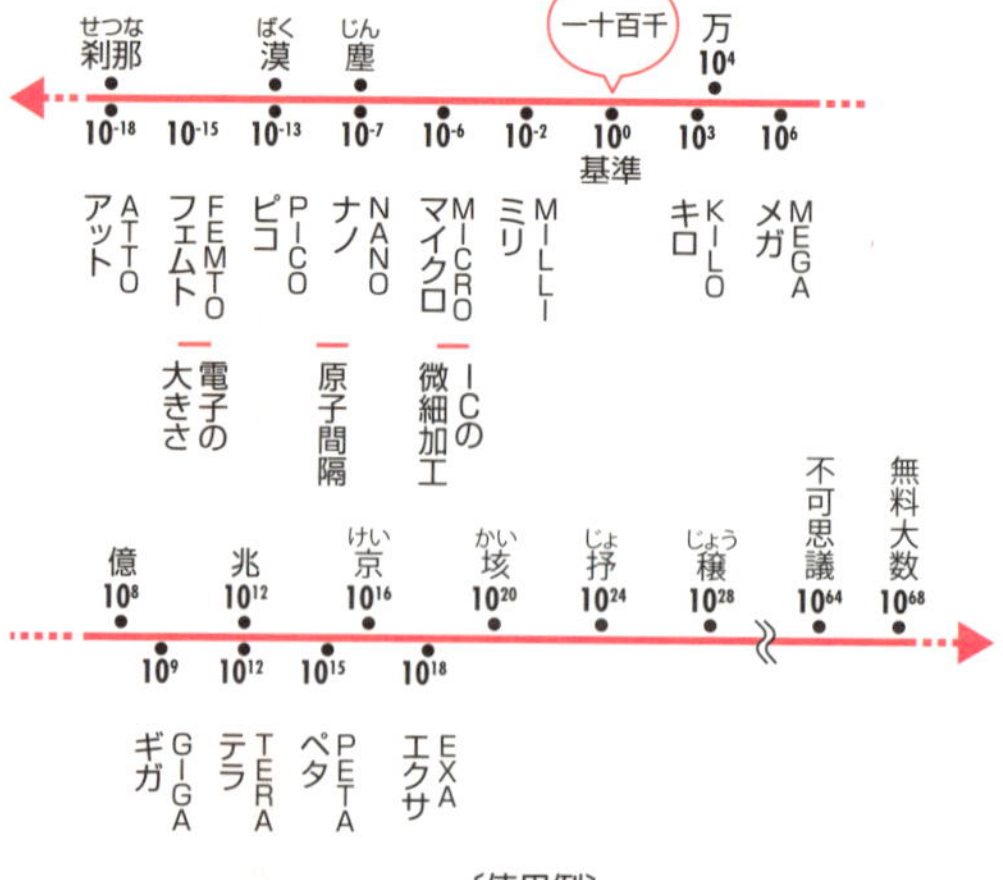

〔使用例〕
電波上限周波数 3THz（テラヘルツ）
電波上限波長 1mm（ミリメータ）

第2章

電磁波に含まれる電波

9 電磁波と電波

電波は電磁波の一部

電磁波の分類：電磁波は真空（空気中も含む）を光速で伝播する波のことで、電磁波は電波や光線やX線やγ線に分類できます。電磁波は周波数の違いによって種類別に分類されています。この周波数の範囲は無限小$10^{-\infty}$Hzから無限大$10^{+\infty}$Hzまでですが、この中で10Hz位から10^{22}Hz位までの周波数が応用されています。

電波とは：電磁波の中で3×10^{12}Hz＝3THz（3000GHz）以下の周波数が電波（radio waveまたはelectric wave）と電波法で決められています。

電波・光線・X線・γ線の特徴：電波は発信回路で希望する正確な周波数を作ることができ、ラジオやテレビに応用できます。光は赤外線と可視光線と紫外線とに分かれています。

可視光線は燃やすまたは発光ダイオード（LED）で得られますが、希望する周波数を作ることは困難です。特徴として人間の視覚で直接感じることができるため、照明に用います。可視光はプリズムで赤色、オレンジ色、黄色、緑色、水色、青色、紫色に分解できます。すべての色は赤色と緑色と青色を組み合わせて作ることができます。白色は赤色と緑色と青色の適当な比率での混合で得られます。

X線はγ線同様に放射線の一種です。X線は銅などの標的に加速した電子を当てて作ることができます。特徴として、物資を深く通過する性質があり大変に危険な電磁波です。この性質を利用して医療分野ではX線写真やCTスキャンなどに、理工学分野では材料の非破壊検査・結晶構造解析（X線回折）などに、安全分野では空港などでの手荷物検査などに使用しています。

γ（ガンマ）線は放射線の一種で、放射性物質が崩壊するとき放射します。特徴として、物資を深く通過する性質があって大変に危険な電磁波です。ガンマ線の性質を利用して医療分野では癌《がん》などのコバルト治療や殺菌に、産業分野では材料検査に用います。

要点BOX

- 電波とは電磁波の中で3THz以下の周波数を指す
- 可視光線は照明に用いる
- X線、γ線は物質を深く通過する電磁波

電磁波と電波

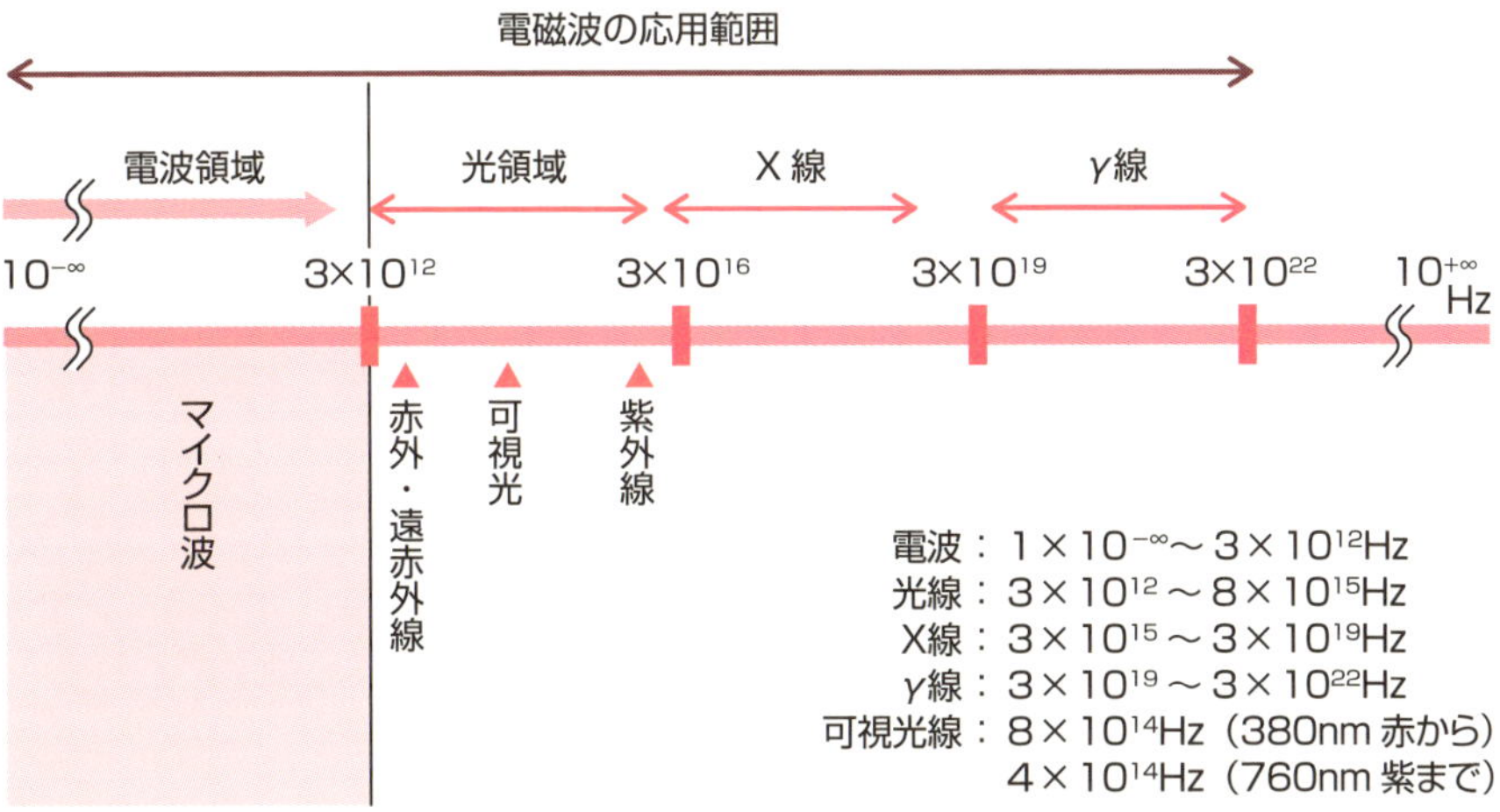

電波・光線・X線・γ線の発信源

	発振源
電波	水晶、ルビジウム、セシウムを用いた発振回路により正確な周波数を得ることができる
光線	燃やすことで簡単に得ることができるが好きな色を出すことは困難。発光ダイオードLEDがあるが、正確な周波数調整は困難。ELがある
X 線	銅などの金属に電子を加速して当てる
γ線	放射性物質の崩壊で発生

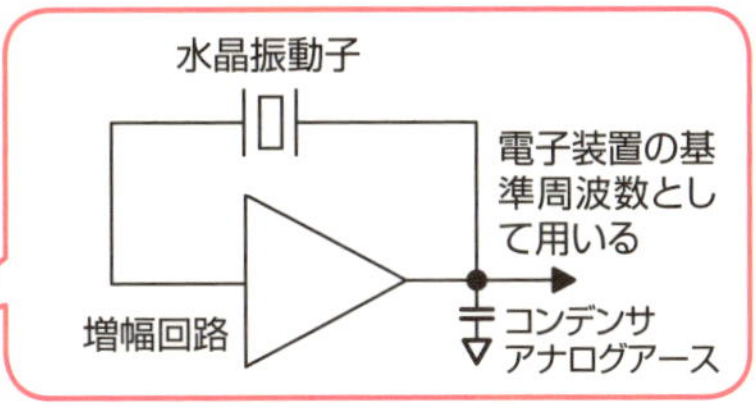

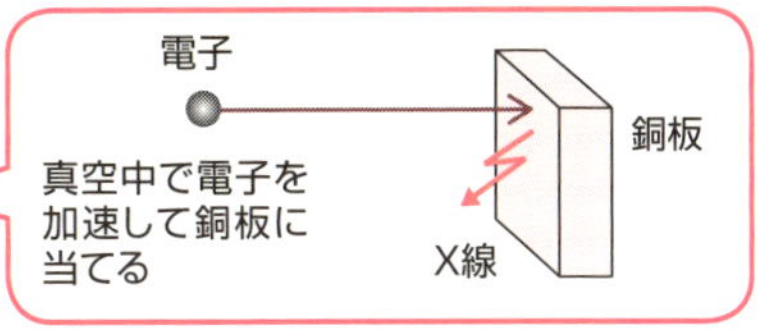

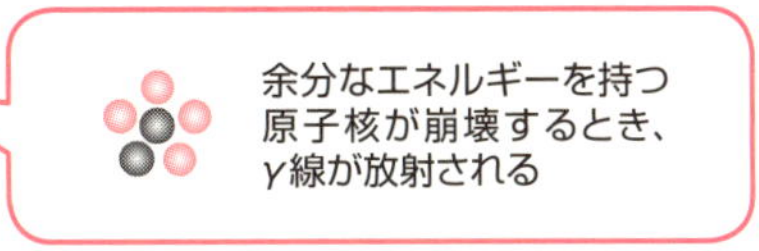

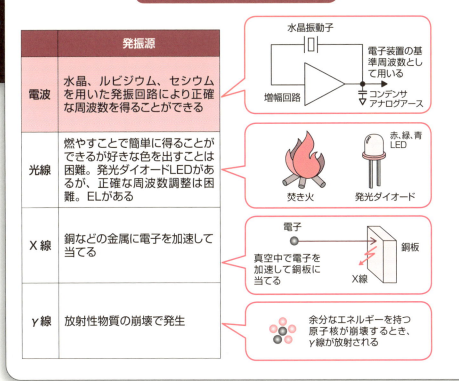

10 電磁波の基本となる電界と磁界

電界と磁場の性質が明らかとなってきた

電磁波の基本となる電界と磁界：18世紀から19世紀にかけて、電磁波（電波）の基本となる電界（電場：electric field）や磁界（磁場：magnetic field）に関する論文が、次々に発表されています。1785年クーロンは、電荷（電気量）の間で電界が生じ、電荷の積に比例し、距離の2乗に反比例する斥力《せきりょく》または引力となる電気力が働くという「クーロンの法則」を、1820年エルステッドは電流が流れると磁気が発生することを、アンペールは磁石の針が導線に流れる電流に対して直角となり、右ねじの向きに磁界ができる「右ねじの法則」を、1833年ファラデーは、コイルに磁石を近づけたり離したりして磁界を変化させるとコイルの誘起起電力が変化する（電磁誘導で生じた誘起起電力は電圧、誘起電流は電流という）「ファラデー電磁誘導の法則」を、1834年レンツは何らかの原因で誘導電流が流れると、誘導電流を妨げる方向に誘起起電力が生じるという「レンツの法則」を、1867年ガウスは、電荷と電界との関係を電気力線で表すことができる、という「ガウスの法則」を発表しています。この電気力線について、ファラデーは、二つの電気力線は交わることはない（電気力線は電荷《プラス》から電荷《マイナス》に向かう仮想的線のこと）、と提案しています。

電界と磁界、並びに電気力と磁気力の間の関係は未解決な状態でした。

電界と磁界とはどのような関係があるのだろうか：電界と磁界との間にどのような関係があるのだろうか、相互関係について統一した見解が求められるようになり、多くに物理学者がこの問題解決に取り組みました。だが、なかなか問題点の核心に触れることはできませんでした。このような中、1856年25歳になった新進気鋭のマックスウエルはこの問題について挑戦したのです。マックスウエルは多くの論文の中で特にファラデーの提唱した「電荷に作用する電気力は電気力線に沿って伝わる」という考えに注目しました。

要点BOX

- ●18〜19世紀に電磁波と磁界の論文増加
- ●電界、磁界の基本法則次々に提案
- ●マックスウエルは電気力線に注目

アンペール右ねじの法則

導体に電流を流すと右ねじの方向に磁界が生じる

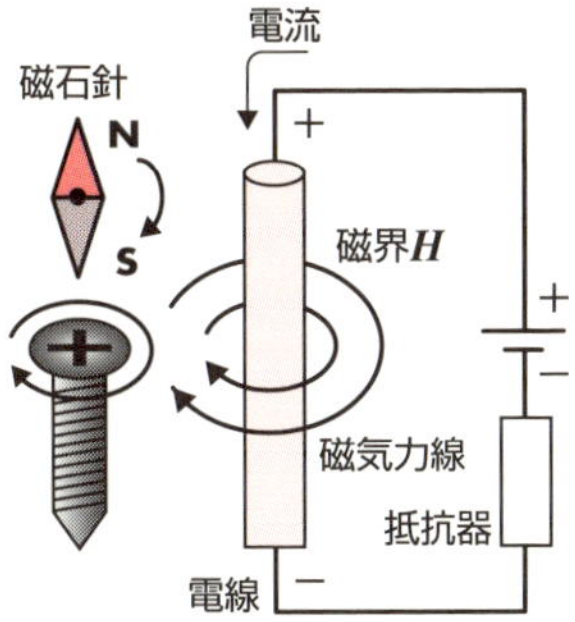

磁力針の向きは電流に対して直角になるように回転する

磁界とコイル

コイルに磁石を近づけると電流が流れる。誘導電流
磁界の向きはN極からS極

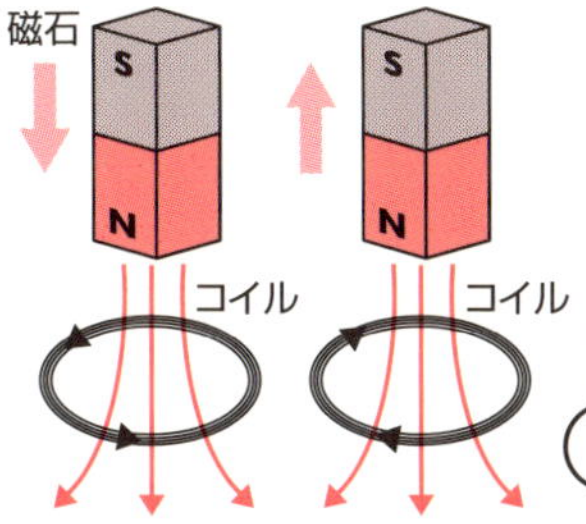

磁石の強さとコイルの巻き数で誘導起電力が大きくなる

ファラデイ電磁誘導の法則

コイルに電流が流れると磁場が生じる。このとき磁石を接近すると、磁石の接近を妨げようとする。離すと逆になる

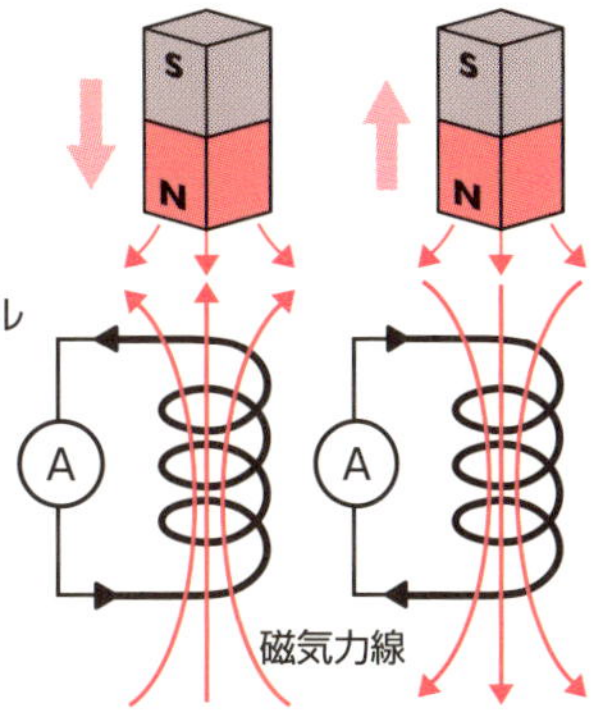

レンツの法則

コンデンサと電気力線

電気力線は+電荷から−電荷へ吸い込まれる

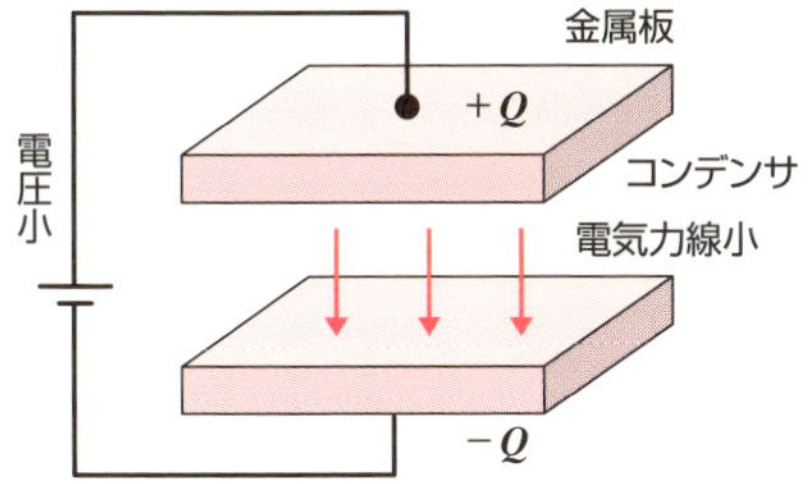

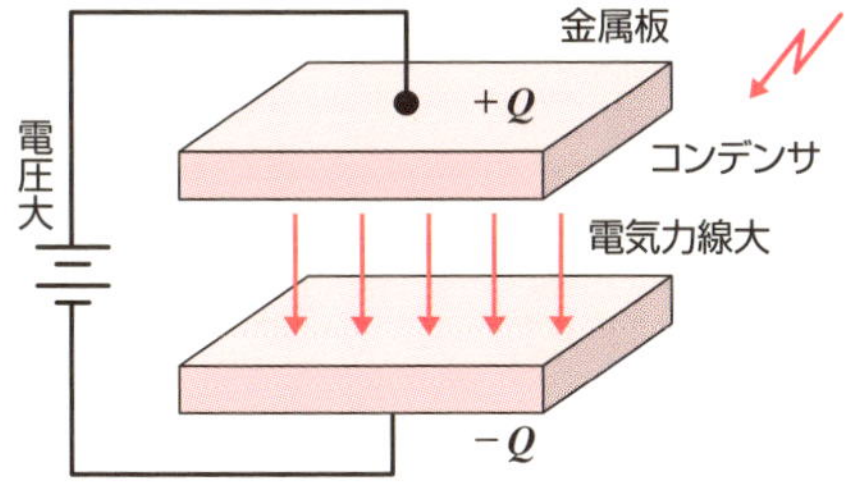

電荷と電気力線

電場の強さが大きいほど電気力線の数が多くなるとファラデイは考えた。
（1 クーロンの電荷から 1 本の電束と定義）

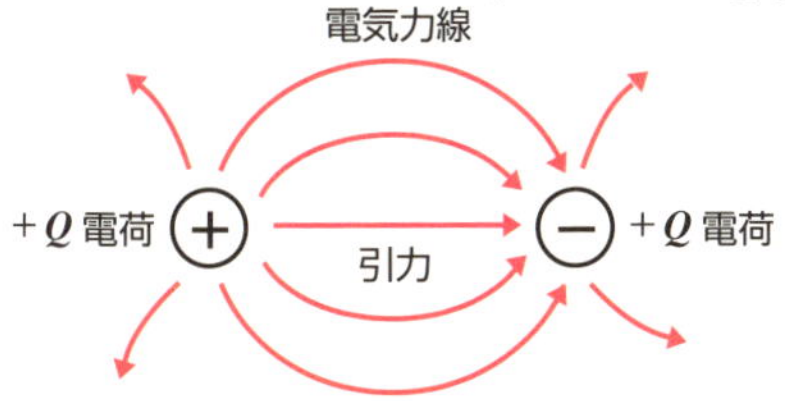

電荷に働く電気力線：引力または斥力は電荷の積に比例し、距離の2乗に反比例する（クローンの法則）

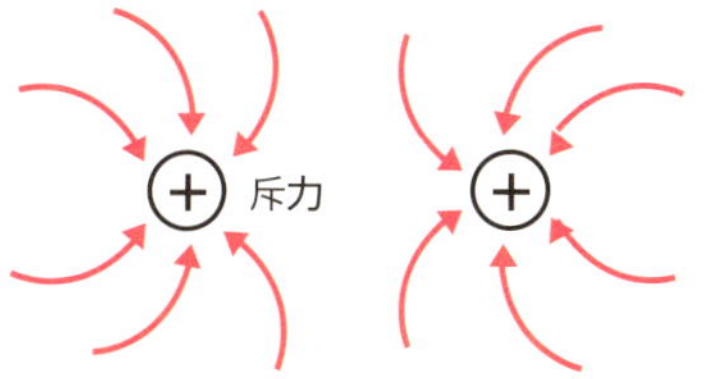

マックスウエルはこの電気力線に注目し、ここから電磁方程式を考えたという

11 電磁波の存在を予測

マックスウエル三つの論文：マックスウエルは三つの論文を発表しています。1856年発表した一つ目の論文は「電気力と磁気力の強さを圧縮することはできない」という内容で、1861年発表した二つ目の論文は「ガウスの法則」と「クーロンの法則」と「ファラデー電磁誘導の法則」を含めて統一的に電気力線と磁気力線との関係をまとめた内容で、1864年三つ目の論文は有名な電磁波に関する内容でした。

電磁波の存在を予測した三つ目の論文：三つ目の論文には四つの方程式があります。一つ目の方程式（ガウス・マックスウエルの法則）は、電荷によって電界が生じ、この電界はプラスからマイナスに向かう電気力線によって表すという内容で、二つ目の方程式（アンペール・マックスウエルの法則）は、電界の時間変化によって磁界が生じるという内容です。この時間変化が電流と同じ働きをするので変位電流と呼びます。

三つ目の方程式（ファラデー・マックスウエルの法則）は、磁界の時間変化で電界が誘導（誘導磁界）され、空間にサークル状の電流が流れることを表した内容です。電線が無くても磁場ができます。四つ目の方程式は、磁力線は閉鎖性を持っていて、磁石には電荷と異なりN極とS極は単独で存在しないということです。

これら論文の結論として、電界が磁界を作り、磁界が電界を作りながら、つまり「お互いがお互いを連鎖的に作り出しながら空間を伝わっていく電磁波が存在するはずである」とマックスウエルは予測したのです。空間における電磁波の移動は次のようになります。まず空間に磁界が電界を発生させ（これが誘導電界）、この電界によってループ状の変位電流が生じます。次に変位電流を打ち消す方向に新しい磁界がループ状に発生していくということが連鎖的に起こりながら伝搬していきます。便宜的に電磁波を図のように表しますが、電磁波は横波なので、電界と磁界の位相は一致しています。

要点BOX

- ●ガウスの法則とクーロンの法則
- ●電界と磁界は連鎖的に起こりながら伝播
- ●電磁波はマックスウエルによって命名された

マックスウエルが電磁波の存在を予測

電気と磁気の関係

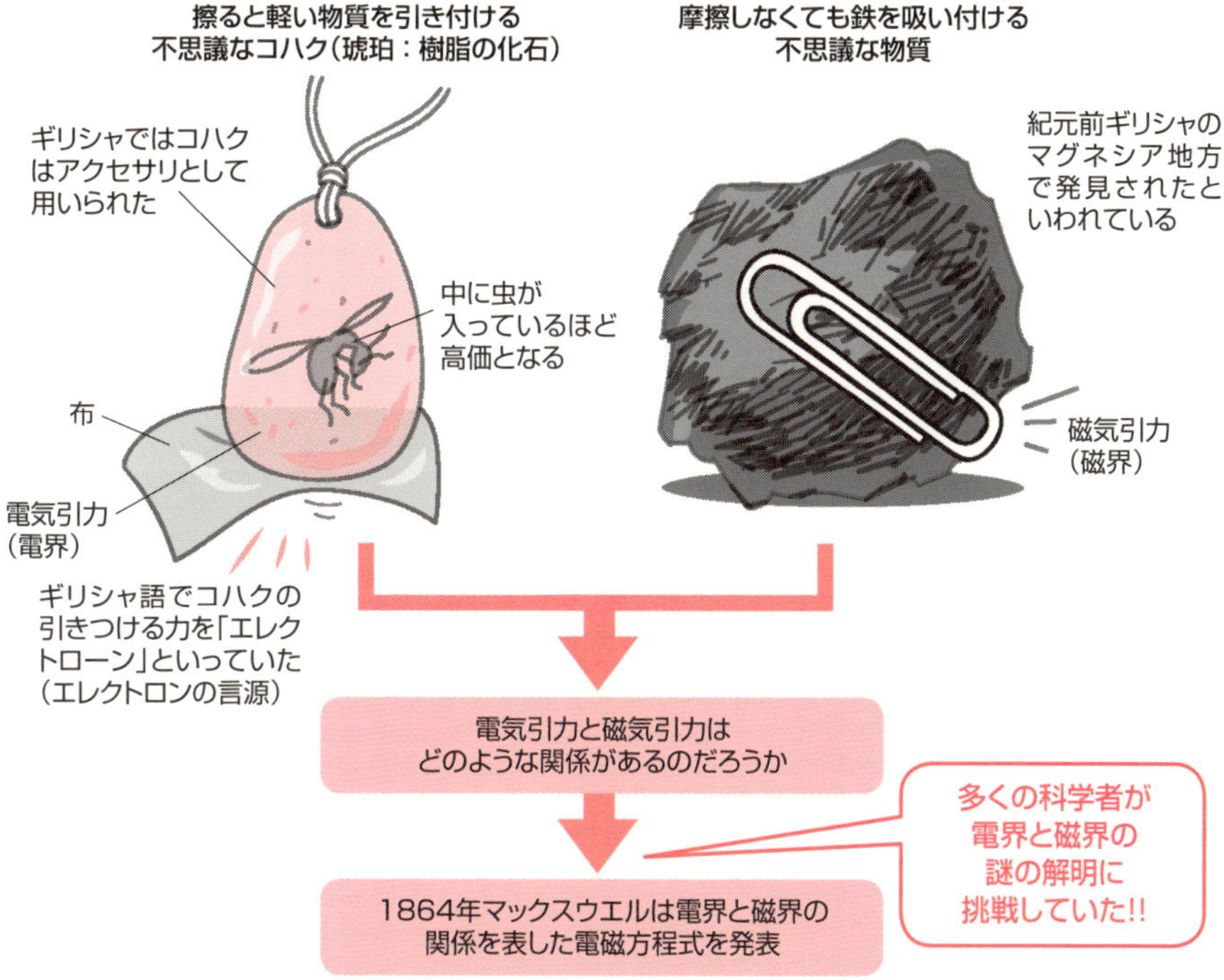

マックスウエルの考えた電磁波

電磁波（電波）は真空中を伝播する電界と磁界の流れである

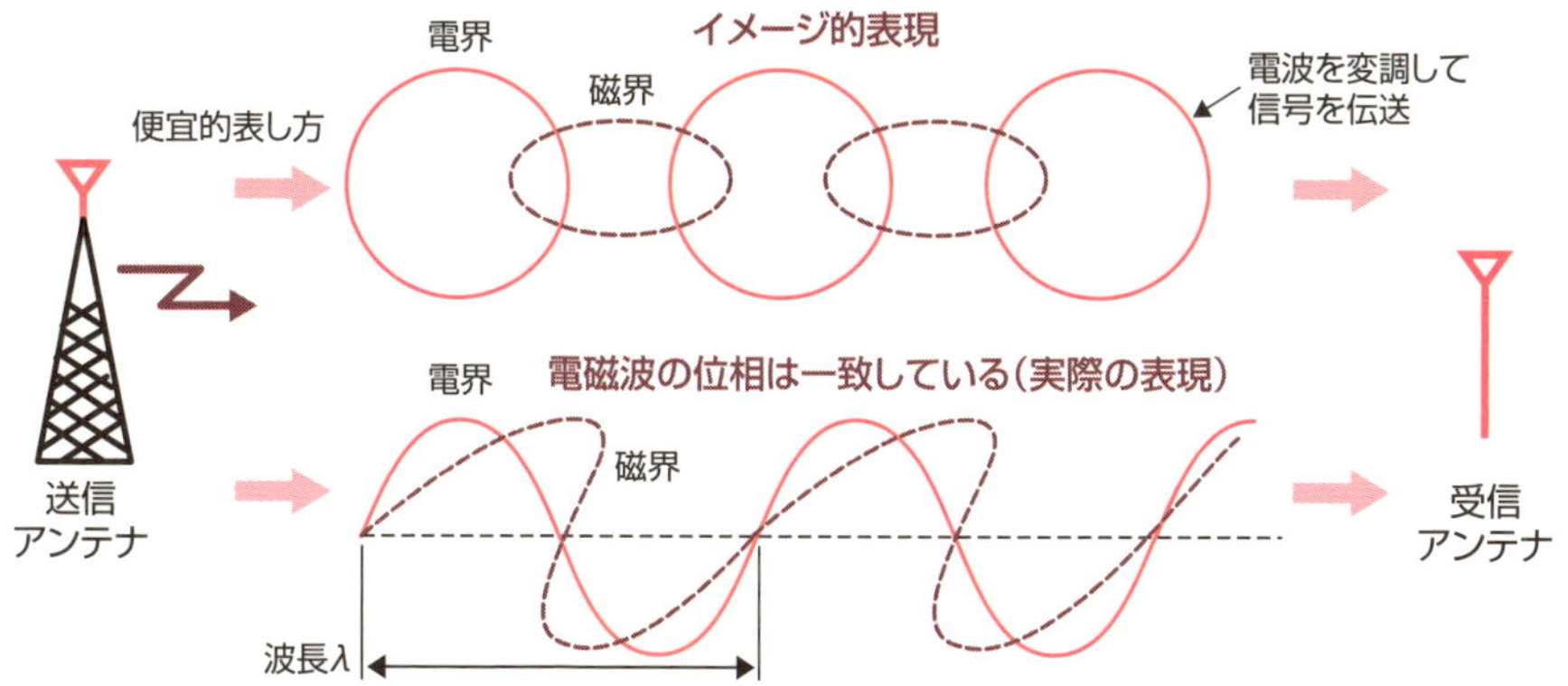

電波は横波で、真空中の伝播速度は3×10^8mである。

12 遂に電磁波発見

ヘルツが実験で電磁波を確認した

電磁波の実験に用いたインダクションコイル：1864年マックスウエルによって理論的に導き出された電磁波が実際に存在するかわかりませんでした。24年近くたった1888年、ヘルツは火花放電の実験をするため高圧の電圧が発生するイダクションコイル（1836年カランが発明）をいつも使用していました。このイダクションコイルは一次と二次という二つのコイルから構成されていて、一次のコイルは絶縁鉄心の上に細い銅線を数百回巻き、二次のコイルはその上に細い銅線を数万回以上巻いた構造となっています。

一次コイルに直流電圧を加えて二次コイルの電流を電磁スイッチで断続させると、誘導起電力で二次コイルに高電圧が誘起されます。ここで使用した直流電源はブンゼン電池でした。この頃、交流電源はありませんでした。インダクションコイルの両電極から電線で高電圧を取り出して数ミリのギャップのある電極間に加えると、ギャップ間に火花放電（1㎝のギャップで約2万V以上を印加した場合）が始まります。

離れた場所に火花放電が：ヘルツはイダクションコイルから2mくらい離れた場所に僅かなギャップのある金属輪（電線でできた輪）をひょこっと置いてみました。この状態でインダクションコイルを動作させると、この金属輪の僅かなギャップ間に火花放電が起こったのです。ヘルツは、インダクションコイル側の火花放電が空間を飛んで、小さな金属輪に飛んできたと考えたのです。この火花放電の生じた要因は電磁波でした。素晴らしい思い付きが世紀の発見へとなったのです。

この金属輪は同調回路であり、ギャップは検波器の役割を担っていたのです。この実験でマックスウエルによって理論的に導き出された電磁波が遂に発見されました。この実験はその後の研究に大きな影響を及ぼしています。なぜ、火花（電磁波）が空間を移動するのかは謎でした。このような経過をたどって、人類は遂に電磁波を手に入れました。

要点BOX

- ●1836年カランがインダクションコイルを発明
- ●インダクションコイルで誘起実験
- ●火花放電が空間を飛ぶ

電気の正体を知るための高圧電源

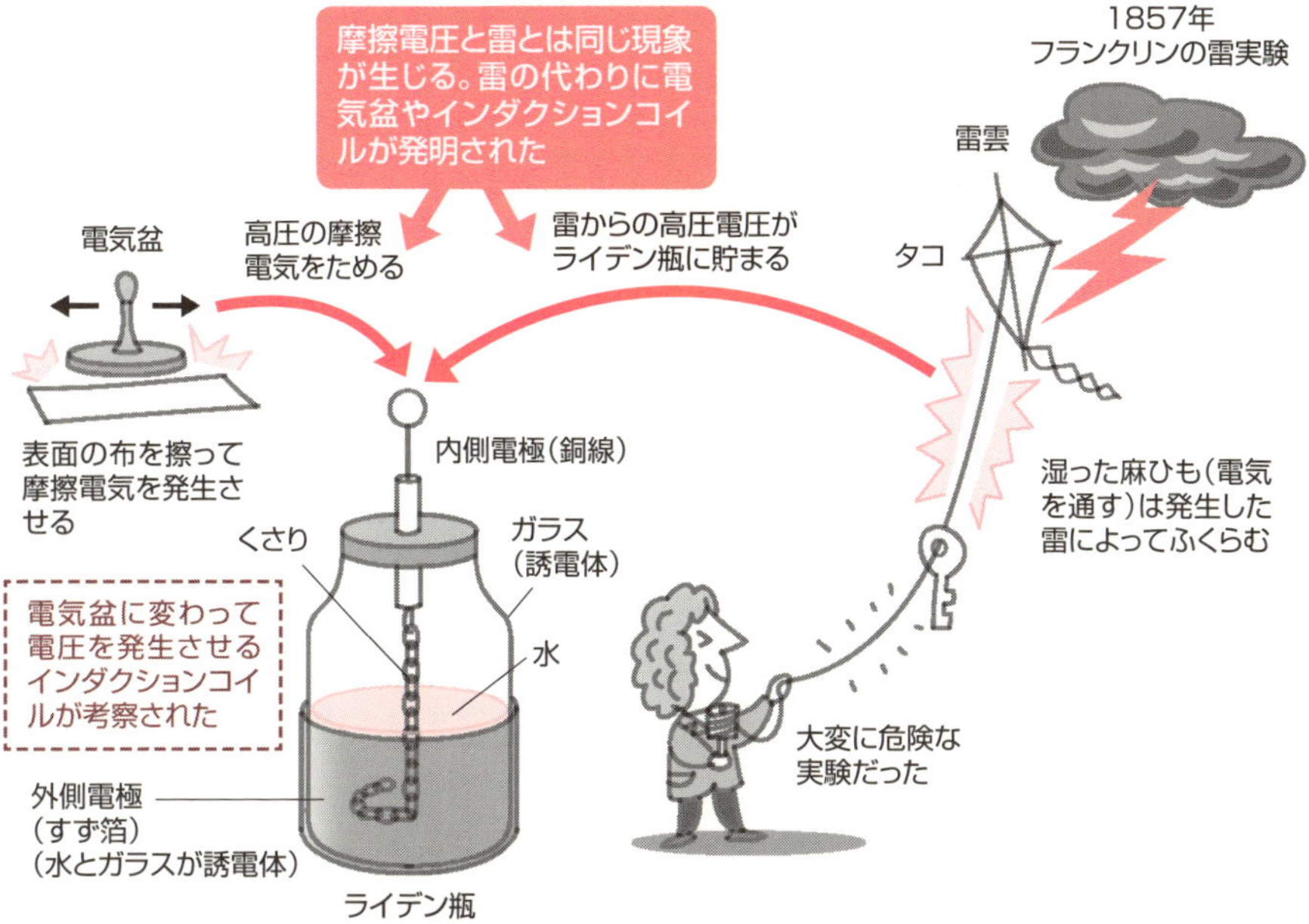

インダクションコイルを使って電磁波の確認

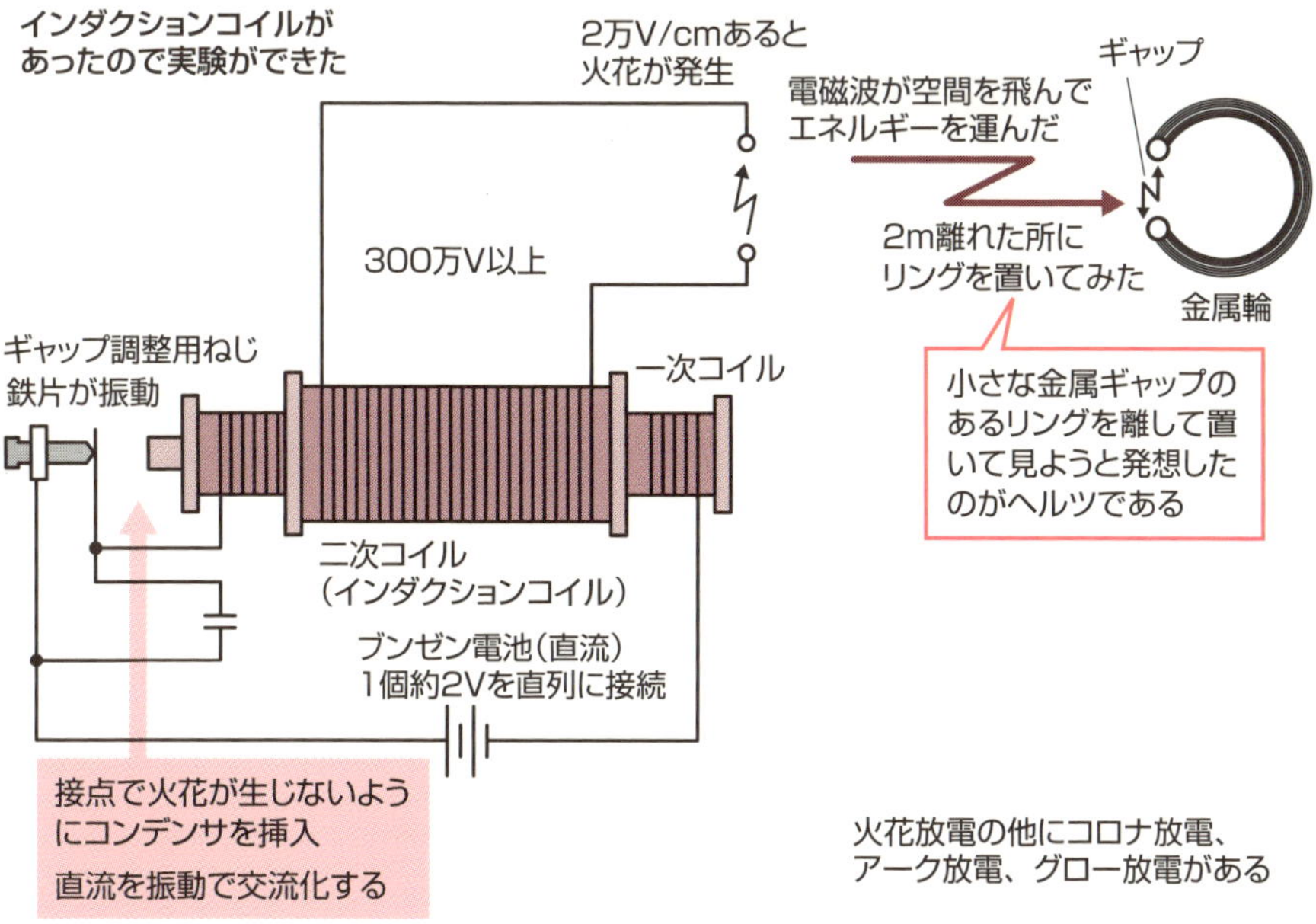

13 電磁波は粒子であり波動

やっと電磁波の謎が解けた

電磁波の正体とは：マックスウエルの理論とヘルツの実験によって、電界と磁界による電磁波が存在することが確認されました。電磁波で重要な役割を担ったのが空間を飛ぶ変位電流という考え方です。電磁波方程式から電磁波の空間を移動する速度は観測者に対し不変であるというから、電磁波がどのように空間を移動するのか大きな謎でした。光と電磁波との関係もハッキリしていませんでした。このとき1845年ファラデーは光と磁界と電界との間に何か関係があるのではないかと考え、偏光した光を等方性物質（結晶の空間分布が方向に依存しない物質）に入力し、磁界を変化させると入射した光の偏光面が回転することを発見しています。

磁界と電界とには密接な関係があるので、ここから光も磁界と電界と関係を持つことがわかったのです。だがこれらの具体的な関係は依然として謎でした。また、光の速度は観測者に対し不変であることが不思議がられました。横波である光が空間を飛ぶには、弾性体（力を加えると変形し力を取り除くと元に戻る）となる媒体、エーテルが空間に存在するとそのころ考えられましたが、見つかりませんでした。

電磁波は粒子であり波動である：電磁波は何であるか、物理学者は悩んでいました。マックスウエルが電磁波方程式を発表してから36年後の1900年、プランクは量子論を、その5年後1905年にアインシュタインは特殊相対論を、1915年には一般相対論という有名な論文を発表しています。

この理論によれば電磁波は質量や電荷のない光子で、粒子と波動という二重性があり、自然界で最も早い光速 c を持っているという結論が導き出されました。つまり光は電磁波に含まれた波動の塊でエーテルが無くても真空中を伝播できることがわかったのです。相対論からはエネルギーE＝質量m×光速c^2という関係も導き出され、電磁波の応用が始まりました。

要点BOX

- ●電磁波の媒体 エーテルは存在しなかった
- ●電磁波は粒子と波動の二重性を持っている
- ●相対論からエネルギーE＝質量 m×光速c^2

信じがたい光子の性質

- 1864年マックスウエルの電磁波方程式が発表されてから36年後、プランクが量子論を、41年後アインシュタインが特殊相対論と一般相対論という新しい理論を発表した。ここから電磁波は振動と粒子という二重のふるまいを持っている光であることが解明された。
- 電磁波の基本となるのが光子という量子であり、光子はエネルギー E を持ち、振動数 ν に比例している。ここで、比例定数がプランクの定数 h である。（光子はエネルギー E を持つ粒子で ν という振動をしている）

$E = nh\nu$（n は光子の倍数）

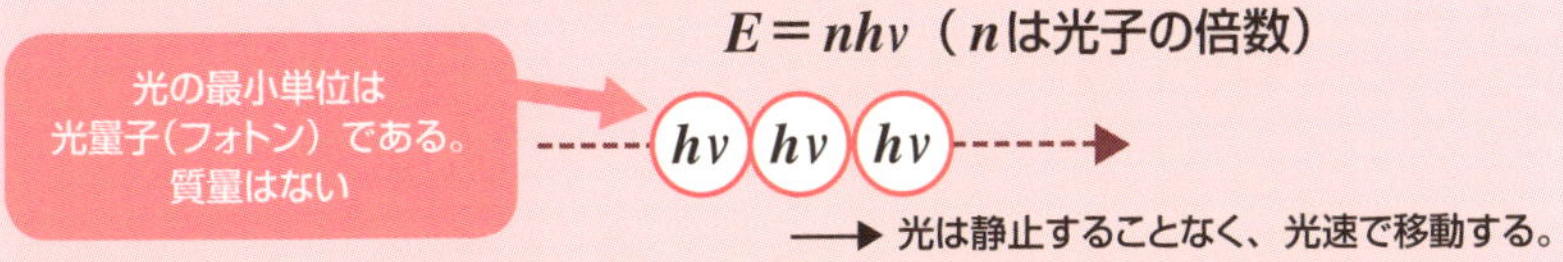

光の最小単位は
光量子（フォトン）である。
質量はない
$h\nu$ $h\nu$ $h\nu$
光は静止することなく、光速で移動する。

- 電磁波（電波）は光子によって成り立っている。
- 光子は光速（3×10^8m/s）c で移動するが、光子の時間は進まない。
- $E = mc^2$ という関係が成り立つ（m：質量）。

電磁波のイメージ（参考）

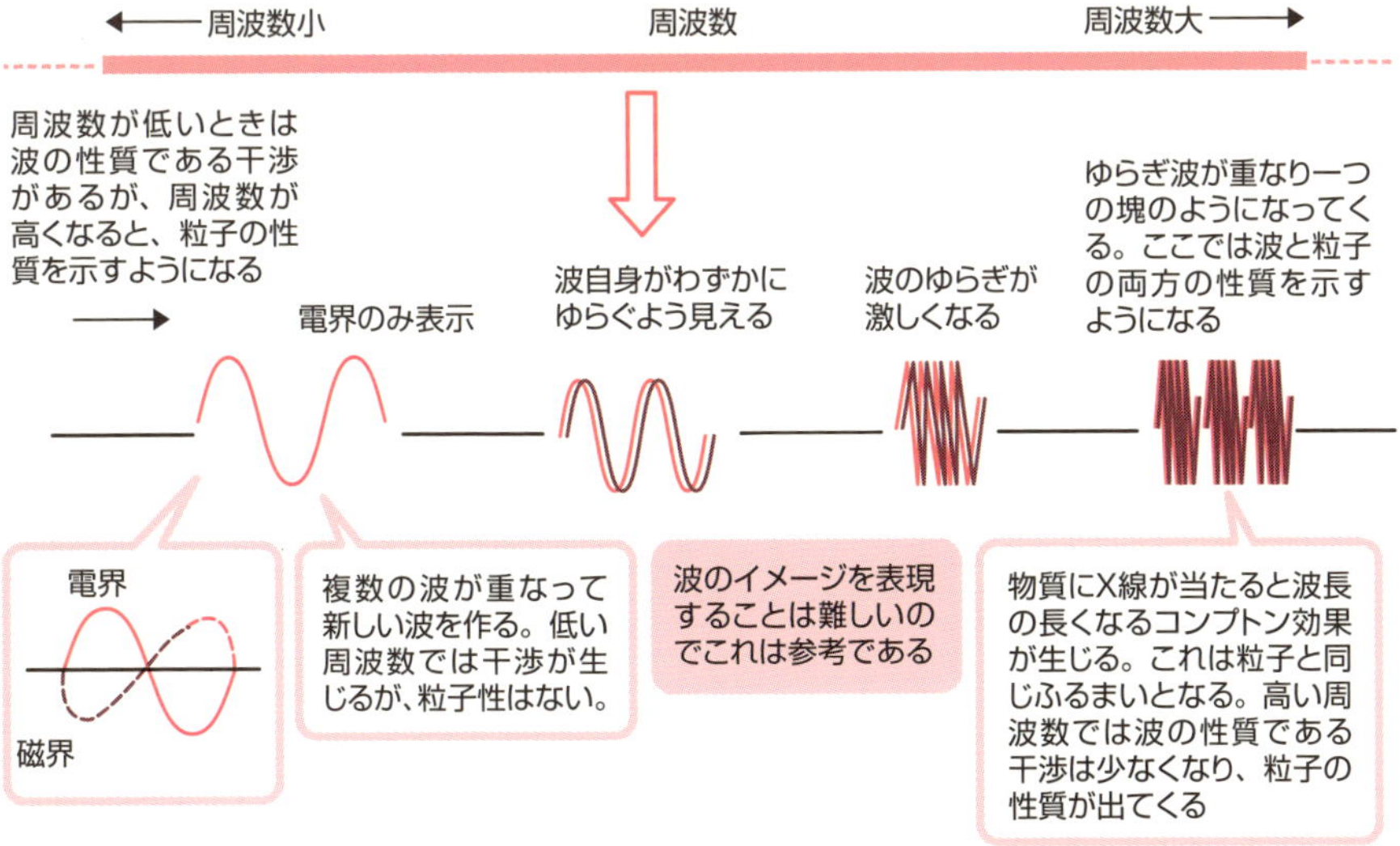

周波数小
周波数
周波数大
周波数が低いときは波の性質である干渉があるが、周波数が高くなると、粒子の性質を示すようになる
電界のみ表示
波自身がわずかにゆらぐよう見える
波のゆらぎが激しくなる
ゆらぎ波が重なり一つの塊のようになってくる。ここでは波と粒子の両方の性質を示すようになる
電界
磁界
複数の波が重なって新しい波を作る。低い周波数では干渉が生じるが、粒子性はない。
波のイメージを表現することは難しいのでこれは参考である
物質にX線が当たると波長の長くなるコンプトン効果が生じる。これは粒子と同じふるまいとなる。高い周波数では波の性質である干渉は少なくなり、粒子の性質が出てくる

14 電磁波は横波

波には横波と縦波がある

電磁波の波とは：マックスウエルによって導き出された電磁波はどのような波なのでしょうか。電磁波は変位電流の変化によって磁界の変化を起こしながら伝播していく波で、電磁波の伝播の進行方向は電界と磁界に対して直角に進み、電界と磁界の位相は同相となる横波です。

横波と縦波とは：波は真空とか空気といった媒体中を伝播していく現象です。この波には、横波（transverse wave）と縦波（longitudinal wave）があります。

横波とは、媒体の揺れる方向が波の進む向きと直角（上下方向）になる波のことをいいます。縦波とは、媒体の揺れる方向が波の進む向きと同じ（左右方向）になる波のことです。特徴として、横波は媒体面に対して無限の方向に振動波が伝わることになります。ここから振動面の揃った波のみを取り出した場合、この波は偏光した横波であると呼んでいます。

縦波は密になるところと疎になるところのある波で、粗密波ともいいます。縦波は横波と異なって直観的にわかり難いところがあります。縦波は進行方向と同じ方向に振動する波なので、縦波は一つの振動波しかなく、偏光という考えはありません。横波も縦波も波形は正弦波（sin波）で表します。

代表的な横波として、真空空間を媒質とする電磁波があります。電磁波では真空中を電界と磁界の交互作用による振動が伝播し、電磁波の伝播速度は真空中299,792,458m/秒（30万Km/秒）です。代表的な縦波として、空気を媒質とする音波があります。音波では空気中を空気の粗密波による振動が伝播します。音の伝播速度は約340m/秒（331m+0.6t/m）です。tは温度です。

光と電波：光と電波はともに電磁波です。だが、応用面で光と電波の取り扱いかたが異なっています。一般に光の振動面は揃わないが、電波は揃います。

要点BOX

- ●電磁波はどのような波なのか
- ●電磁波の伝わり方
- ●光と電波はともに電磁波である

横波と縦波

波には横波と縦波がある。

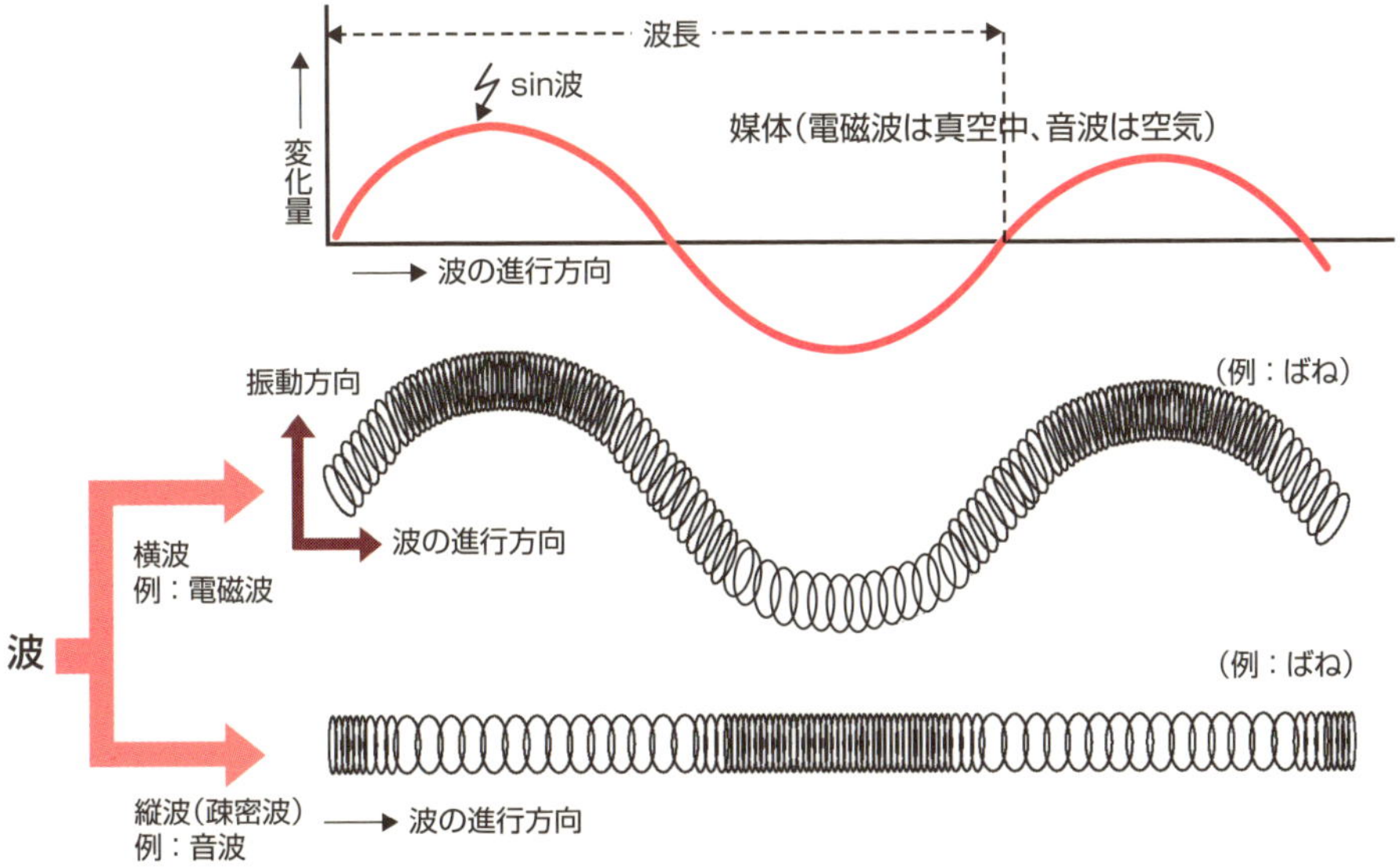

偏光(偏波)

偏光とは電界と磁界の中で振動方向が規則的な振動をする光のことで電磁波ではこれを偏波という。

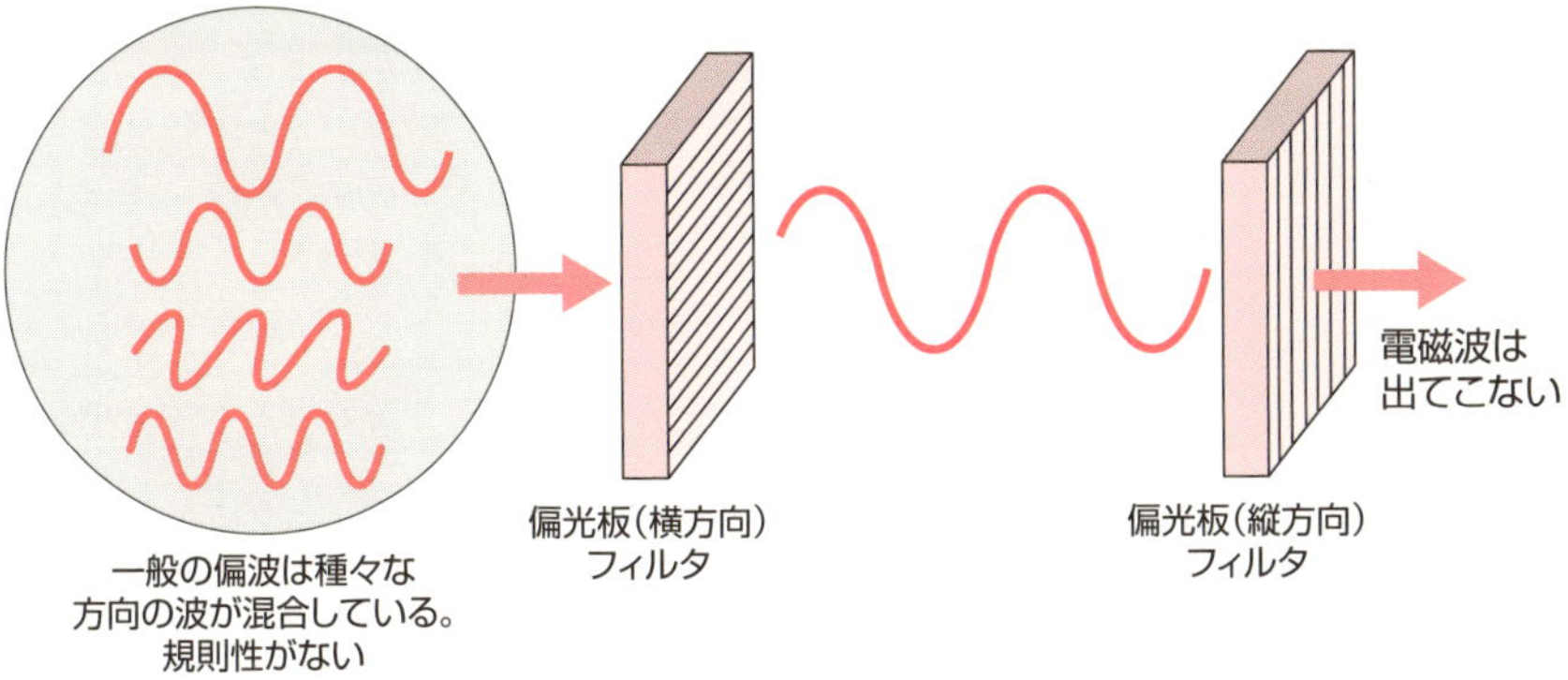

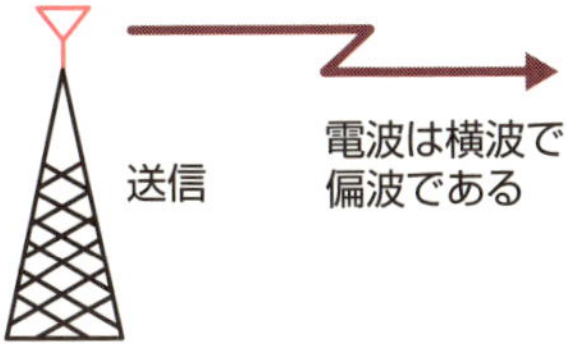

一般に光の振動面は揃わない。振動面の揃った光を取り出す場合は偏光板を用いる。光を縦と横、二つの偏光板を通すと真黒になり、これは立体映像などで用いる。電波はアンテナから振動面に揃った偏波(偏光した横波)として伝送されている。

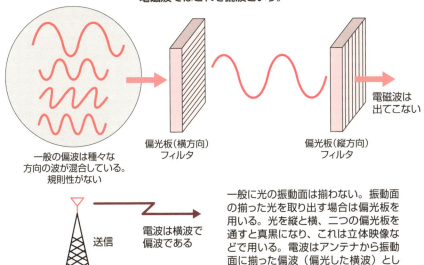

15 電波と正弦波

電波の波形は正弦波で表すことができる

電波の表し方：電磁波とは時間に対して電場と磁場が進行方向と直角に伝播していく横波です。この電磁波は電場や磁場の波形を正弦波で表していきます。縦波は横波のようにして取り扱います。

正弦波（sin波）とは：ここに直角三角形ABCがあって、角∠Cが直角で辺の長さAB＝cでBC＝aの場合、角∠Aをθとすると、$a/c=\sin\theta$です。横軸が角度θで、縦軸が振幅値$v(\theta$：最大＝1）としたとき、これがsin波$v(\theta)=\sin\theta$のグラフです。変数を時間tにした場合、$y=v(t)=A\sin\omega t$と表します。このとき、Aは最大振幅値で、ωは角周波数で、tは経過時間です。この結果、時間tの経過に伴って、振幅値の瞬時値$v(t)$は変化していきます。ここで、$\sin\theta$のθが$\theta=\omega t$と対応することになります。$\omega=2\pi f$〔radian/ sec〕

sin波の表し方：片側の左に円（直径＝振幅値A）を、右に横が時間軸で縦軸が振幅軸のグラフを用意します。ここで円の円周に沿って基準点となる振幅＝0から一つの点をスタートさせます。このときの角度がθです。この左円上を一つの点が移動〔角速度ω＝角度／時間〕していく軌跡を右のグラフで表すと、横軸の上下にお椀のような波が描かれてきます。これがsin波です。同じ波形が繰り返されていく時間を周期Tといい、同じ波形が1秒間に何回繰り返されるかを周波数といいます。ここから$T=1/f$となります。円の角度は$360°=2\pi$で$T=2\pi/\omega$です。

今までの説明は時間軸上の原点0からスタートしましたが、ある角度θからスタートさせたとき、この角度θは初期位相で、$y=v(t)=A\sin(\omega t-\theta)$と表します。ここで$\theta$が負の場合、波形の到着が遅れることを表します。これが正弦波（sin波）の基本です。正弦波が後方に位相が90度シフトすると余弦波（cos波）となります。この正弦波と余弦波が電波の解析で頻繁に使用されます。

要点BOX

- 電波で用いる正弦波（sin波）は振幅と時間の関数
- Sin波の表し方
- 位相が90°シフトすると余弦波（cos波）

発電体からの出力はsin波

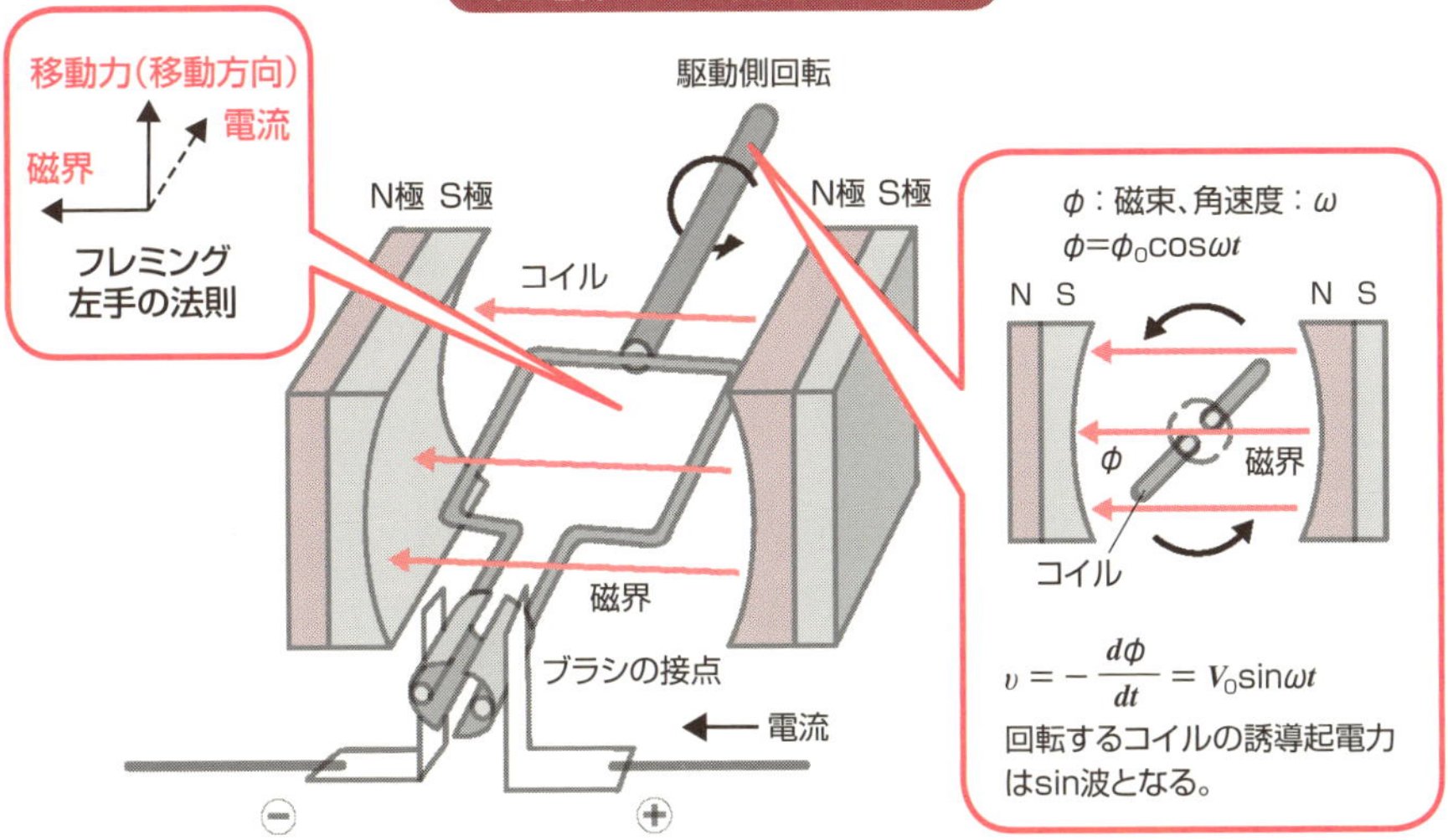

フレミング左手の法則

この法則は磁界内で導体に電流が流れると、導体に力が発生する現象のことをいっている。

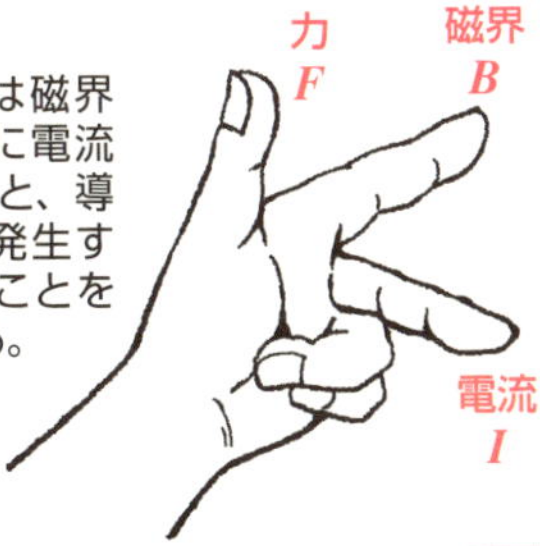

フレミング右手の法則

この法則は磁界内で運動する導体に発生する起電力の向きのことをいっている。

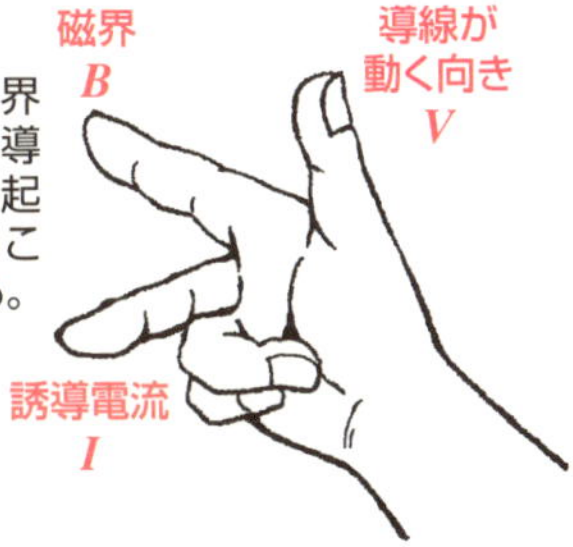

sin波形

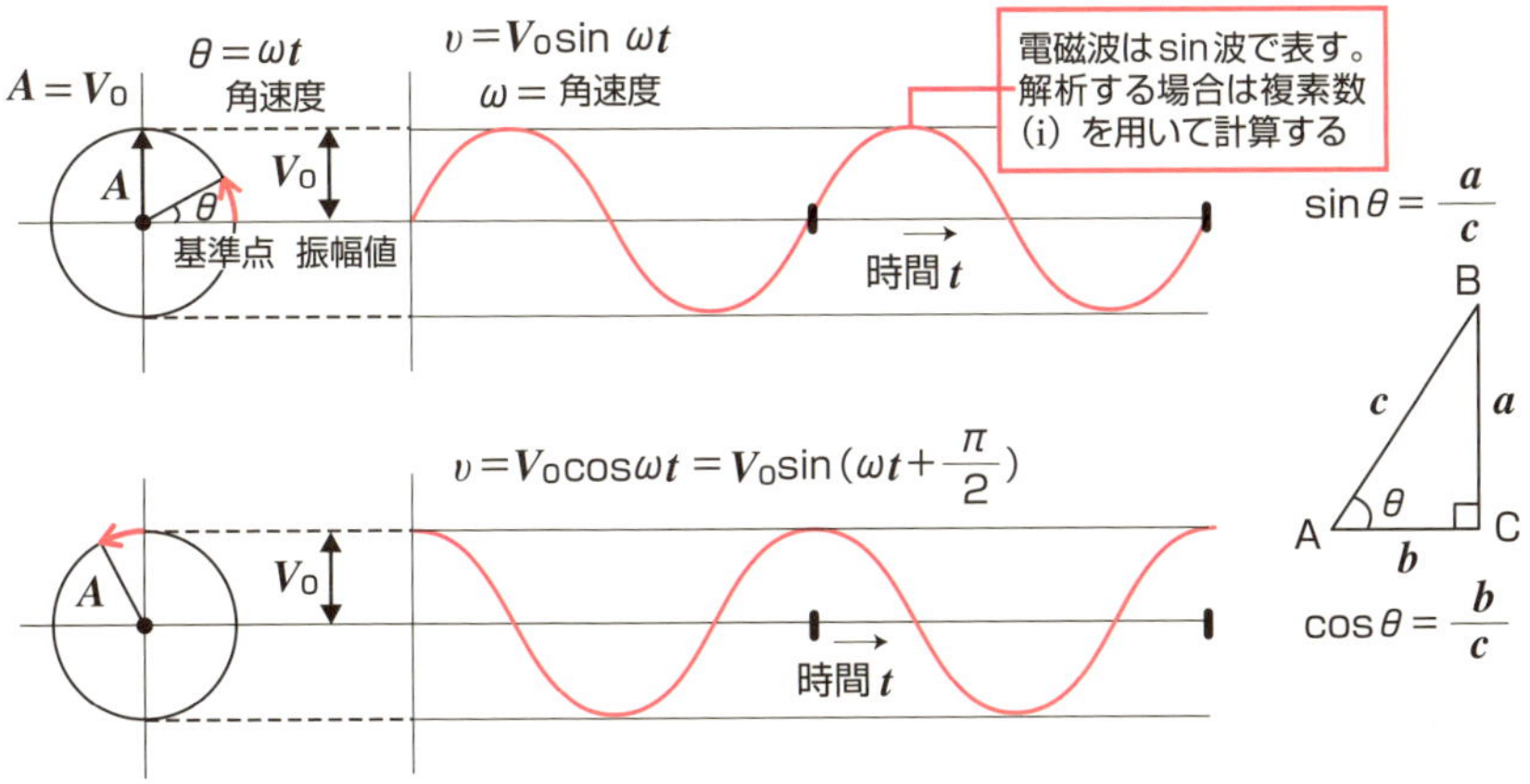

16 電波の特性

正弦波は周波数、波長、周期、振幅で表す

周波数と波長：電波の基本となるsin波は周波数と周期（波長）と振幅とで表します。

周波数（frequency）とは、電波の波形が1秒間の間に同じ波形（例：山から山または谷から谷まで）を何回繰り返すかを表す回数のことで、周波数f〔Hz〕で表します。

波長（wavelength）とは、電波が真空中や媒体を伝播するとき、電波の速度c〔m/sec〕（30万㎞／秒：媒体中の速度は遅くなる）を周波数f〔Hz〕で割った値λ〔cm〕＝c〔m/sec〕/f〔Hz〕で表します。これは1回の変化で進む距離（例：山から山または谷から谷まで）となります。

周期（period）とは、電波が媒体（導体）または真空中を一波長が進むために必要な時間T〔sec〕のことです。$T=1/f=2\pi/\omega$〔sec〕、$f=1/T=\omega/2\pi$〔Hz〕

振幅（amplitude）とは、電波の波形を構成する振動の電界または磁界の大きさが時間に対して変化していきますが、この振動の大きさのことです。最大の大きさは最大振幅値（maximum amplitude）と呼んでいます。

火花放電と正弦波：火花放電はどのような波なのでしょうか。火花放電は大変に複雑な波なのです。この波は一見して何か掴みどころのない波のように見えますが、このような複雑な波でも単純な波の集合体です。

つまり、複雑な火花放電の波形は周波数や振幅の異なったいろいろな正弦波や余弦波に分解することができます。また逆に周波数や振幅の異なったいろいろな正弦波を重ね合わせて複雑な波形を作ることができるのです。厳密には周期のある非正弦波の周波数の場合と、非周期のある非正弦波の周波数の場合がありますが、いずれの場合も波の成分は正弦波（sin波と余弦波（cos波）に分解できます。電磁波（電波）の基準はsin波で表すことができます。

要点BOX

- ●周波数・波長・周期・振幅とは
- ●火花放電は広範囲な周波数成分を含んでいる
- ●電磁波（電波）の基準は正弦波

電磁波の特性

電磁波の基本特性には周波数表示と角速度表示とがある。

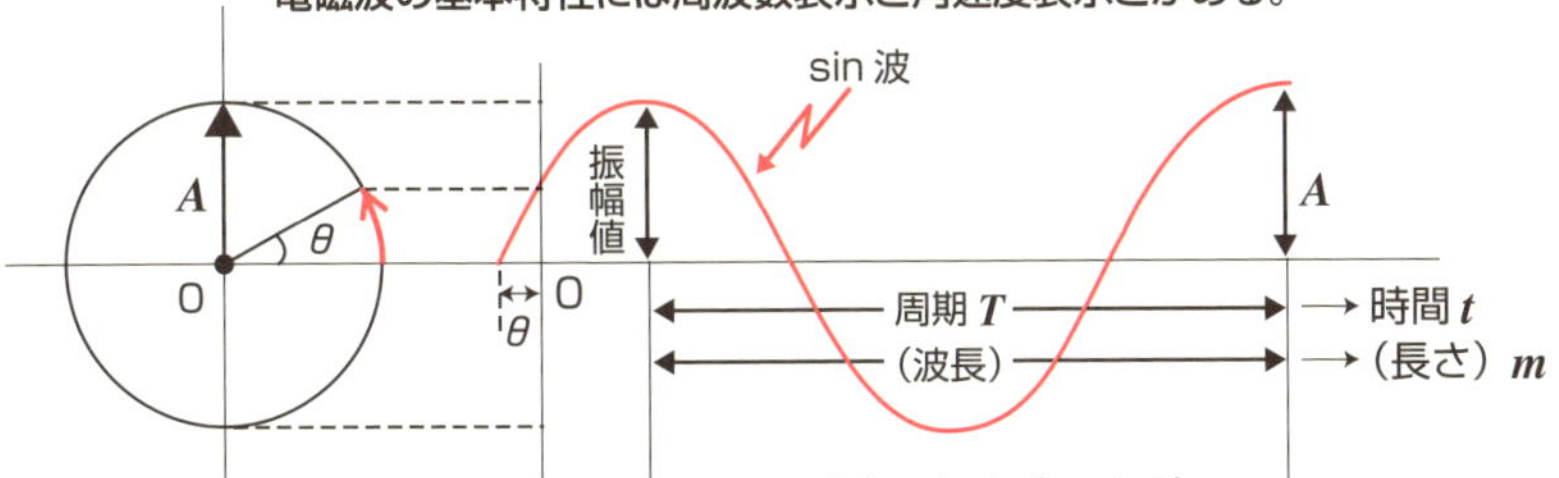

$$y = v(t) = A\sin(\omega t + \theta)$$

周波数表示は最大振幅A、周期T、周波数fで表す

角速度表示は最大振幅A、角速度ω、位相角θ、時間tで表す

$$\omega = 2\pi f,\ f = \frac{1}{T} = \frac{\omega}{2\pi},\ T = \frac{1}{f} = \frac{2\pi}{\omega}$$

c =（光速 3×10^8 m/sec）≒ 30万km/ 秒

λ（波長）= c（光速）/ f（周波数）

多くの波を含んだ火花放電

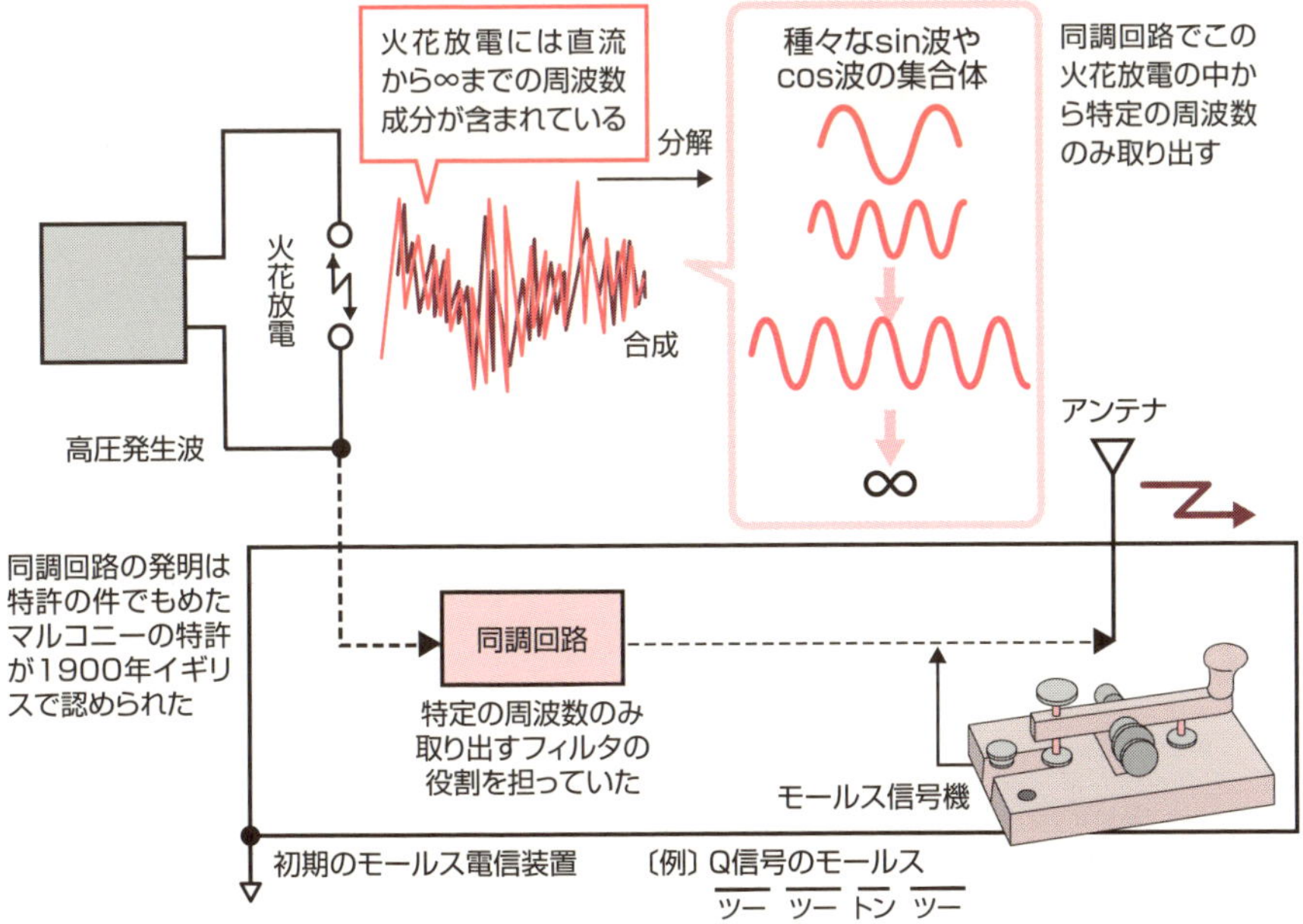

17 電波応用の道を切り開いた金属輪

電波の応用では同調回路と検波回路が必要

ギャップ金属輪の同調回路：ヘルツによって確認された電磁波の実験は非常に簡単な装置でした。実験装置はイダクションコイル装置と、この装置から2m離れた場所に置かれた導体の電線（金属）でできた僅かなギャップのあるコイルから成り立っていました。このギャップに付いた金属の輪はアンテナであり、同調回路であり、検波回路でした。

まず送信側となるイダクションコイル装置の電源を入れることにより数万ボルトの高電圧が発生します。この高電圧が、イダクションコイル装置の先端に付けられたギャップにある金属針の両端に加えられます。この結果、イダクションコイル装置側のギャップ間に強力な火花放電が起こります。

このときヘルツは、2m離れた所に置かれた金属の小さな輪であるコイルにはどのような現象が起こるのだろうかと想定しながら実験を行いました。インダクションコイル装置側と離れた所にあるギャップの付いた輪であるコイルとは導体で結ばれていないので、何の変化も起こらないだろうと思われていましたが、離れたコイル側で僅かの火花が観測されました。これは大変な発見でした。この実験でヘルツは「電磁波の波長が0・2m～6m程度の横波である」ことを見出し、同時に離れた二つの装置間にエネルギーが移動するということを発見したのです。

ギャップ金属輪のアンテナ：金属輪の円周長が受信波長λと関係を持っています。

ギャップ金属輪の検波（復調）回路：ギャップの付いたコイルは同調回路と検波回路の両特性を持ち合わせていました。同調回路とは火花放電の中から特定の周波数成分のみを選択して取り出すことができる回路のことです。検波回路とは電波が飛んできたかどうかを検出（復調）する回路のことでヘルツの実験では、ギャップが担っています。等価的にはコイルをコンデンサで置き換えることができます。

要点BOX

- ●ヘルツの実験は簡単な装置で行われた
- ●金属輪のコイルには何も起きないと考えていた
- ●金属輪のギャップは同調回路の役割を担う

電磁波の受信を確認するには

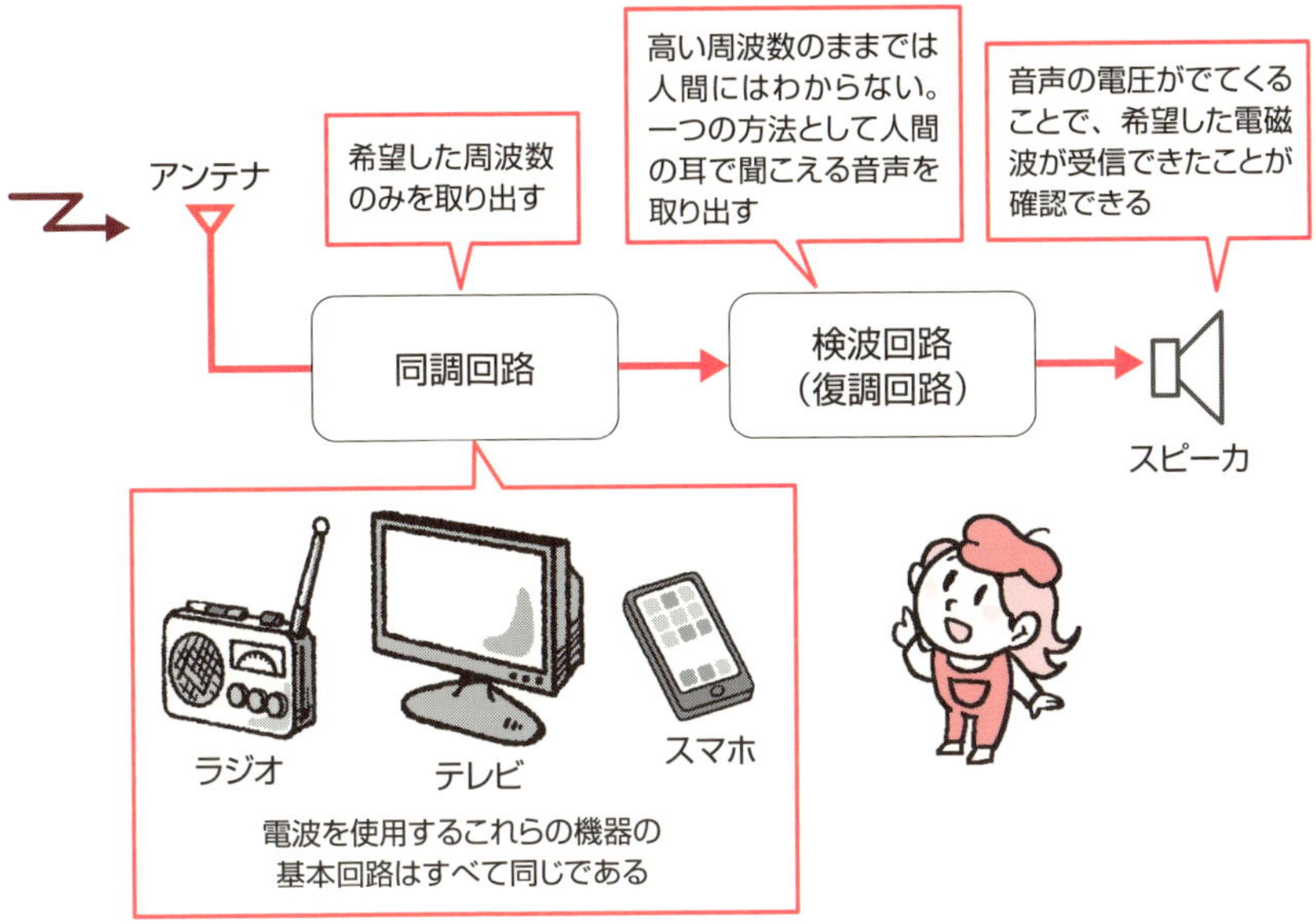

ヘルツの用いたギャップ金属輪

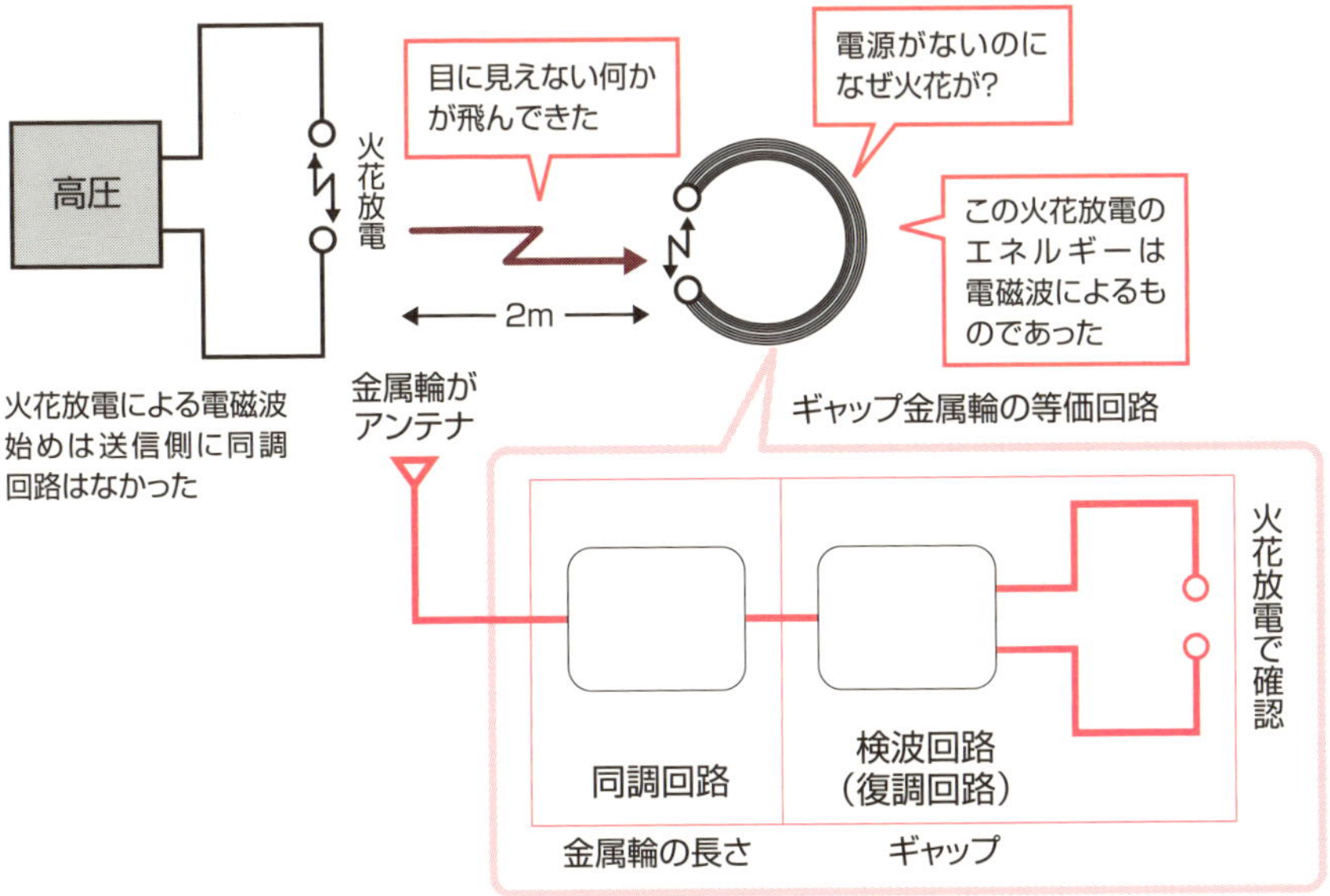

18 同調回路で重要なコイルとコンデンサ

電波の応用ではコイルとコンデンサは重要な役割を担う

同調回路で重要な部品：電磁波（電波）を利用した電子機器では特定周波数を取り出すために同調回路が必要です。コイルとコンデンサを並列につなぐと特定の周波数に対し共振現象を起こして抵抗値が高くなるという現象を応用して、同調回路に使用します。振動数の同じ二つの音叉があって片側を鳴らすと、もう一つの音叉も鳴り出す現象が共振です。

コイル*L*が持つ電気的性質：コイル*L*は細い電線（導体）をグルグル巻いた構造です。真直ぐに伸びた電線に電圧を印可すると、電線の持つ固有の抵抗値による電流が流れ、電線の周囲に磁界が発生しますが、次にグルグル巻いた電線に電圧を印可すると、電流の流れが磁界の影響を受けて大きく変わってきます。つまり、電線をグルグル巻いたコイルでは巻いた電線の磁界がお互いに干渉するようになってきます。この結果、スイッチをONにして電流を流し始めた瞬間、電流を流さない（エネルギーを蓄積）ように働き、ある時間経過すると流れ（固有抵抗値まで）はじめ磁気エネルギーを蓄積します。次にスイッチをOFFにして電流が流れないようにした瞬間、電流は流し続けよう（エネルギー放出）とします。やがて電流は流れなくなります。コイルは電流の切断で生じる磁場によってエネルギーを蓄えたり放出したりする役割を担っています。

コンデンサ*C*が持つ電気的性質：コンデンサ*C*は小さな2枚の金属板の間に絶縁体を挿入した構造となっています。この2枚の金属板両端に電圧を印可（スイッチON）すると、絶縁体があるにも関わらず始め電流が流れ（エネルギーの充電）るが、やがて流れなくなります。これは金属板にある自由電子（有限）が《プラス》の金属板から《マイナス》の金属板に向かって短い時間流れ、やがて流れなくなります。次に、電圧の印可を止めてコンデンサの両端を短絡すると放電によって瞬間電流が流れます。コンデンサは、電流のエネルギーとなる電荷を蓄えたり放出したりする役割を担っています。

要点BOX
- ●コイルとコンデンサで同調回路を作る
- ●コイル、コンデンサの電気的性質
- ●コンデンサはキャパシタ、コイルはインダクタ

同調回路用コイル

コイルは磁気の蓄積

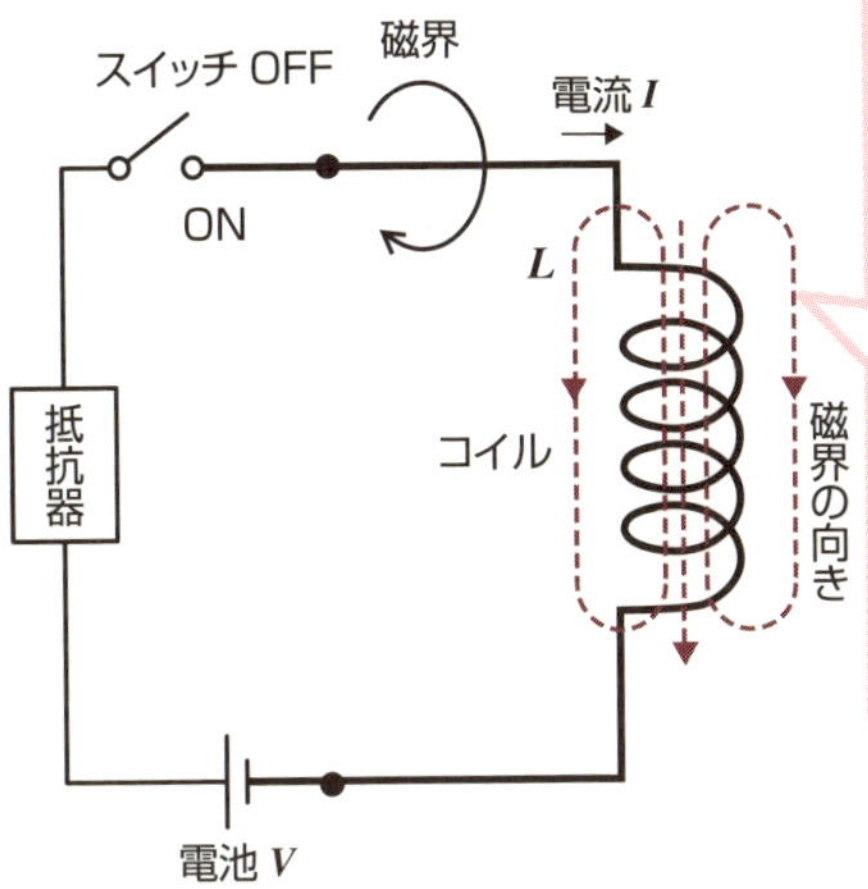

$$W = \frac{1}{2} I^2 L$$

（コイルのエネルギー）

- 導線の曲った所で磁界が反発するようになる。この結果、次のことが生じる。
- スイッチONにしたとき、瞬間電流が流れにくくなる。これが蓄積して磁気エネルギーとなる。
- スイッチをOFFにすると、逆起電力が発生して、電流を流し続けようとする。磁気エネルギーが放出する。

同調回路用コンデンサ

コンデンサは電荷の蓄積

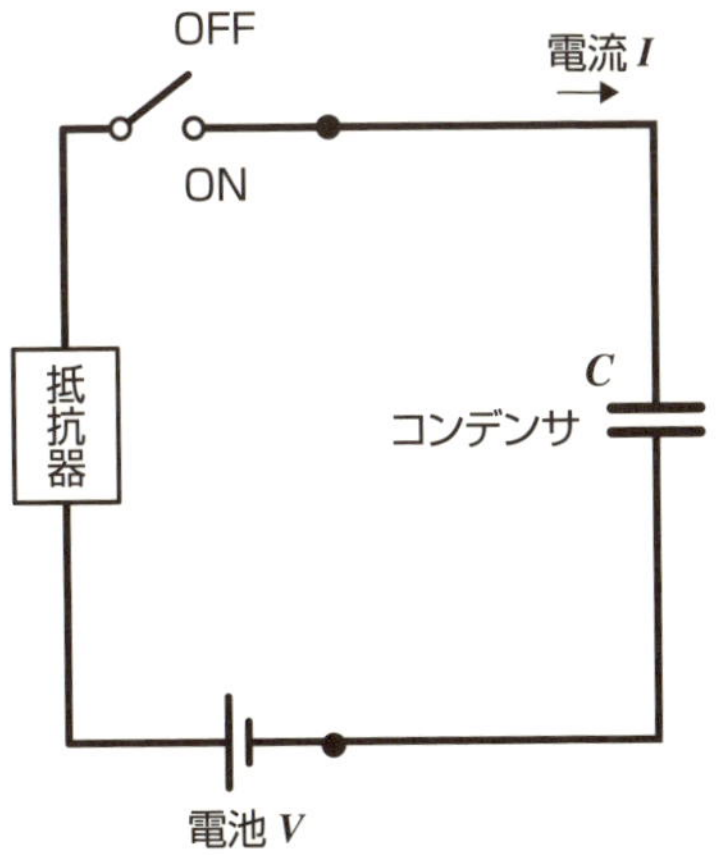

- スイッチをOFFにするとONのとき蓄積されたエネルギーが放電することで、エネルギーが無くなるまで電流が流れる

- スイッチを ONにすると電子(−) は陽極から陰極に流れ、陽極はイオン(+) のみ残る。これが充電である。
- この動作によってエネルギーが蓄積される。

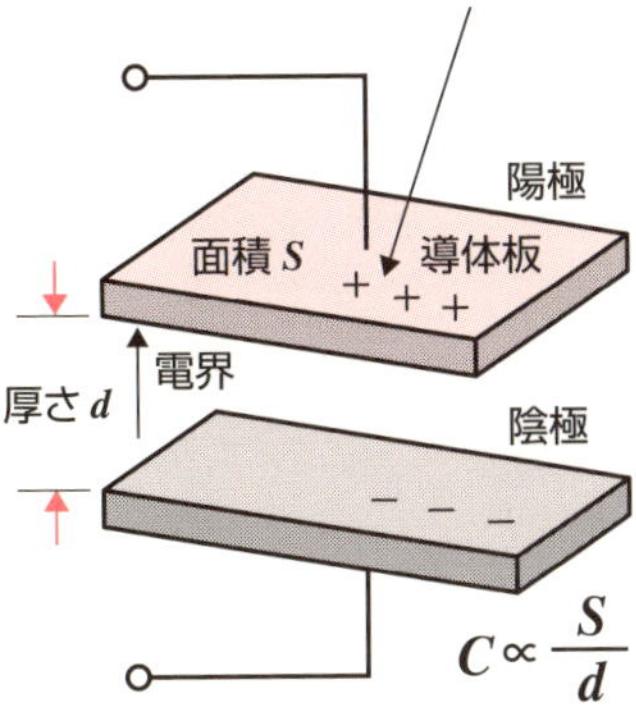

$$C \propto \frac{S}{d}$$

$$W = \frac{1}{2} CV^2$$

（コンデンサのエネルギー）

19 検波回路の開発が始まる

画期的な検波器 電子弁（二極真空管）の発明

電磁波の応用：火花放電実験で電磁波が確認されたころ、社会の通信手段は有線によるモールス符号通信が広く普及していて、電磁波（電波）で通信するということに関心がありませんでした。理由として、火花放電は不安定で、検波器の感度は悪く、長距離通信には適していないと考えられていました。

この状況下、1894年イタリアのマルコニーはヘルツの電磁波発見の論文を読み、この電磁波（電波）を通信に利用できないかと考えていました。まず電波を用いて3階から地下にあるベルを鳴らすことに成功し、続いて1895年に火花放電を用いて90m離れた所まで信号を飛ばす実験に成功しています。ここでアンテナという概念が生まれ、この特許を申請しています。

その後、マルコニーは火花放電を無線通信に使用するために次のような方法を考案しました。まず送信側では火花放電の出力をそのままアンテナから発射するのではなくコンデンサとコイルによる***LC***を用いた同調回路（数十メガHz）を通して所望の周波数のみ選択して送信するようにし、受信側では同調回路と検波回路を通して低周波成分を取り出すようにしたのです。これは画期的な発想でした。当時の受信装置用電源は電池ではなくアンテナからのエネルギーを利用していたのです。この実験に成功した後、マルコニーはイギリスに渡り、灯台に無線を取り付ける仕事をしていましたが、1899には火花放電による無線で、イギリスとフランス間の長距離通信に成功しています。

応用発展の鍵を握っていた検波（復調）回路：当時、検波器としてはコヒーラ検波器が使われていましたが、この発展の中でより性能の優れた検波器の登場が望まれていました。これに対し、1904年フレミングはエジソンの発明した白熱電球を展開して、画期的な電子弁（二極真空管）を発明しています。この二極真空管から増幅ができる三極真空管をド・フォレストが発明し、電波の応用が急速に発展し始めています。

要点BOX
- ●モールス符号による有線通信
- ●マルコニーは火花放電通信の実用化を目指す
- ●二極・三極真空管の発明で電波応用が急発展

検波回路（復調）用コヒーラ

1890 年ブランリーが発明

ガラス管に金属の粉末を入れて、ここに電磁波をあてると、抵抗値が小さくなって直流電流が流れることで電磁波が受信できたことが確認できた。

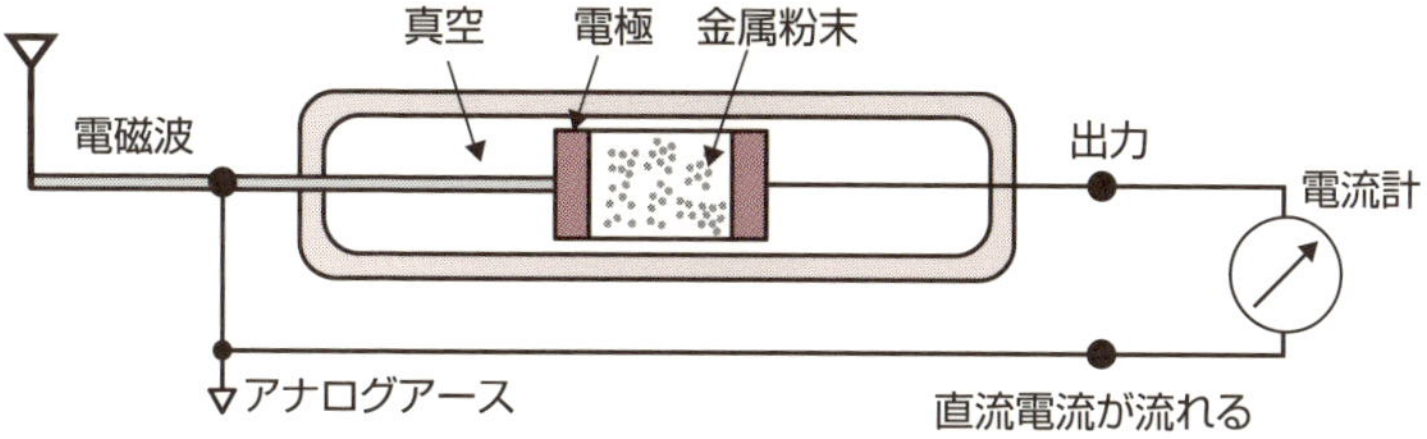

検出回路用 二極真空管

1904 年 フレミングが発明 → ここから真空管増幅器誕生!!

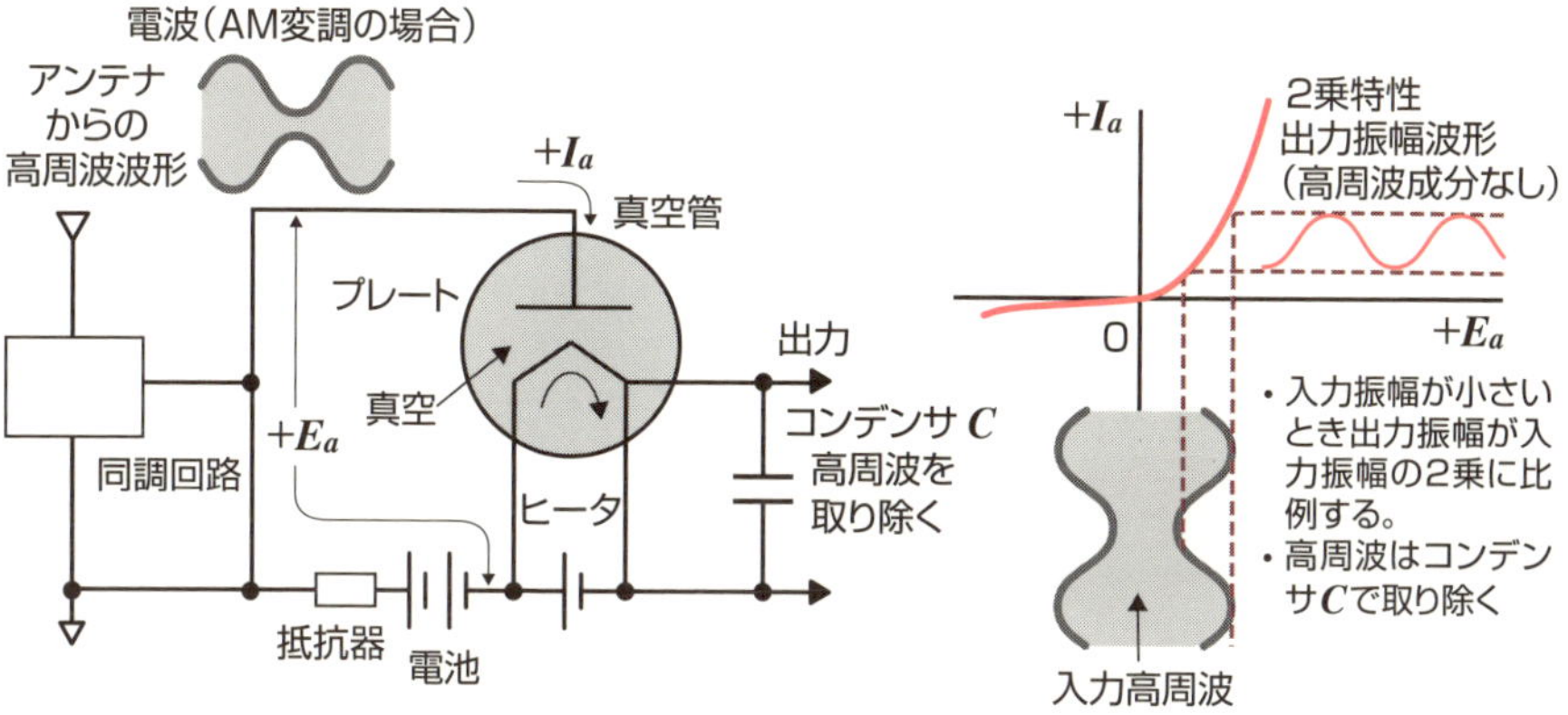

検波回路用PN接合ダイオード

1945 年ショックレ発明 → ここからトランジスタや IC が誕生!!

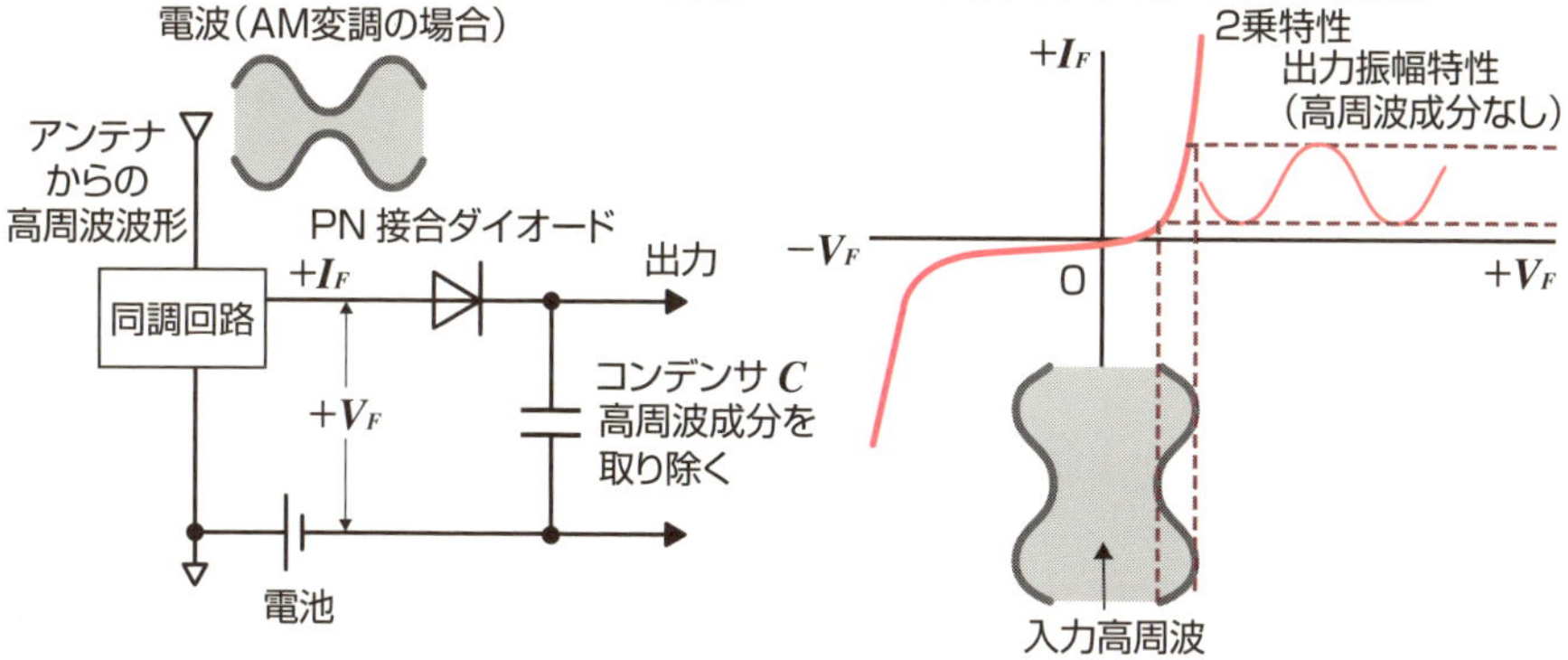

Column

磁界と電界の謎の解明へ

1785年フランスのクーロンは電荷と磁荷の存在することを発表しています。その35年後の1820年7月にデンマークのエルステッドは失敗を繰り返しながら、電池(ボルタ)の両端に白金線(電線)を接続して電流を流したところ、白金線近くの磁針が白金線と直角になることを発見しています。

このとき、電線に電流が流れると電界が発生し、これが磁界を持った磁石針に作用しているらしいということが初めてわかったのです。この情報はフランスのビオとバザールに伝わり、ここから「ビオ・バザールの法則」が1820年9月に発表されています。同じく1820年9月フランスのアンペールは電線に電流の流れる向きを右ねじの進む方向としたとき、右ねじの回す向きに磁界が生じるという「右ねじの法則」を発表しています。1831年イギリスのファラディはエルステッドに実験とは逆にコイルと磁石がありいずれかを移動させる相対運動によって電流に流れる「電磁誘導の法則」を発表しています。ここから自己誘導や相互誘導という現象を、1864年にはイギリスのストニが最小不可分な電気量が存在することを提案しています。これが「電子」でした。さらに1867年になるとガウスは電気力線に関する「ガウスの法則」についての発表をしています。電界と磁界との関係が次第に明らかになってきました。

周波数分類

周波数は「1秒間に繰り返す波の数」のことで、単位はHz〔ヘルツ〕を用います。

分類		周波数	波長
VLF	超長波	〜30kHz	〜10^4m
LF	長波	30〜300kHz	10^4〜10^3m
MF	中波	300〜3MHz	10^3〜10^2m
HF	短波	3〜30MHz	100〜10m
VHF	超短波	30〜300MHz	10〜1m
UHF	極超短波	0.3〜3GHz	100〜10cm
SHF	マイクロ波	3GHz〜30GHz	10〜1cm
EHF	ミリ波	30GHz〜300GHz	10〜1mm
THZ	サブミリ波	300GHz〜3000GHz	1〜0.1mm
赤外線		3THz〜3000THz	0.3〜780nm
可視光（赤→紫）			780〜400nm
紫外線			400〜100nm
X線		3THz以上	100nm以下
γ線			
宇宙線			

電波領域（VLF〜THZ）

電磁波領域（VLF〜宇宙線）

第3章

電波の性質

20 周波数分類

電波は多くの通信分野で活躍

周波数分類：電波は大別して周波数の極めて低い電磁界分野（送電線など電磁設備から発生）と、通信分野（信号の送伝で使用）と、光（紫色から赤色）と、周波数の極めて高い放射線（X線撮影などで使用）に分類できます。この中で電波は電波法で周波数３《テラ》Hz（電波法による）以下と規定されています。

電波は細かく10種類に分類されていますが、大まかに極超長波と、超長波からミリ波と、サブミリ波と三つの領域に分けて取り扱っています。

実際に使用する周波数範囲は最小周波数３Hz位から最大周波数１００《ギガ》Hz位までです。この間の周波数の範囲は10^{9}（10億倍）に及んでいます。電波の特性は周波数範囲によって大きく異なっています。

極超長波領域：この領域の周波数範囲は３Hzから30《キロ》Hzで、波長は１００Mmから10㎞と非常に長くなります。この領域の電波はあらゆる方向に放射され、電波の直進性はありません。通信で伝送できる情報容量は少なく一般の通信には適しません。しかし特殊用途として深海に届くために、潜水艦通信などで用いられています。この周波数領域は電磁界と呼ばれています。

長波からミリ波領域：この領域の周波数範囲は30《キロ》Hzから３００《ギガ》Hzで、波長は10㎞から１㎜と大変に幅の広い領域となります。この領域の電波は安定した地表波となる長波から直進性の高い波となるサブミリ波までで周波数によって電気的特性は変化していきます。この特徴を利用してラジオやテレビやレーダなど幅広い分野で応用されています。通信で伝送できる情報容量は非常に大きく、情報の中継局や衛星通信などで使用します。

サブミリ波領域：この領域の周波数範囲は３００《ギガ》Hzから３《テラ》Hzで、波長は１㎜から０・１㎜と大変に短くなります。この領域の電波の放射は光のように非常に鋭い指向性があります。しかし、安定した周波数を得ることが困難で開発はこれからです。

要点BOX

- 電磁波は電磁界、電波、光、放射線の総称
- ラジオ、テレビで使われる超長波～ミリ波領域
- 潜水艦通信に使われる極超長波・超長波領域

電波の分類

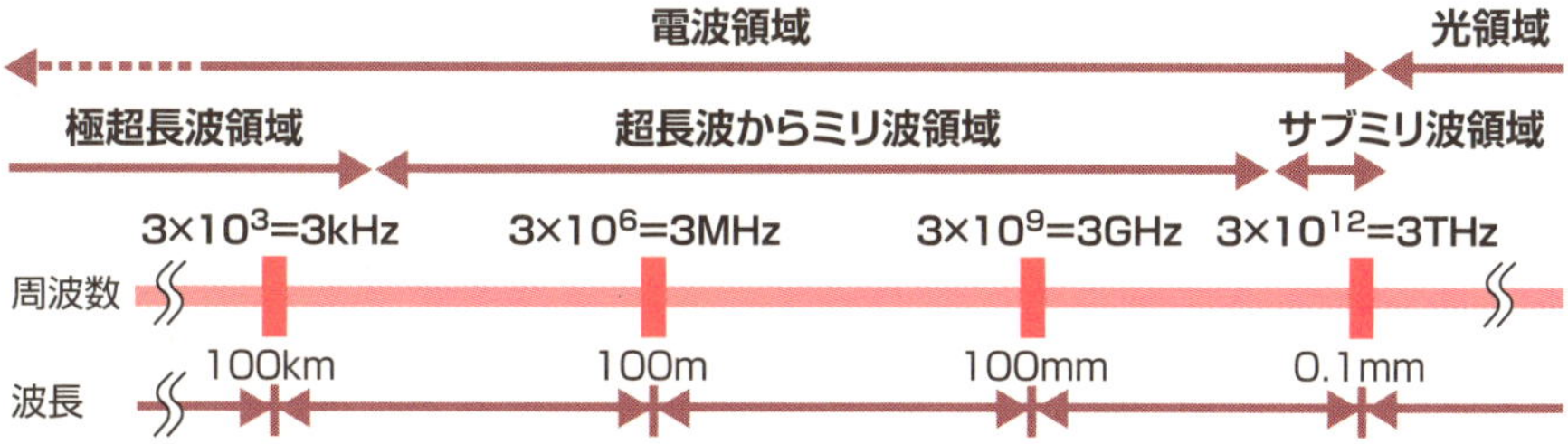

極超長波領域			
極超長波 ultra long wave	ELF	Extremely low frequency	3Hz～3kHz
超長波 very long wave	VLF	Very low frequency	3kHz～30kHz
長波からミリ波領域			
長波 long wave	LF	Low frequency	30kHz～300kHz
中波 medium wave	MF	Medium frequency	300kHz～3MHz
短波 short wave	HF	High frequency	3MHz～30MHz
超短波 ultra short wave	VHF	Very high frequency	30MHz～300MHz
極超短波 amicro wave	UHF	Ultra high frequency	300MHz～3GHz
マイクロ波 micro wave	SHF	Super high frequency	3GHz～30GHz
ミリ波 milimeter wave	EHF	Extra high frequency	30GHz～300GHz
テラヘルツ波領域			
サブミリ波 sub-milimeter wave	THF	Tremendously high frequency	300GHz～3THz

サブミリ波はテラヘルツともいう

電磁波の歴史

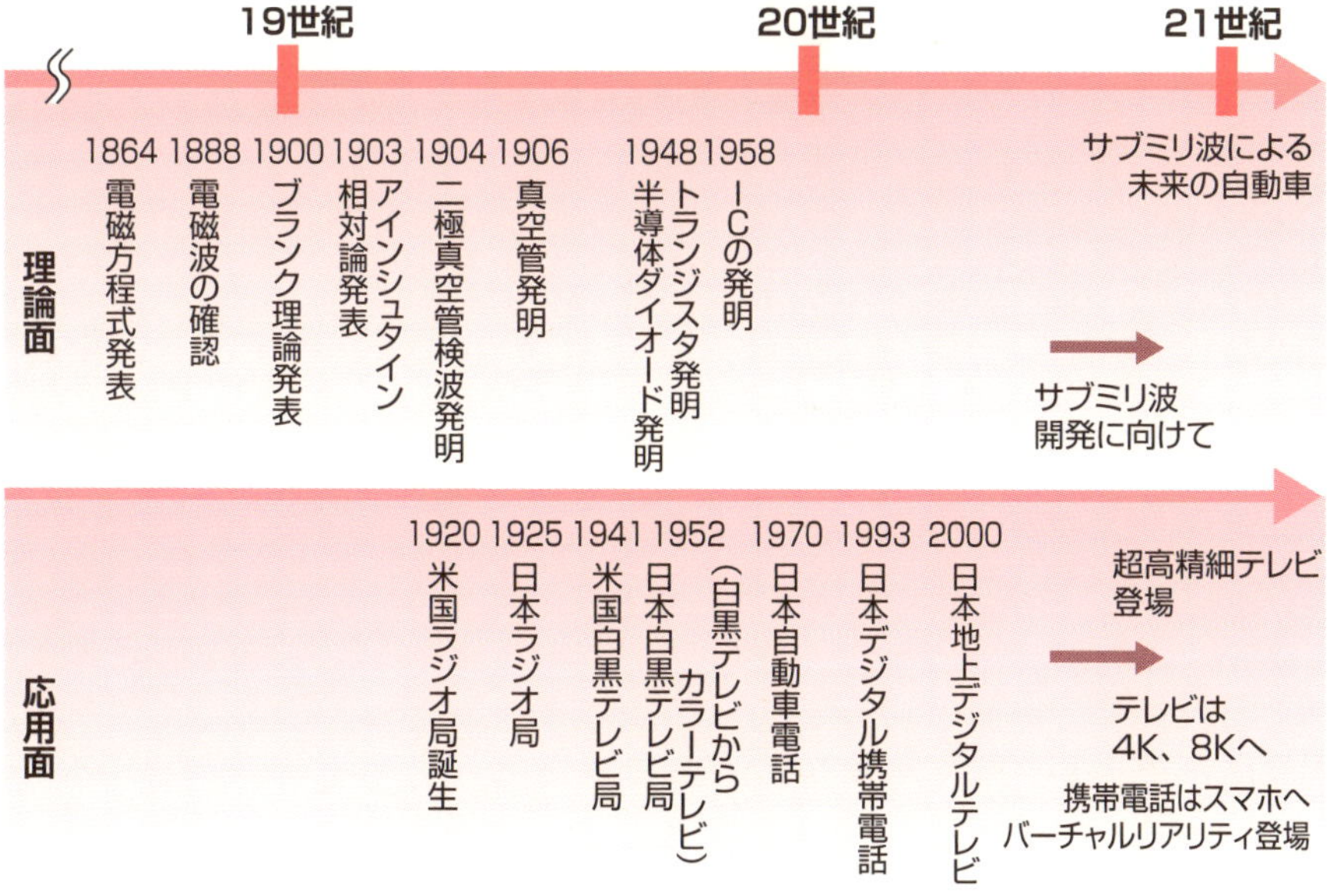

21 極超長波と超長波の特性

ＥＬＦとＶＬＦは深海通信に適している

極超長波（ＥＬＦ）と超長波（ＶＬＦ）とは：極超長波領域の周波数範囲は3Hzから3キロHz まで、波長は１００Mmから１００kmまでを指していますが、この範囲について国際電気通信連合ではさらに左頁の表のように分類しています。超長波の周波数範囲は3Hzから30キロHzで、波長範囲は１００Mmから10kmとなります。

電磁界：極超長波と超長波では、波長が非常に長いことです。身近な50Hzまたは60Hzの商用電源から放射されるのがＳＬＦで、商用電源の電柱間に張り巡らされた長い電線がアンテナとなって放射されています。この他、高圧電線網や家電製品（パソコンやテレビや電子レンジなど）からも放射されています。これらの極超長波に含まれる低い周波数範囲は電磁界とも呼んでいます。この高圧電源からの極超長波が人体に影響を与えるかどうかが問題となっています。

極超長波と超長波の電気特性：この極超長波の電気特性は、広範囲に電波が放射され、電波の直線性はなく、大きなアンテナが必要で、かつ極めて僅かな信号量しか伝送できないなど欠点が目立ちます。電波に信号を乗せるには、電波の波形の振幅などを変化させる変調が必要です。また基本となる電波と信号と区別のできるよう信号波形は、超長波に対し１００倍くらい遅くする必要があり、無線への応用は不適です。しかし極超長波や超長波の特徴は水中・海中や大地を少ない減衰で通り抜けできる点です。

極超長波と超長波の応用：極超長波と超長波の持つ特性を利用した応用として、特殊な所で用いられています。応用の一つが深海に潜った潜水艦や鉱山での通信に極超長波や超長波が適しています。だが、信号波形を極超長波より一段と遅くする必要があり、通信速度が極めて遅くなります。この外に電波航法や、標準電波などでも用いられます。日本では１９２９年刈谷市に欧州向け世界最大の依佐美無線通信所が作られていました。

要点BOX

- ●電磁界は電磁波に含まれている
- ●電波の直線性なく大きなアンテナが必要
- ●電波航法や標準電波に使用

極超長波ELFと超長波VLF

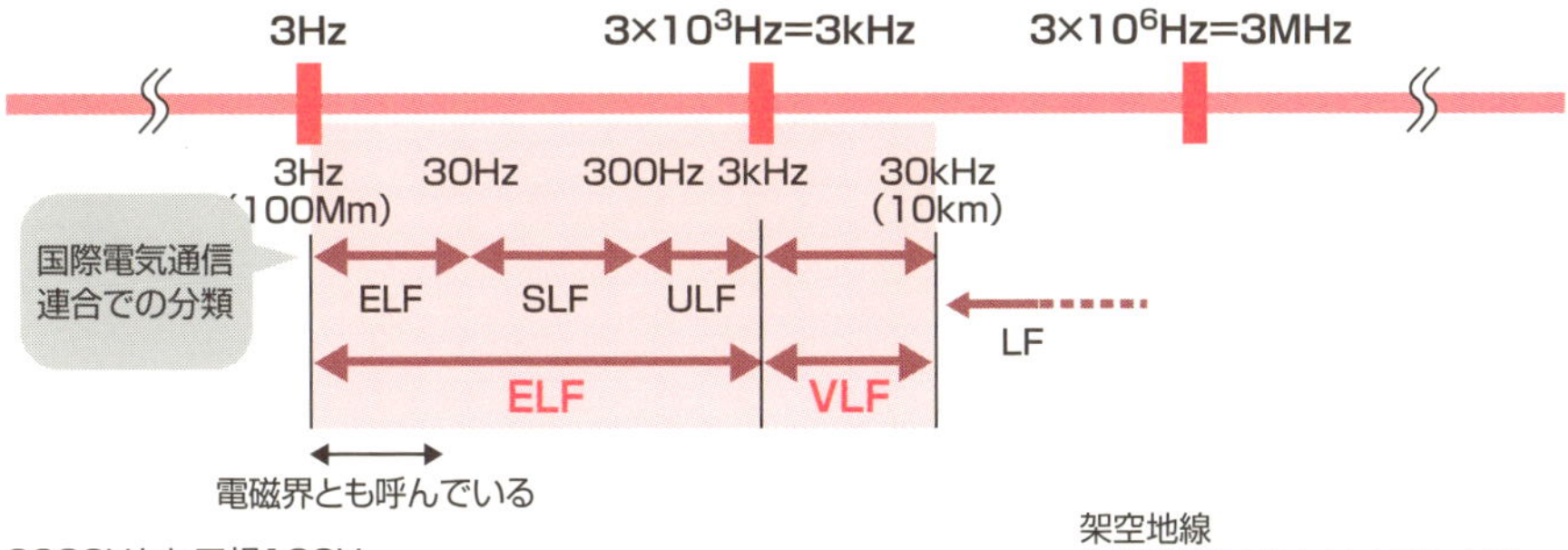

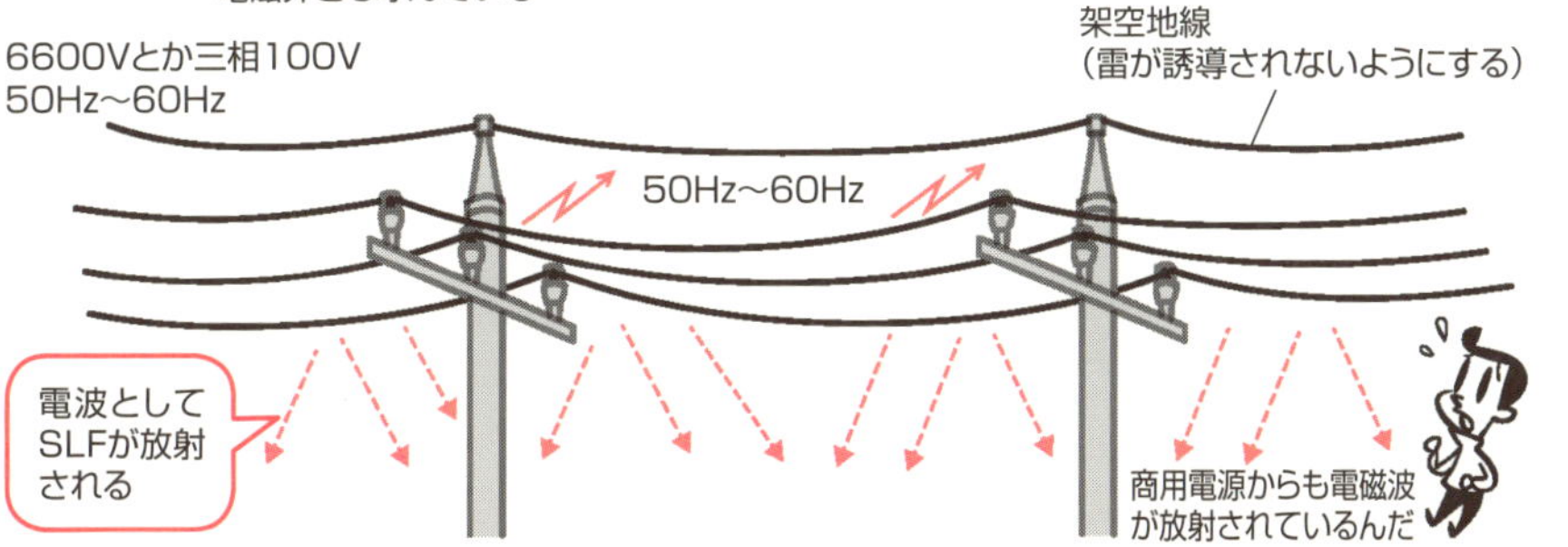

国際電気通信連合での分類			周波数範囲	波長
極極極超長波	ELF	Extremely frequency	3Hz ～ 30Hz	100Mm ～ 10Mm
極極超長波	SLF	Super low frequency	30Hz ～ 300Hz	10Mm ～ 1Mm
極超長波	ULF	Ultra low frequency	300Hz ～ 3kHz	1Mm ～ 100km

ELF・VLFの応用

長距離通信に向くが、データ量は小さい。VLFはD層で反射する。

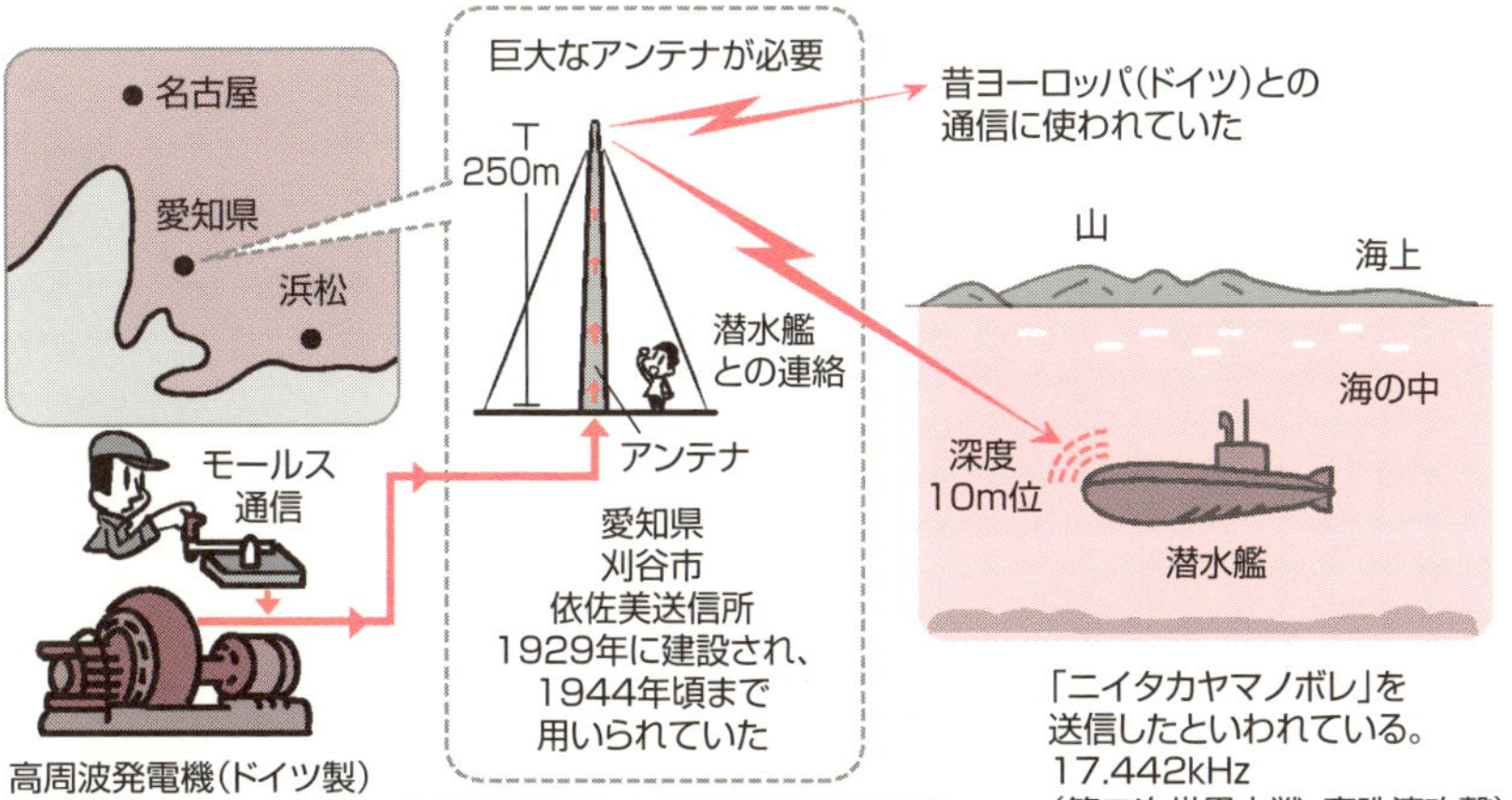

高周波発電機(ドイツ製)
5.814kHz

未来技術遺産：国立科学博物館登録

「ニイタカヤマノボレ」を
送信したといわれている。
17.442kHz
(第二次世界大戦、真珠湾攻撃)

22 長波の特性

伝播には地上波、電離層反射波とがある

長波（LF）とは：長波は30キロHzから300キロHzまでで、波長は10kmから1kmまでを指しています。

高周波発電機の登場：初期、電波の実験では長波の発信源としてコンデンサとインダクションコイルを用いて火花放電を作り、この火花放電から特定の周波数を*LC*同調回路で選択し、この周波数上にモールス信号を乗せて送っていました。やがて、いかにして音声を電波に乗せるかという問題が出てきました。1902年アレクサンダーソンは高周波発電機を考案し、アメリカGE社スタインメンツが製作しています。これは一種のモータで軸を回転させ、ここから長波を得る方式で、大変に大きな装置でした。1906年12月フェッセンデンは50キロHz、出力1キロの出力を持つ高周波発電機から得られた長波にマイクを接続して振幅変調させ、アメリカ東海岸でアンテナから音楽を放射しています。これは技術者に大きな反響を呼びました。

電波伝播：電波伝播の中心となる地上波には直線的に伝播する直接波と、地面で反射しながら伝播する大地反射波と、山やビルによる反射や回折によって伝播する地表波などがあります。ここで直接波と大地反射波を含めて空中波ともいいます。さらに地表波が異なった伝播をしていく対流圏層波（大気中の温度変化があると、屈折の変化で伝播が変化するフィージングが生じやすい）と電離層で反射する電離層反射波（D層、E層、F_1層、F_2層）があります。

長波の伝播：長波の伝播では地表波が主で、安定して長距離通信ができますが、大電力の送信装置が必要となります。長波の一部は電離層D層で昼間は反射します。だが、夜間にはD層は消滅しますので代わりにE層で反射して伝播していきます。このため、中波に似て昼間より夜間は遠くまで到達します。

長波の応用：長波は産業用では標準周波数局（電波時計で使用）に、民生用では長波ラジオ放送やアマチュア無線などで用います。

要点BOX
- ●電波の一部は電離層で反射する
- ●高周波発電機の考案
- ●ラジオ放送、アマチュア無線に応用

長波LF

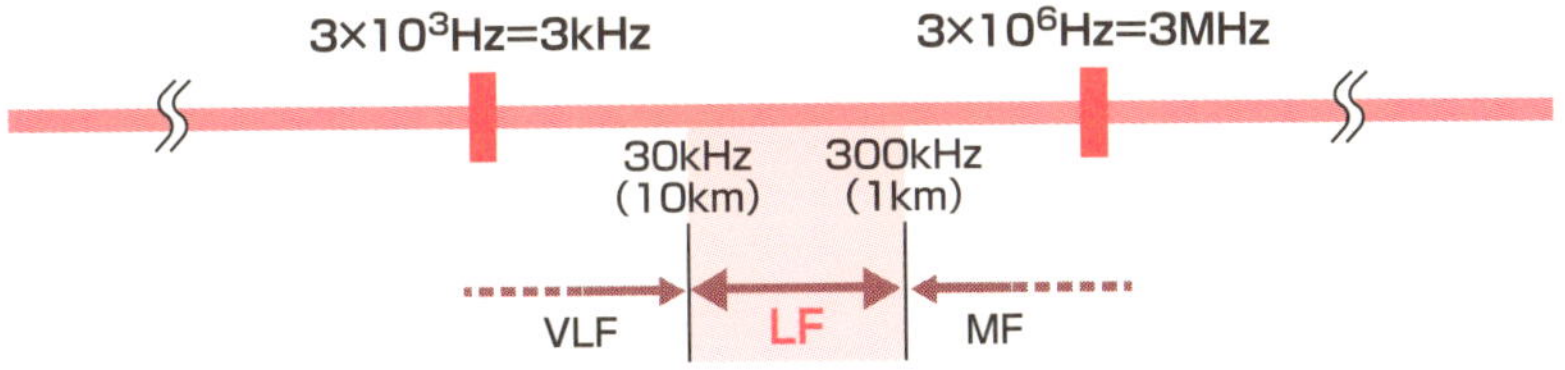

長波の伝播

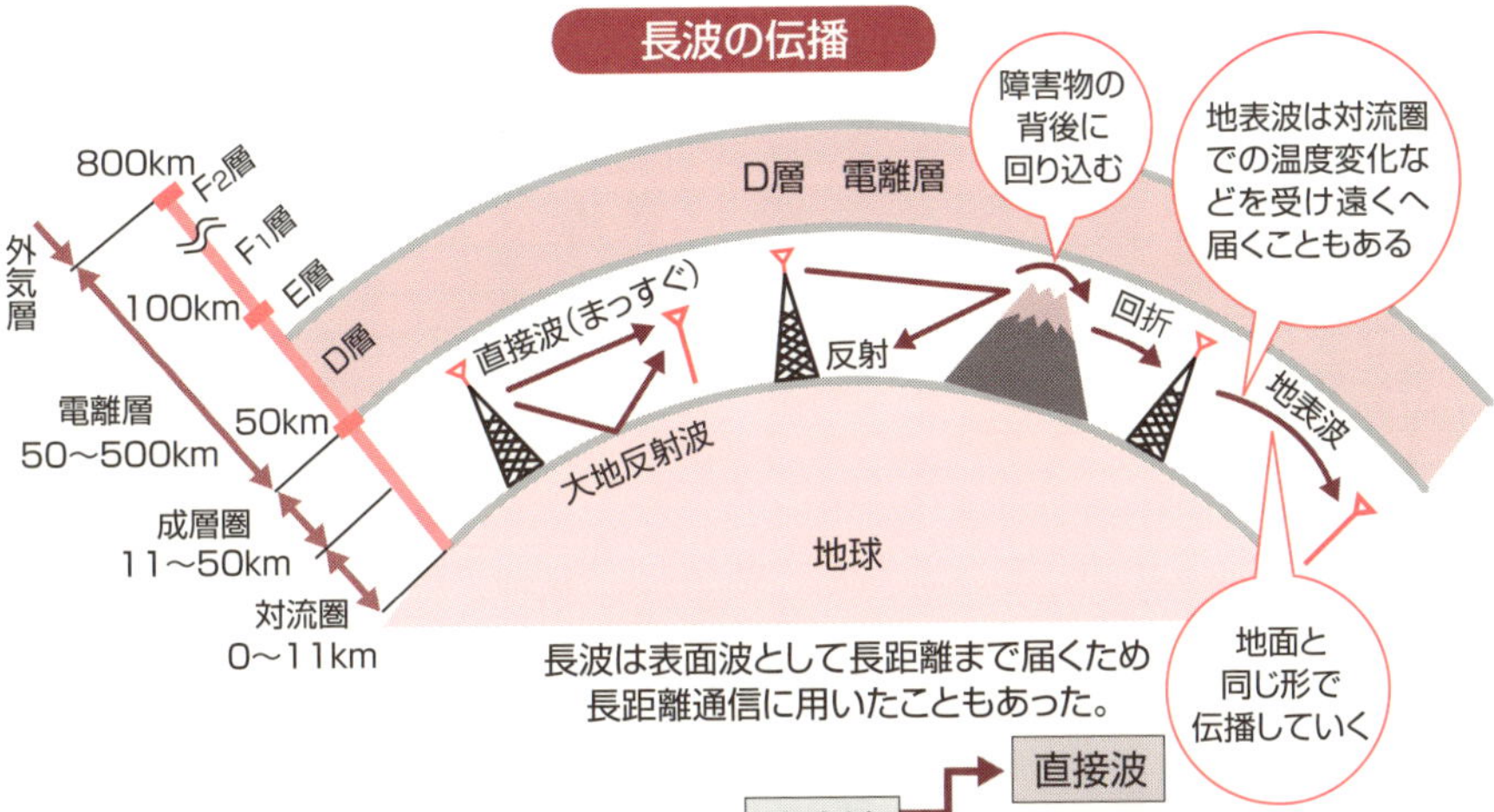

長波は表面波として長距離まで届くため
長距離通信に用いたこともあった。

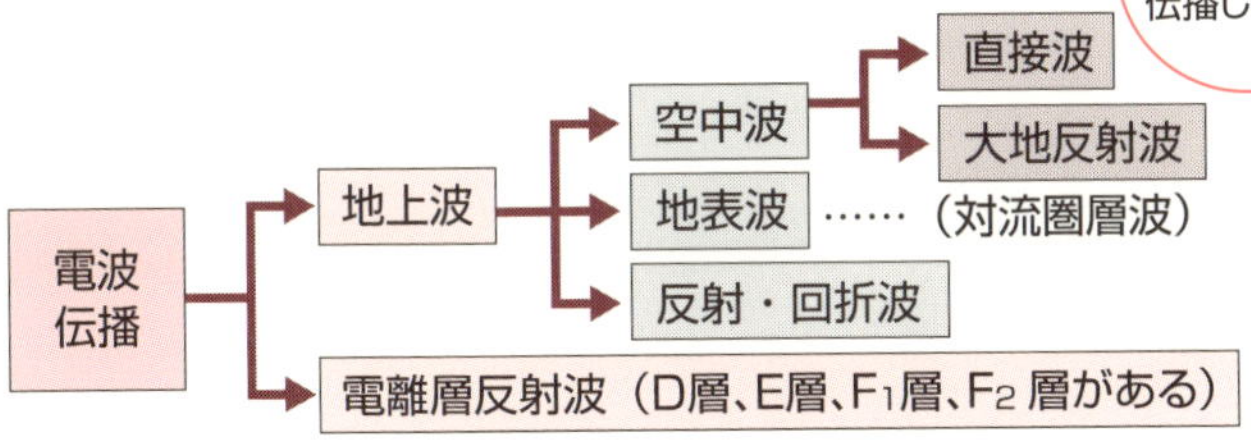

長波は主として地上波で伝播していく。

長波の応用

JJY40kHzまたは60kHz(電波時計)、アマチュア無線(135kHz帯)

23 中波の特性

真空管の発明で電波応用が高まる

中波（MF）とは：中波は300キロHzから3メガHzまで、波長は1kmから100mまでを指しています。

電離層での反射：地球を取り巻く上層（60kmから500km）の大気に含まれている酸素や窒素の原子や分子に太陽からの紫外線や粒子などが当たると、イオンや電子となり電子密度の高い電離した状態の電離層と呼ばれる領域が発生します。この電離層に電波が当たると、電離層では空気中よりも電子数が多くなるため、電波は追突で速度を落としながら方向を変え鏡のように反射します。紫外線の関係で、上層ほど電子密度は高く、下層になると電子密度は低くなってきます。この電離層はD層と、E層と、F_1層と、F_2層と四つにわかれています。夜間は昼間と比較して太陽からの紫外線や粒子などが下まで届き難くなるため、一番下のD層は消滅します。この結果昼はD層で反射していた中波は夜間にはE層で反射し数百km以上届くようになります。夜間F_1層とF_2層は一つのF層（150kmから800km）となります。

高周波発電機から発振回路へ：電波の発信源として、火花放電に続いて高周波発電機が登場してきましたが、1912年アームストロングは、真空管を用いた増幅実験のなかで生じる不要な発信現象を高周波発振源に置き換えようと発想したのです。ここから画期的な超小型真空管による発信回路が誕生し、本格的な電波の応用が始まりましたが、周波数が大変に不安定でした。

中波の電気特性：中波の大きな特長は地上約90kmから130kmにある電離層に反射して伝播することです。昼間は地表波により安定した数十km位の近距離伝播を、夜間は電離層により反射した電離層波で安定して数ギガkm位の超距離伝播ができるようになりました。

中波の応用：最初の中波AMラジオ放送は、アメリカで、1920年11月2日大統領選挙放送でした。

要点BOX

- ●中波は電離層で反射して伝播する
- ●電離層はD、E、F_1、F_2にわかれている
- ●AMラジオ、航空無線などに応用

中波MF

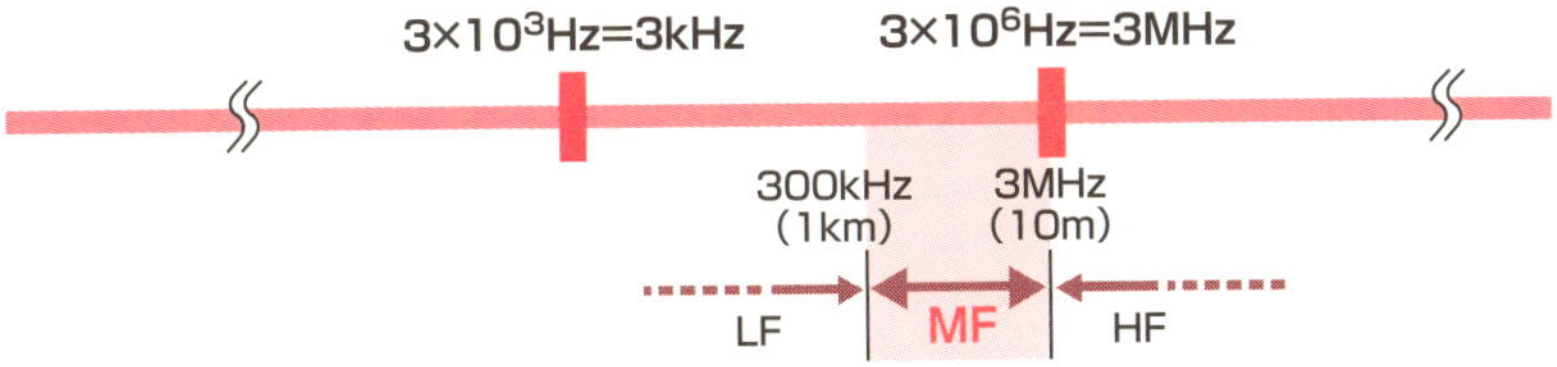

中波の伝播

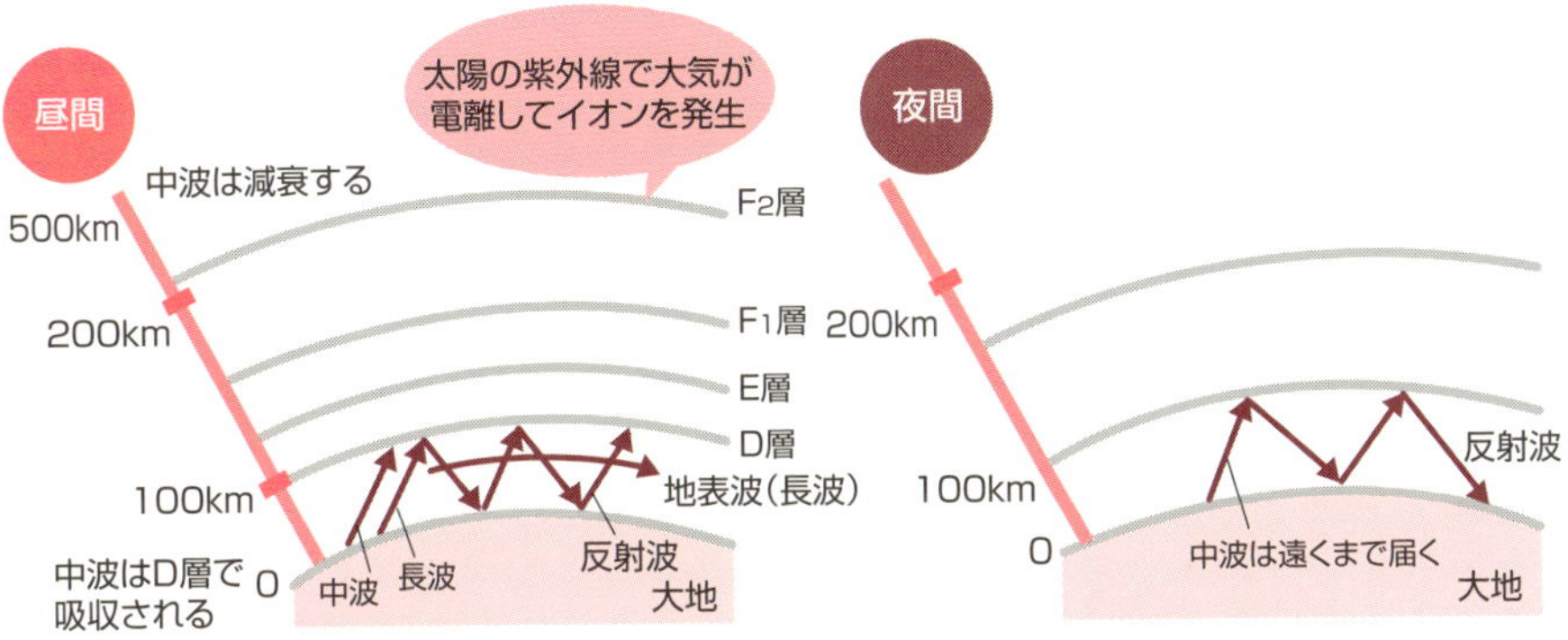

昼間	D層(60km〜90km)、E層(90km〜130km) F_1層(150km〜220km)、F_2層(220km〜800km)
夜間	E層(90km〜130km)、F層(150km〜800km)

長波: 昼はD層で反射、夜はD層は消滅し、E層で反射、遠くまでとどく
中波は昼D層で吸収されて減衰、夜はE層で反射し遠くまでとどく

中波の応用

1920年11月2日アメリカでラジオ放送が始まった。初めての放送内容は、大統領選挙の開票結果速報をしていた。雨が降っていたが室内で聞くことができた。

24 短波の特性

電離層で反射のため長距離通信用として普及

短波（HF）とは：短波は3《メガ》Hzから30《メガ》Hzまで、波長は100mから10mまでを指しています。

電離層での反射：昼間と夜間で電離層の状態が変わります。短波はD層を通過した後、昼間はF_1層F_2層で反射し、夜間はF層（F_1層F_2層の区別が無くなり電子密度が下がる）で反射するようになります。この結果、昼間は電離層までの距離が短くなって高い周波数が反射され、夜間は電離層までの距離が長くなって低い周波数が反射されるようになります。この結果夜間はF層と地表と反射を繰り返しながら地球の裏側まで伝播していき、遠距離通信が可能となります。短波では電離層反射波80％以上になることもあり、長距離通信ができるようになります。

発信源の安定化に向けて：真空管を利用した発振回路が登場し、これを用いた短波無線機が広く普及してきました。だが普及するにつれ新しい問題が出てきました。真空管を利用した発振回路の周波数は不安定で、鋭いピーク周波数が得られないことでした。このため、隣接する電波が重なり、混信が起こりました。1928年ケンディは精度の高い水晶振動子を用いた発振回路を考案しています。この水晶振動子の登場で、電波を応用した無線電子機器は飛躍的に発展することができたのです。

短波の電気特性：短波の特長は電離層による反射（30《メガ》Hz以下）して地上に戻ってくる点です。だが、天気など自然環境が変化すると、反射特性が変わるという問題点があります。

短波の応用：短波はアンテナから上空に向けて上空波となって放射され、電離層で反射し電離層反射波となって戻ってきます。短波では長距離通信ができるので、長距離通信分野や短波ラジオや、市民ラジオや、国際線航空機用通信や、遠洋船舶通信や、国際放送や、アマチュア無線や、ラジコンなどに幅広く用いられています。

要点BOX

- 反射を繰り返し地球の裏側まで伝播
- 発信回路に水晶を採用、周波数の安定化に成功
- 短波ラジオ、国際線航空機通信などへ応用

短波HF

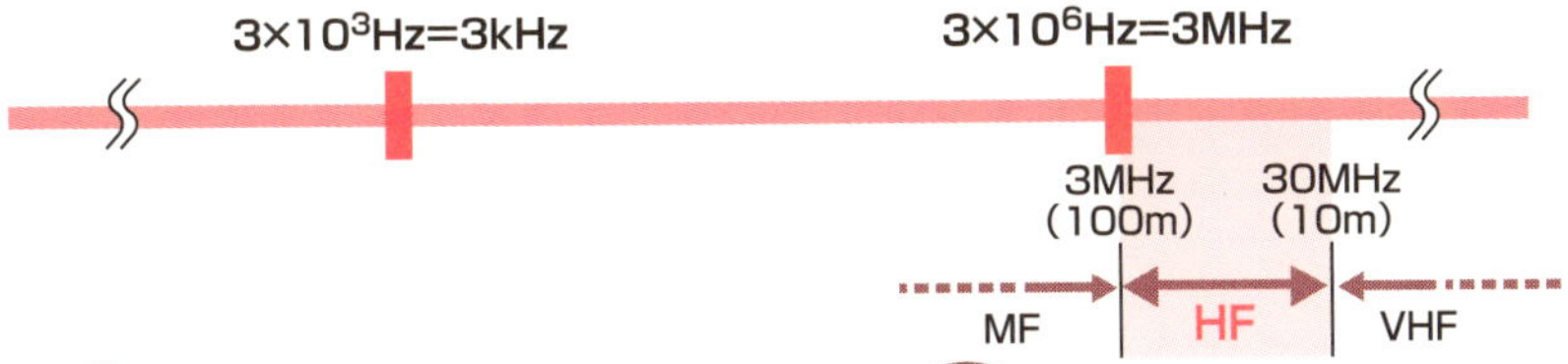

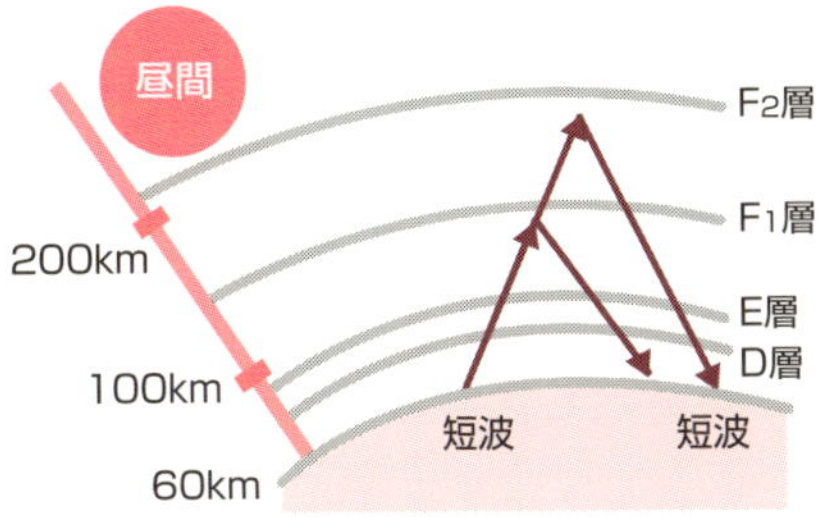

長距離通信用として注目

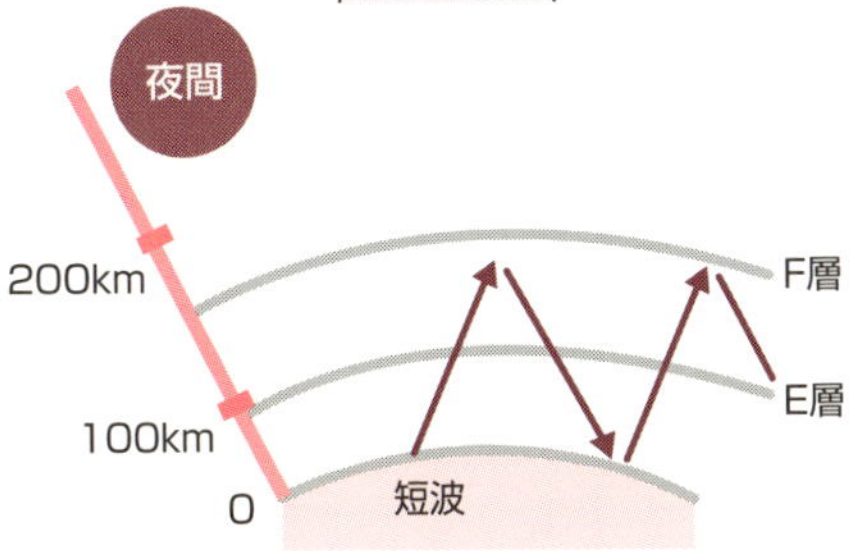

電離層F_1層、F_2層

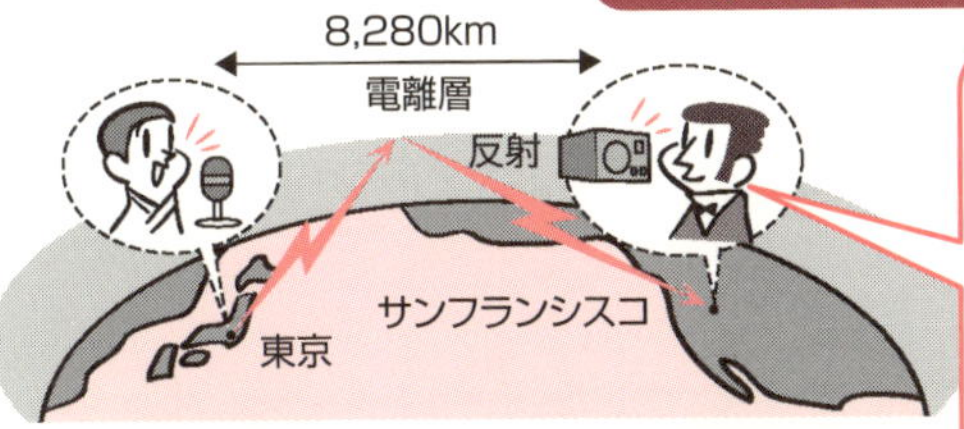

長距離電波は短波から始まりやがて
通信衛星・海底ケーブルの時代へと発展している

1934年日本とアメリカ間で画期的な音声電話が始まった。通話方式はプレストーク（まずAからBへ話をして終わると、スイッチが自動的に切り替ってBからAへの話ができるという片側方式）だった。フェージングもあり聞き難かったが、大変技術的話題になった国際電話であった。

短波の応用

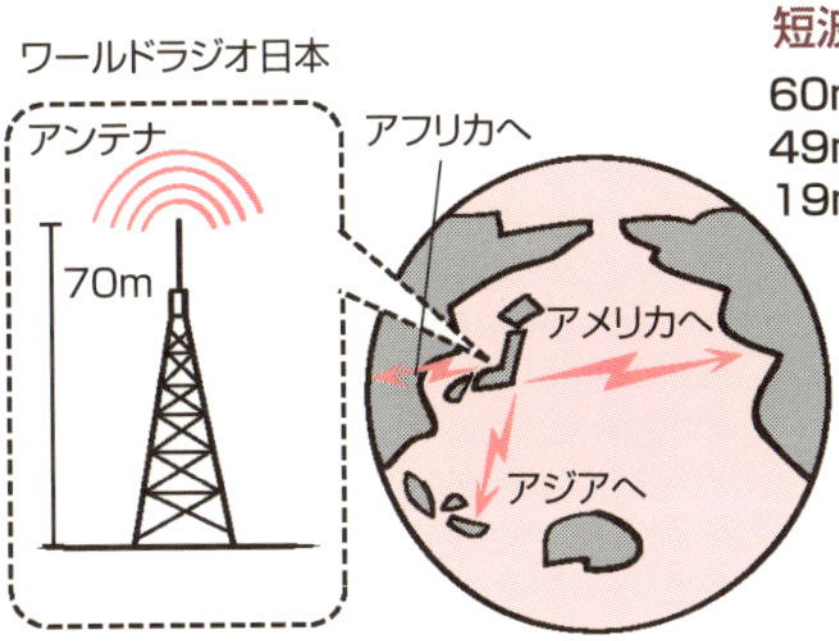

短波による国際放送
小保送信所(KDDI)
茨城県古河市

短波ラジオ

60m バンド（4.75 ～ 5.06MHz）国内用
49m バンド（5.90 ～ 6.20MHz）国際放送用
19m バンド（15.0 ～ 15.80MHz）遠距離用

国際放送

- ●日本：ワールドラジオ日本
  （18カ国向けに放送、AM ラジオ 11910kHz 外、インターネット）
- ●イギリス：BBC ワールドサービス
  （スカパー、Jiom など）
- ●アメリカ：ボイス・オブ・アメリカ
  （極東サービス、
  2014 年極東廃止：インターネット）

25 超短波の特性

アナログテレビや人工衛星通信に用いられた

超短波（VHF）とは：超短波は30メガHzから300メガHzで、波長は10mから1mまでを指しています。メートル波ともいいます。電波の応用が始まった1920年頃まで電波の応用は電波放射が難しく短波までと思われていましたが、この発展に大きく寄与したのが1926年に日本の発明した八木・宇田アンテナでした。このアンテナは日本では評価されませんでしたが世界中の技術者に衝撃を与えました。初期のころ、超短波の応用は特定の分野のみでしたが、2000年頃からアナログテレビなどの分野で用いられ急速に発展しています。

電離層を飛び抜ける電波：超短波は短波と比較して、波長が短くなっています。超短波の周波数帯では次第に電離層で反射しなくなり、電離層を飛び越えて宇宙空間へと飛び出していくようになります。だが昼間、上空100km付近に時折りスポラディックE層（sporadic elayer：突発的）が発生し、異常な反射により伝播妨害が起こります。さらに超短波から極超短波へと周波数が高くなるに従って、電離層による電離層反射波がなくなり、電波は宇宙空間まで飛び出していきますが、地上11km以上の対流圏を通過するとき、ときおり対流圏の気象によって伝播が拡散するなど影響を受けるようになることがあります。

超短波の電気的特性：超短波は電離層で反射せず通過します。超短波は直接波として直進して見通しのある範囲に伝播していきます。超短波の一部は地面で反射する大地反射波となりますが、反射が弱く減衰が大きくなって遠くまでは届きません。

超短波の応用：超短波は電離層を通過するということから宇宙では人工衛星や天文学分野に、地上では直進性が強く地表面と接触して減衰するのを避けるために高いアンテナを用いてFMラジオや地上アナログテレビ（すでに撤退）、移動通信、アマチュア無線などに使用されています。

要点BOX

- ●1920年頃からVHFの開発が始まった
- ●VHF帯の電波は電離層を飛び抜ける
- ●直進して進み、見通し範囲に伝播

超短波VHF

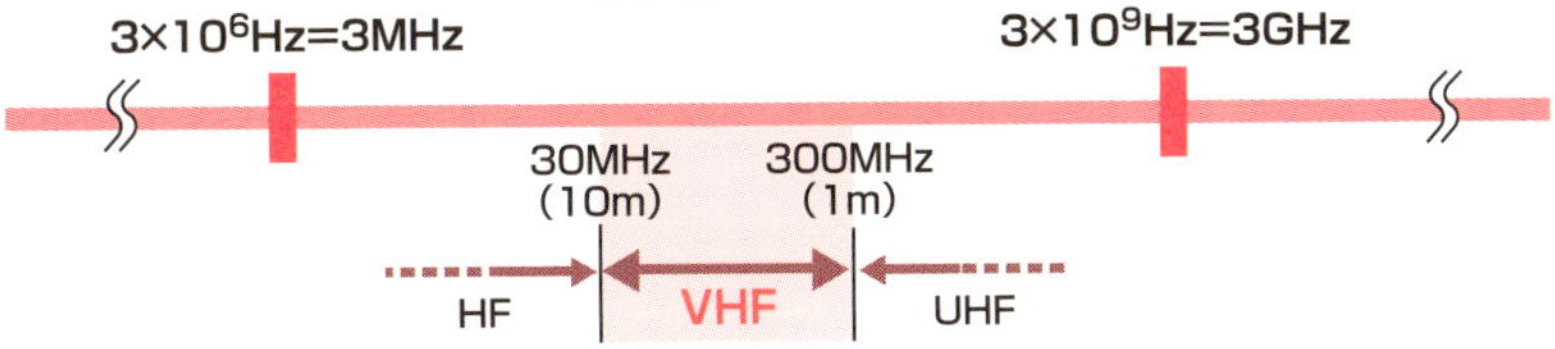

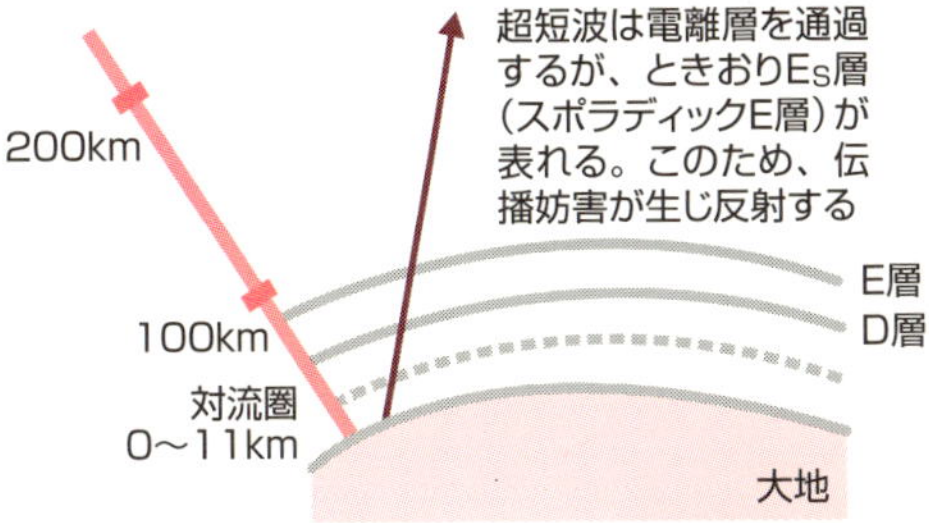

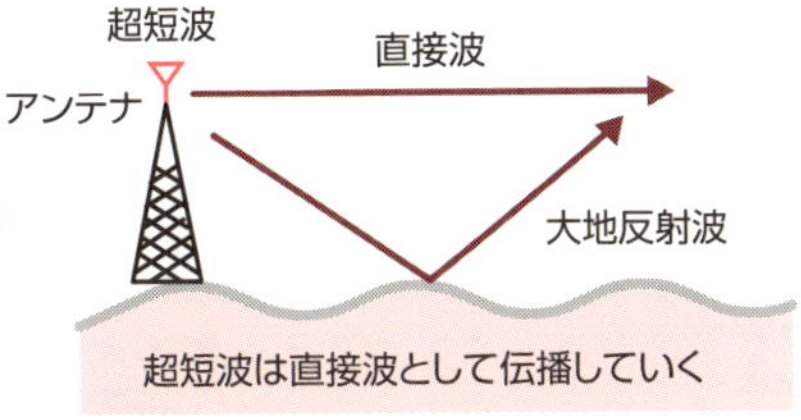

八木アンテナ

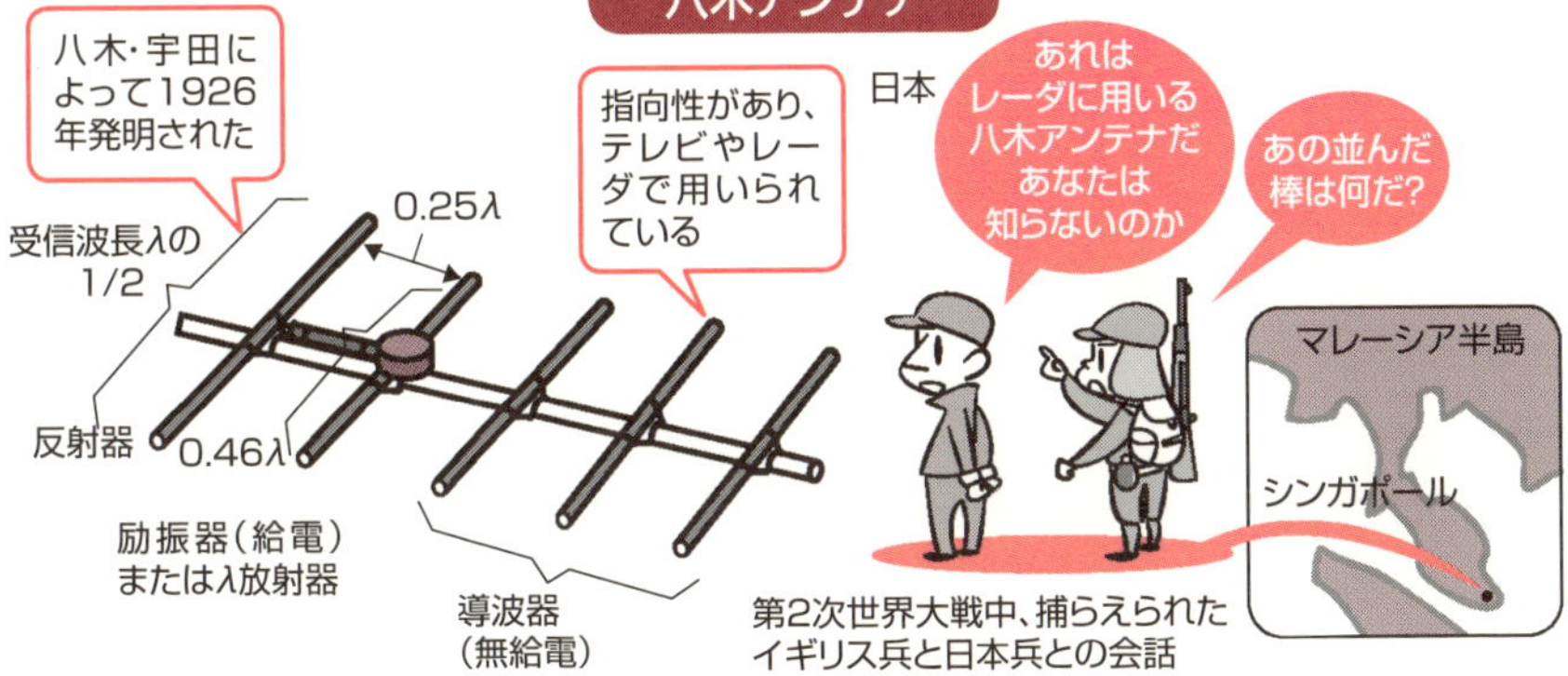

第2次世界大戦中、捕らえられたイギリス兵と日本兵との会話

超短波の応用

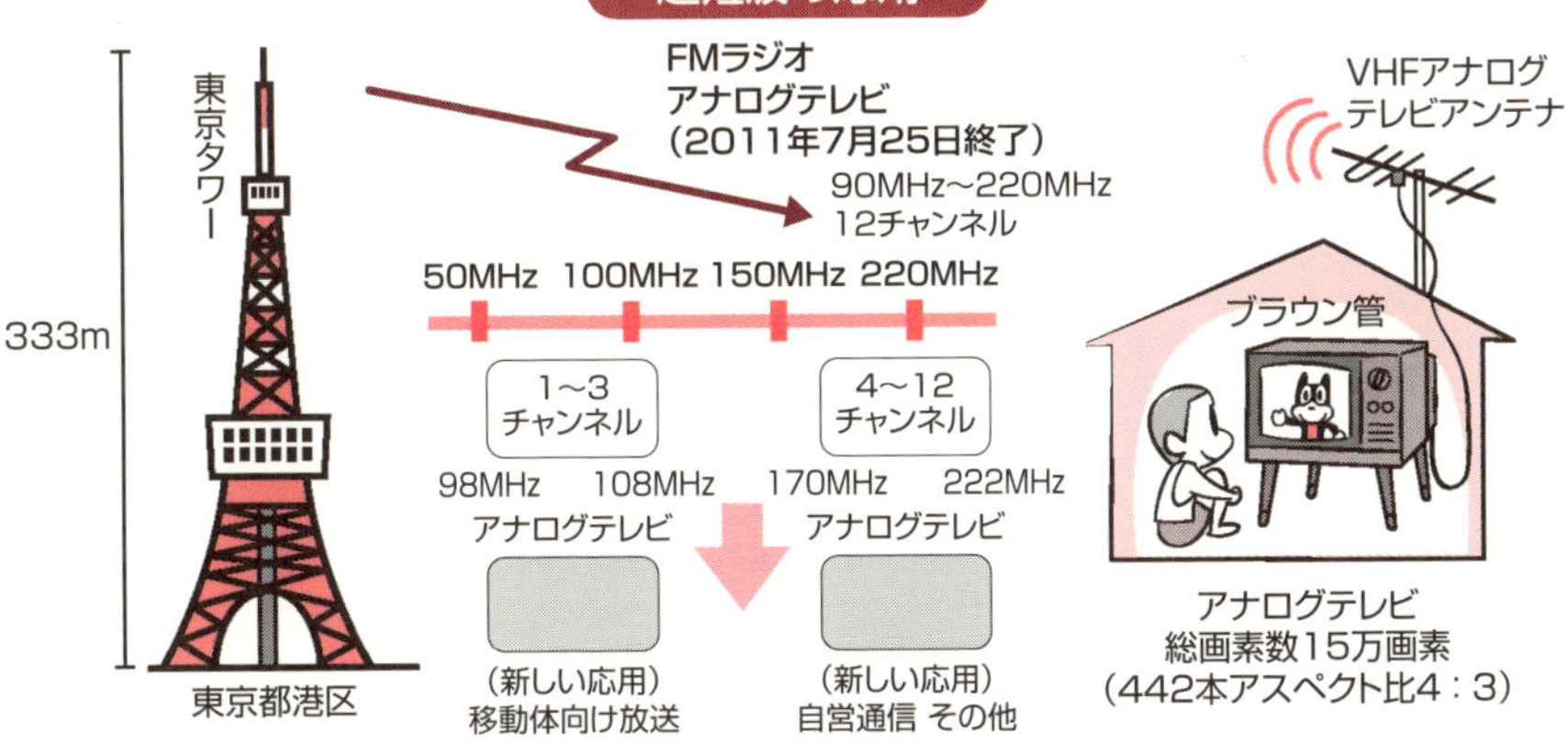

26 極超短波の特性

デジタルテレビやデジタル携帯電話などの分野で使用

極超短波（UHF）とは：極超短波は300《メガ》Hzから3《ギガ》Hzで、波長は1mから100㎜（10㎝）までを指し、デシメートル波ともいいます。ここで1《ギガ》Hzから3《ギガ》Hzの周波数は純マイクロ波と呼んでいます。この極超短波に用いる超高周波技術では開発が大変に困難でしたが、半導体の高密度化・高速化技術の発展に伴って問題点は克服されてきました。

極超短波開発の背景：極超短波を開発しようとしてきた背景として、膨大な信号を処理し無線伝送する能力を持つと同時に、超小型のアンテナと超小型の送受用機器で対応できる点でした。

極超短波の電気的特性：極超短波は超短波以上に電離層での反射がなく空間に飛び出し直線波となって伝播していきますが、激しく減衰します。極超短波は超短波よりさらに直線的に伝播し、光の性質に似てきます。だが若干ですが山岳や建造物に影響され、山岳回折波や山岳反射波となって見通しの悪い所にも伝わることがあります。

極超短波の応用：地上デジタルテレビ放送はUHF帯（470《メガ》Hzから710《メガ》Hz）を用いています。地上デジタルテレビ放送用アンテナは波長が短いために、八木アンテナの横幅長が短くなり小型化しています。この他に、デジタル携帯電話（1.5《ギガ》Hz帯、1.7《ギガ》Hz帯、2《ギガ》Hz帯）や、PHS（1.8《ギガ》Hz帯、1.9《ギガ》Hz帯）や、航空無線や、WiMAX（2.5《ギガ》Hz）や、コードレス電話や、無線LAN（Bluetooth,IEEE802.11b：2.4GHz）や、RFID（電子タグ）などに用いられています。さらに2.4《ギガ》Hz帯（2.400GHzから2.4835GHz）はISM（Industry Science Medical）バンドと呼ばれ産業・科学・医療で使用されています。極超短波は信号伝送の他に調理用電子レンジがあります。この電子レンジには強力なマイクロ波を発振するレーダ用マグネトロン真空管を用いています。

要点BOX

- 半導体の高度技術発展で実用化
- UHF帯は電子レンジにも応用
- 膨大な情報を処理し無線伝送可能

極超短波UHF

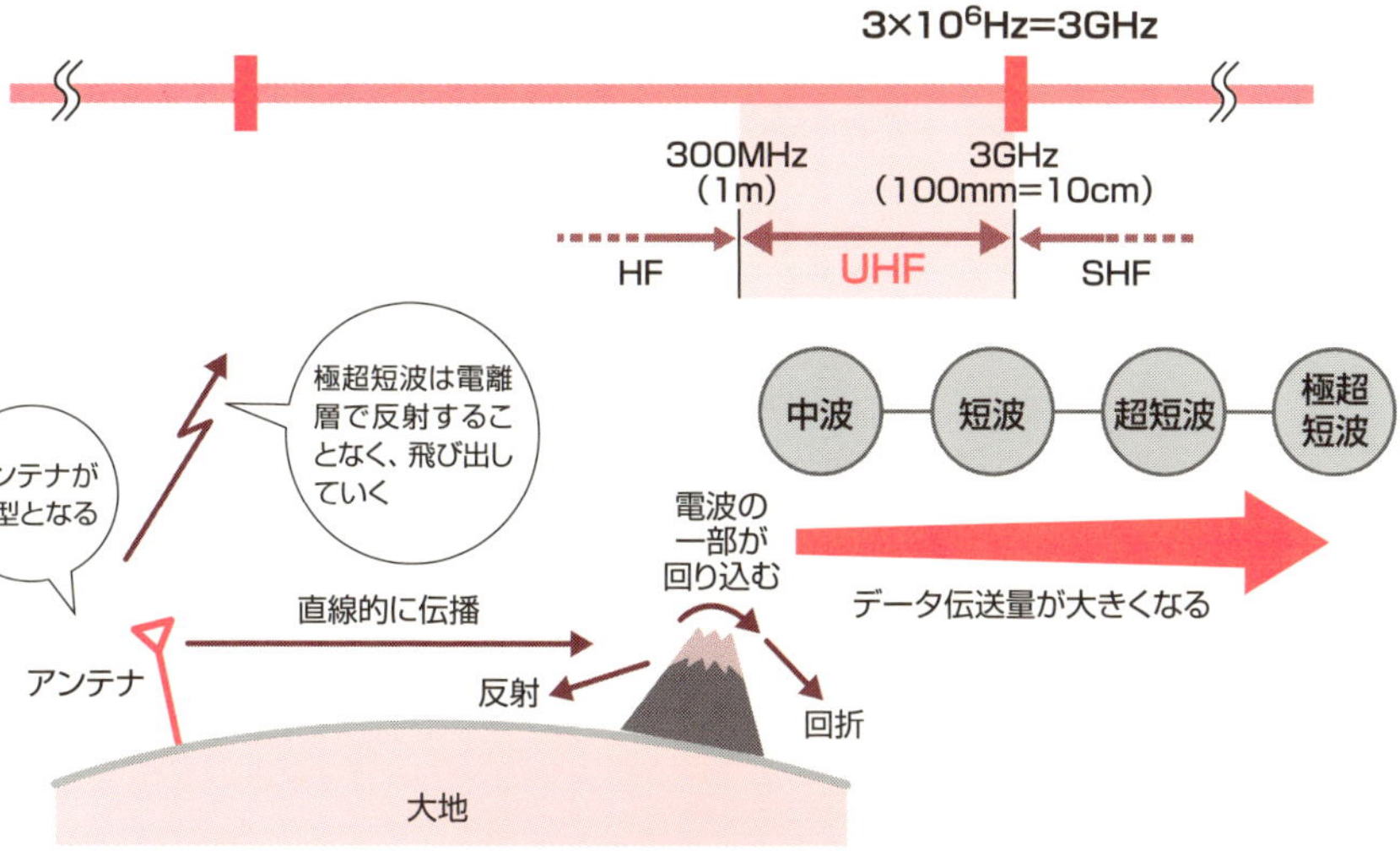

極超短波の応用

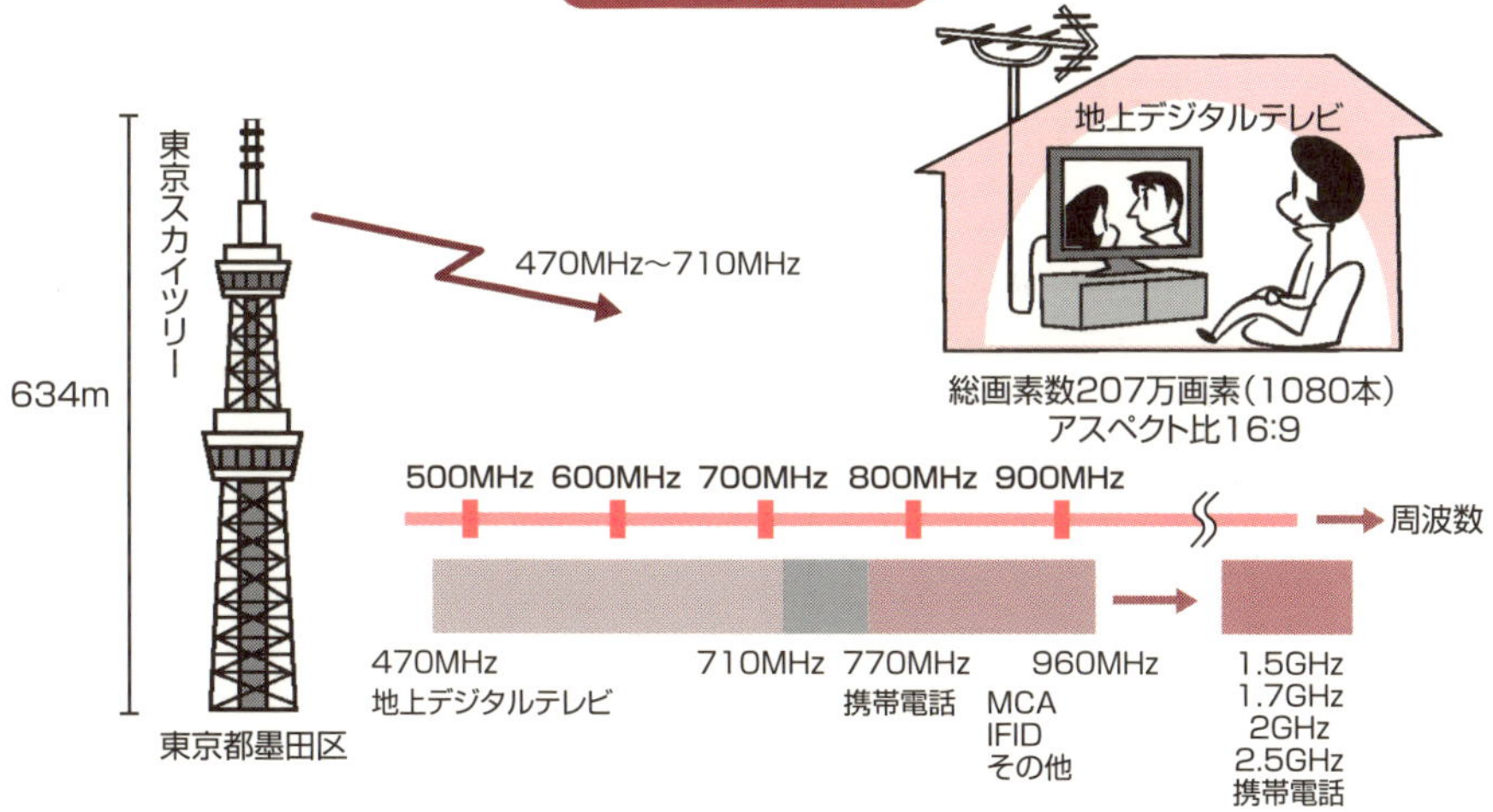

極超短波応用家庭用クッキング

- 極超短波を応用した代表的な製品に家庭用クッキングがある
- この極超短波を利用した家庭用クッキングは、極超短波を利用したレーダで用いられるマグネトロン（発信用電子管）を改良した電子レンジ（使用周波数：2.45GHz、出力：500Wから1kW程度）である。（無免許）

27 マイクロ波の特性

マイクロ波の応用は多方面に広がっている

マイクロ波（SHF）とは：マイクロ波は3ギガHzから30ギガHzで、波長は100㎜（10㎝）から10㎜（1㎝）までを指し、センチメートル波ともいいます。

マイクロ波とレーダ：マイクロ波は飛行機・船舶用レーダ開発の中で発展してきました。レーダの歴史は古く、なんと1900年にドイツでは火花放電の反射波を用いて数キロメートル先の船舶を探知しています。初期のレーダはVHF帯を用いていましたが、1927年岡部金次郎によってマグネトロンが発明（特許は米国人が取得）されレーダに適した、マイクロ波を作ることができるようになりました。この情報によって1941年頃、イギリスではマイクロ波レーダが開発され、ドイツ空軍の飛行機を探知しています。第二次世界大戦の中で、アメリカではイギリスからの技術をベースにマイクロ波レーダを開発し、日本軍の軍艦探査に向けられたのです。日本では素晴らしい技術を持ちながら遂にマイクロ波レーダは開発できませんでした。

マイクロ波の電気的特性：マイクロ波の電気的特長として、極超短波以上に直進性を持ち、鋭い指向性で特定の方向に向けて発射することができます。また、マイクロ波は信号の信号量を一段と大きくして伝送することができます。さらにマイクロ波は電離層で反射せず、ほぼ完全に電離層を通り抜けるという性質を持っています。だが、電離層を通過するとき、マイクロ波の伝播速度が遅くなることがあります。

マイクロ波の応用：マイクロ波の持つ鋭い指向性と、膨大な信号伝送の能力を活用して種々な応用が開発されてきました。指向性を利用して、高性能な船舶用レーダや気象レーダや水洗トイレセンサなどがあります。また、膨大な信号伝送能力を利用して放送衛星（BS放送）や通信衛星（CS放送）やテレビや通信中継装置や無線LANや医療ISMバンドやESR（電子スピン共鳴：物理実験で使用）やETC（電子料金収受システム）やアマチュア無線などに使用されています。

要点BOX

- ●マイクロ波の鋭い指向性はセンサ用として注目
- ●第二次大戦中マイクロ波レーダ開発
- ●人工衛星、宇宙通信などに応用

マイクロ波SHF

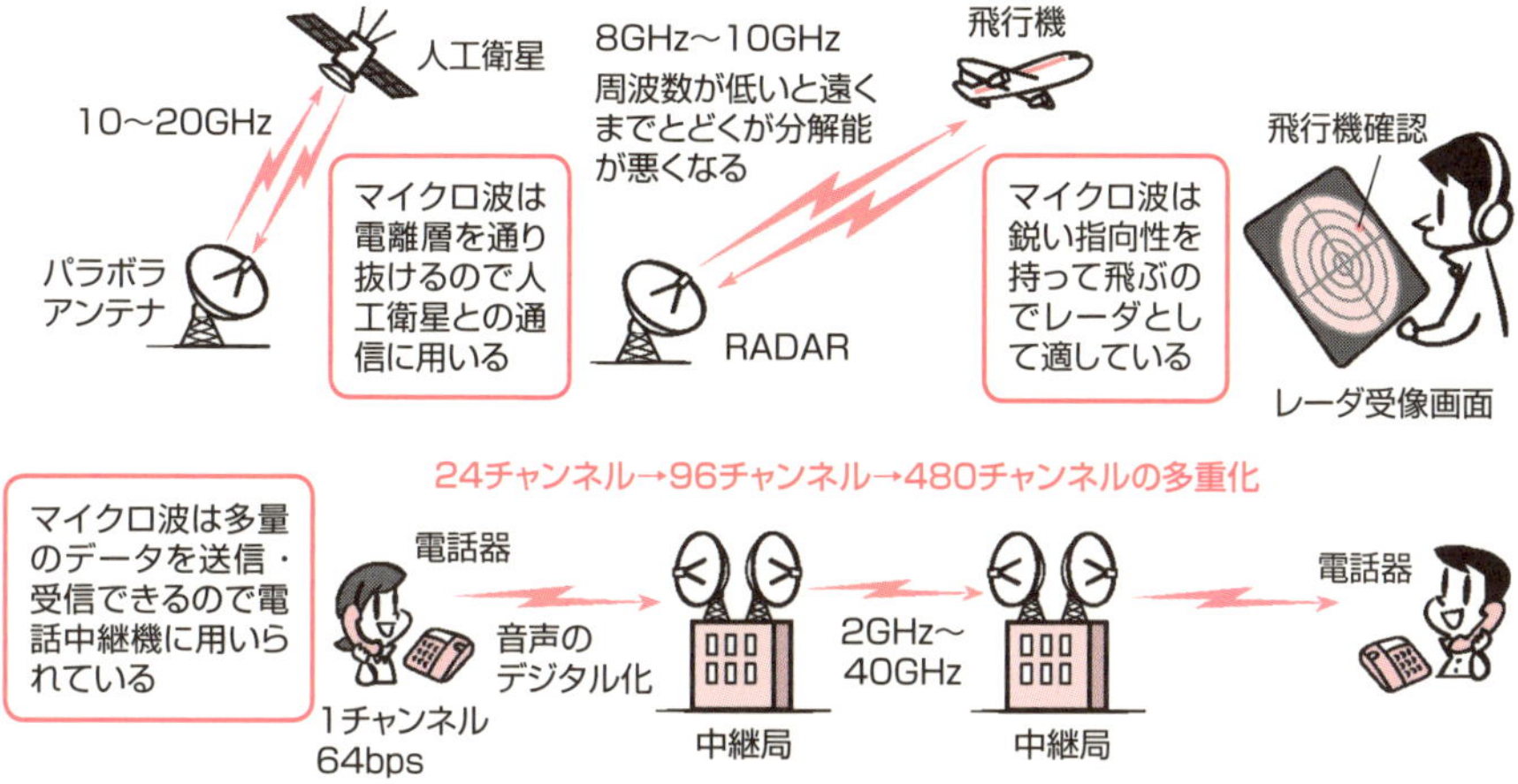

マイクロ波の応用

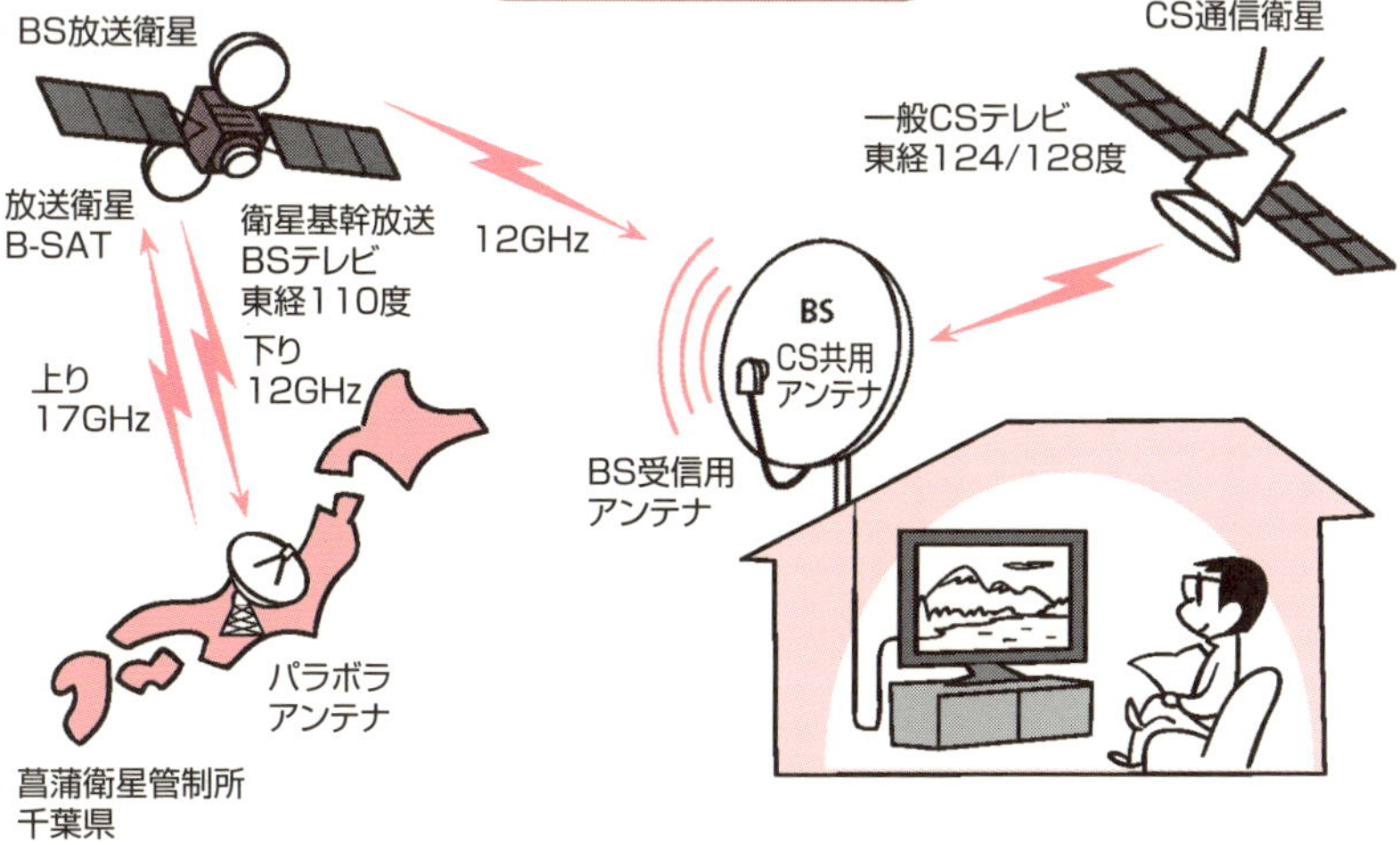

マイクロ波の電離層を通り抜けるという性質を活用して、各種人工衛星（気象衛星、放送衛星、通信衛星）との通信やGPSや宇宙電波望遠鏡などに使用されます。

28 ミリ波の特性

ミリ波（EHF）の開発は一段と加速する

ミリ波（EHF）とは：ミリ波は30ギガHzから300ギガHzで、波長は10㎜（1㎝）から1㎜までを指します。

視覚や聴覚に対応できるセンサ：これから開発しようとしている電子機器は非常に高度化を目指しています。例えば、自動車は人間が運転する以上に安全な自動運転のできる自動運転車を目指し、ロボットは人間と同じような行動と判断能力にあるヒト型多目的ロボットが開発目標となります。

このような未来に向けて開発されていく自動運転自動車やヒト型多目的ロボットは人工知能とともに高度な知能のあるセンサが必要となります。人間は視覚から60%、聴覚から20%の外部情報をもとに頭脳で判断し行動をしています。人間と同じようなことが自動運転自動車（ミリ波は歩行者の認識に適している）やヒト型多目的ロボットに求められています。このために最も重要なのは視覚に相当するよう高度なセンサということができます。この高度なセンサの鍵を握る電波として、ミリ波帯が用いられるのではないかと、考えられています。

ミリ波の電気的特性：ミリ波はより伝播が直線的で、大容量の情報量を伝送できるという特長を持ちますが、雨や霧などの天候に左右されやすく、遠くに届き難い、などといった欠点を持っています。

ミリ波の応用：鋭い直線性を持っていて、比較的短い距離しか伝播できないというミリ波の性質をよく理解した上での応用が開発目標となります。地上にあっては、近距離通信や、自動車追突防止用センサや、ミリ波レーダや、50ギガHz簡易無線や、アマチュア無線や、ESRなどが、宇宙に対しては、人工衛星通信の他に、電波望遠鏡を用いて宇宙の神秘を追求する天体観測などで利用されています。日本の国立野辺山天文台では、1ギガHzから160ギガHzまでのミリ波を受信できる直径45mの強大な世界最大のアンテナを使用し、宇宙のナゾ解明に挑戦しています。

要点BOX

- ●EHFを用いたセンサが登場する
- ●鋭い直線的伝播が特長
- ●自動運転自動車、ヒト型ロボットなどへ応用

ミリ波EHF

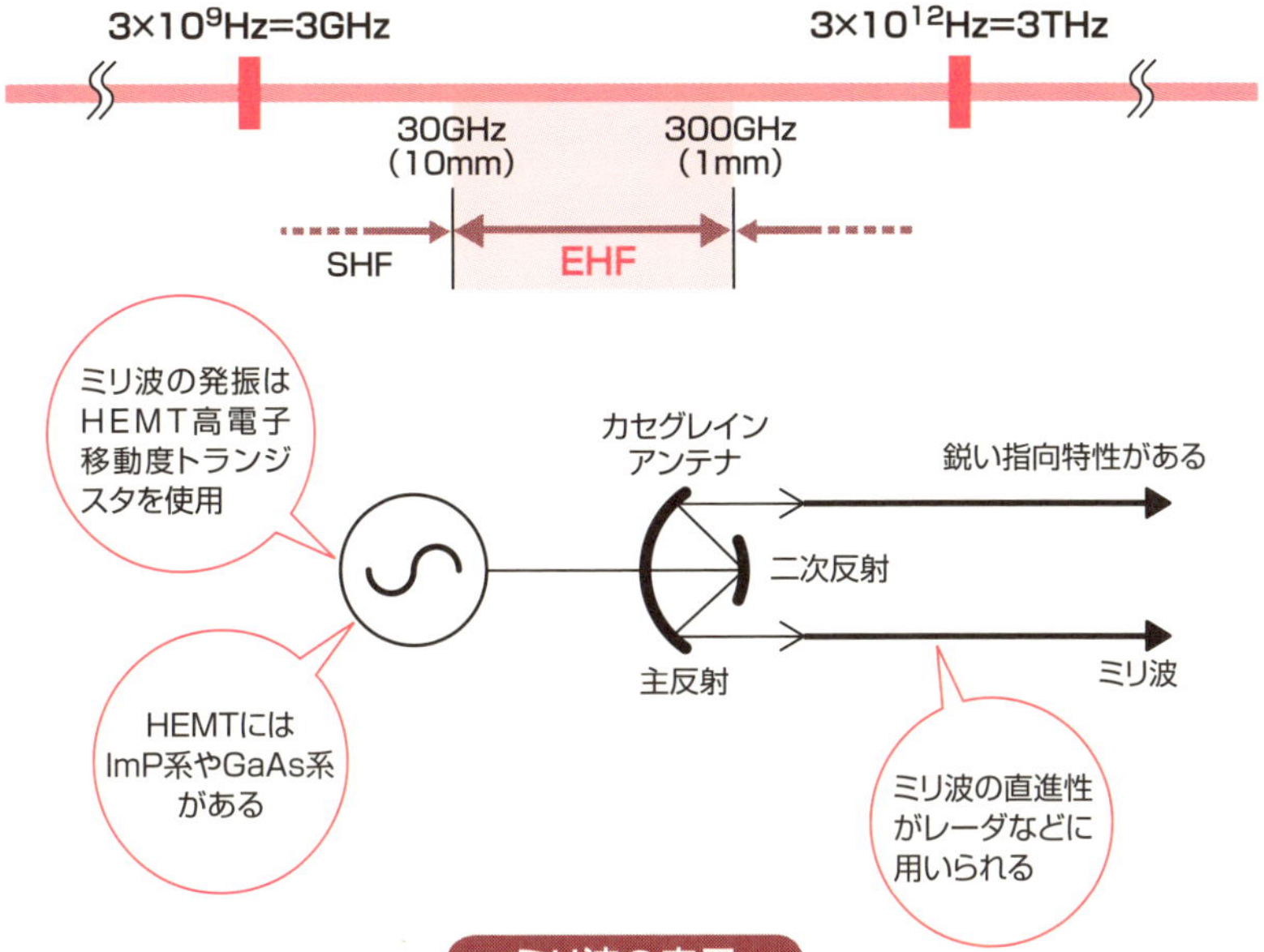

ミリ波の応用

自動車衝突予防システム

- 自動車ではセンサを用いて障害物を検知してブレーキを自動的にかけたり、速度を変更するなどの技術が開発されている。このセンサにミリ波が用いられている。
- センサは無免許のミリ波帯を利用する60GHz帯、76GHz帯、79GHz帯

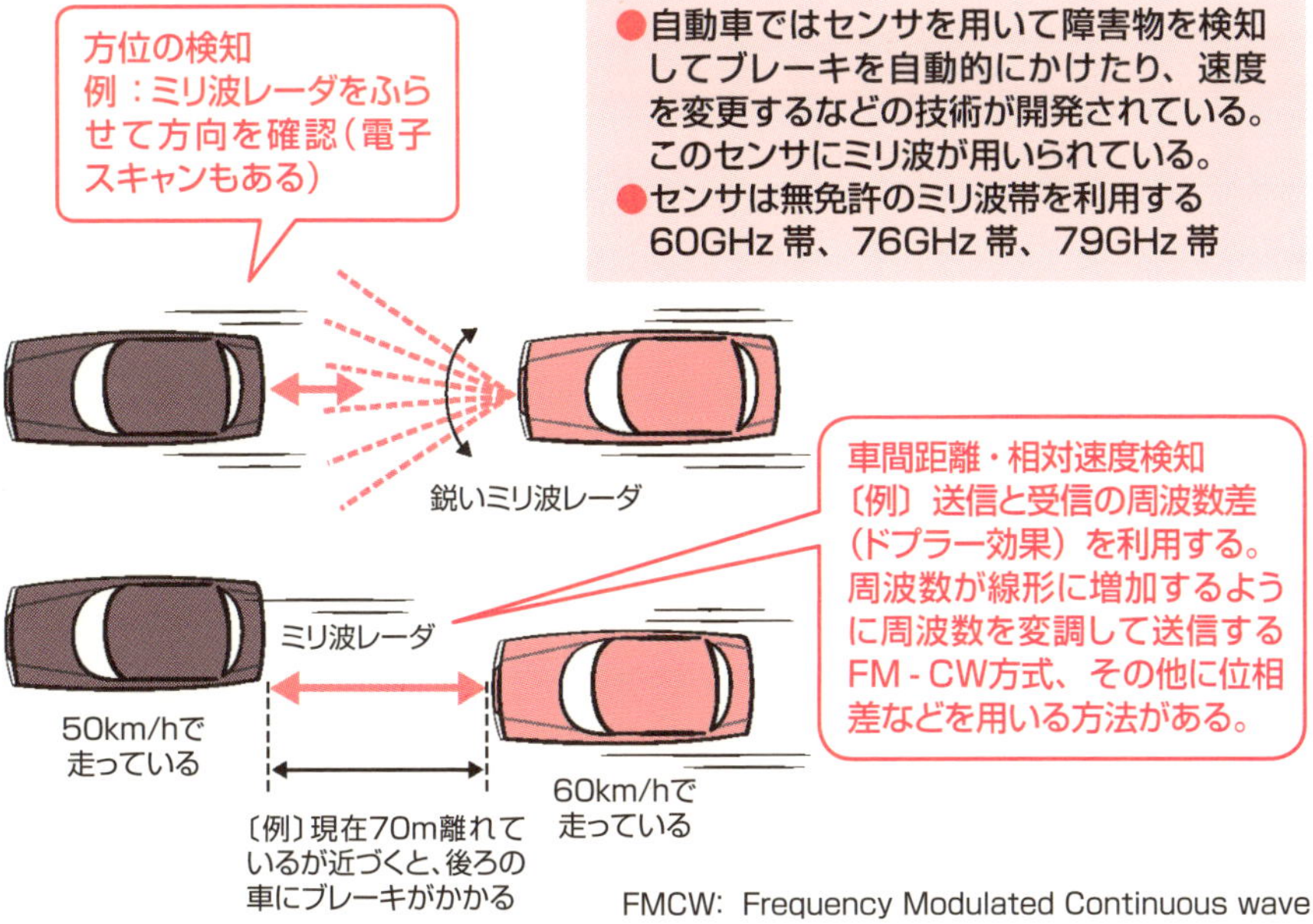

FMCW: Frequency Modulated Continuous wave

29 サブミリ波の特徴

サブミリ波から新しい応用が開発される

サブミリ波（THF）またはサブミリ波とは：サブミリ波またはテラヘルツ波は300ギガHzから3テラHzで、波長は1㎜から100㎛（0.1㎜）までを指しています。

未来の展開に向けて：サブミリ波は光波と電波との境界領域にあります。電波の最大周波数であるテラ波は3テラHzで波長は100㎛です。一方、光波で遠赤外線の波長は100㎛から25㎛です。ここからわかるように（サブミリ波）と光波は極めて接近しているのです。一般に100㎛以下の波長は遠赤外線・赤外線・近赤外線となり、次に可視光である紫外線は400㎚、赤色の波長は780㎚です。このため、サブミリ波の伝播は一段と光波に近づいて直線上に進むようになり、特性も光波に近くなってきます。

光波の特徴には屈折分散・散乱・回折・反射・吸収・通過などがあります。これらと近似した特性がサブミリ波にもありますが、その特性はサブミリ波の波長によっても物質によっても異なってきます。

サブミリ波の電気的特性：サブミリ波では伝播に鋭い直線性がある、大気中では水蒸気で大きく吸収されやすい、宇宙空間では邪魔《じゃま》され難くい、各種光学測定に適している、という特性があります。サブミリ波検出には光が当たると導電性が変わる光伝導膜とパターン形状で構成された特殊なアンテナを用います。

サブミリ波の応用：サブミリ波の発振回路は現在の技術では大きな設備を必要とするため、従来の通信に応用することは困難で、天体観測や非破壊検査に応用しています。

天体観測での応用では、137億年前に誕生した宇宙誕生の神秘を解き明かすためにサブミリ波は重要な役割を担おうとしています。非破壊検査では、検査したい物質にサブミリ波を照射して吸収を測定するという光学測定などに用いられています。サブミリ波の応用は始まったばかりで、これから本格的に開発が始まろうとしています。

要点BOX

- ●サブミリ波は光に近い特性を持っている
- ●水蒸気に吸収されやすい
- ●天体観測や非破壊検査に応用

サブミリ波（THF）

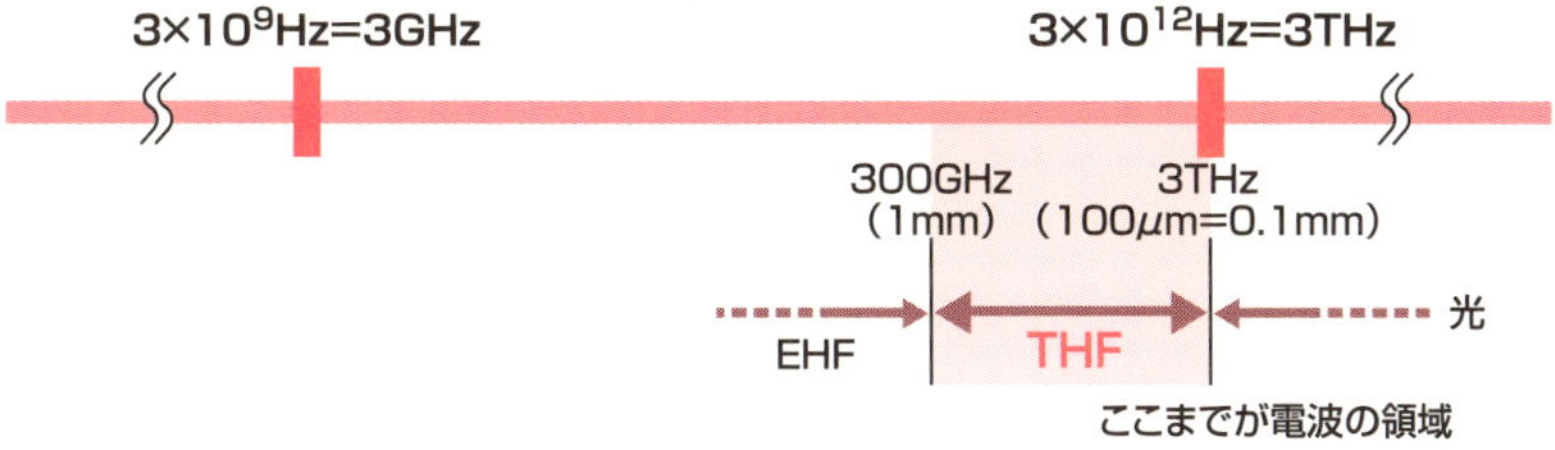

- サブミリ波は電波と光の中間にある。
- サブミリ波の発振と検出はまだ開発中である。
- 光に近いので光学で用いる結晶が注目されている。
- 異なる媒質を通過するとき、速度が異なって屈折が起こる。

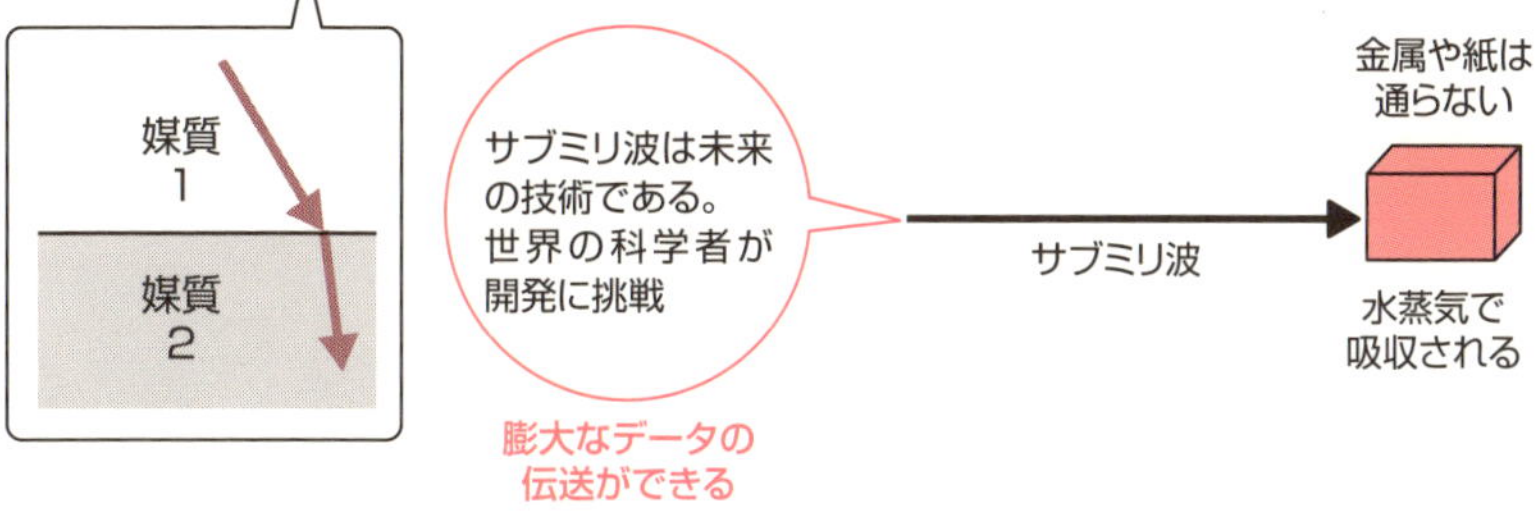

サブミリ波で宇宙の神秘に挑む

- 宇宙はどのようになっているのだろうか。このロマンを追及するのが南米チリのアタカマ高原（標高5000m）に建設された（2013年完成）アルマ望遠鏡（66台のアンテナで構成）である。
- この望遠鏡は137億年ビッグバン宇宙誕生の神秘を解き明かすために活躍する。
- この望遠鏡によって、宇宙空間に漂う星間物質である数十度Kの冷たいガスを観測することができる。このガスは可視光線を放射していないので見ることはできないが、サブミリ波が放射されているので観測はできる。
- この望遠鏡は野辺山宇宙電波観測所の望遠鏡をさらに発展させて作られている。

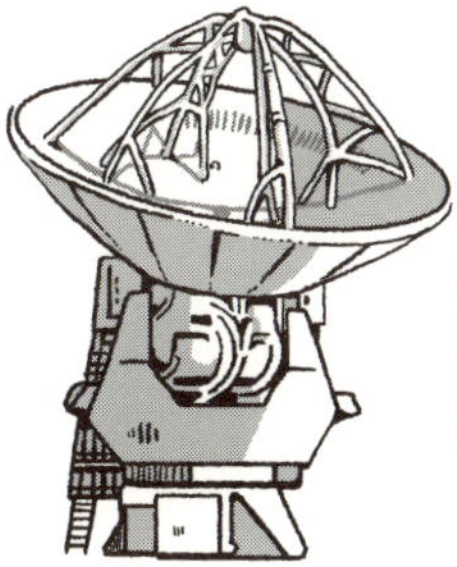

Column

マックスウエルは電磁波を予測

電界と磁界との関係が次第に明らかになってきた状況下でマックスウエルはクーロンの法則やアンペールの法則や、ファラディの法則や、ガウスの法則を統一しようと考えました。この中でマックスウエルは三つの有名な論文を発表しています。

一つ目の論文は1856年に発表されました。液体は圧縮することができないので圧力で表すように、電気力線や磁界力線の強さは圧縮できないので力線の密度で表すという内容です。電界の強さは電気力線の密度と電荷からの距離で求めることができます。

二つ目の論文は1861年に発表されました。この論文ではクーロンの電荷と磁荷に関する法則や、ガウスの電気力線に関する法則や、アンペールの右手の法則や、電磁誘導則のファラディを含めて統一的に表現しようしました。この論文の主旨は電流の周りに生じる磁力線を小さな磁気管という概念に置き換え、この磁気管の回転によって磁気力が発生するという内容です。

三つ目の論文は1864年に発表されました。今まで磁界と電界について発表された法則をまとめると、電磁波が存在するであろうという驚くべき内容を予測したのです。だが実際に電磁波を確認したのは1888年ドイツのヘルツによってでした。紀元前から不思議に思われていた現象がまとめられ、これがやがて情報伝達手段となる重要な電磁波（電波）として用いられるようになるのです。

便宜上で周波数の帯域呼称はバンドで表すことがあります。電波で使用する物理定数の一部を表しました。

●基本となる物理定数

電気素量

e=1.60217662×10^{-19}〔クーロン〕

プランク定数

h=6.62607004×$10^{-34}$$m^2$〔kg/s〕

光速度=299,792,458〔m/s〕

●バンド呼称：IEEEによる分数

名称	帯域（GHz）
Lバンド	1～2
Sバンド	2～4
Cバンド	4～8
Xバンド	8～12
Kuバンド	12～18
Kバンド	18～26
Kaバンド	26～40
Vバンド	40～75
Wバンド	75～110

第4章

電波応用で必要な基本回路

30 電波を送信・受信する基本回路

基本回路は同調回路と発振回路と変調・復調回路

送信・受信の基本回路とは：電波を応用した電子機器の基本回路構成は情報となる信号を電波に乗せてアンテナから送信し、離れた場所でアンテナから信号の乗った目的とする電波を受信し情報を取り出すことです。この一連の動作で送信側と受信側に基本となる回路が幾つかあります。

送信側の基本回路：放送とは、放送局側から電波を送信し、受信側で電波を受信するしくみのことです。ここでは中波と短波のアナログラジオ放送を取り上げてみます。

関東地区の中波ラジオの代表的な放送としてNHK東京第一放送（JOAK）は594キロHzの電波でAM変調により放送しています。放送局側では、まず楽器の音や人間の声（周波数範囲：20Hz〜20キロHz）をマイクで電気信号に変換しますが、レベルが小さいので増幅回路で大きくします。次にこの周波数を放送波の594キロHz周波帯域幅20キロHzに乗せていきます。

ここで、重要となるのが正確な594キロHzを作りだす発振回路と、この594キロHzに100Hz〜15kHz＝±7.5kHzの音声周波数を乗せるAM変調回路が必要です。この変調した594キロHzを電波に乗せるために電力増幅回路を通過して強くなった電気信号がアンテナに導かれ、ここで電波になって放射されます。

関東地区の短波による代表的な放送としてNHK FM東京（JOAK-FM）は82・5メガHzの電波でFM変調により放送しています。AMとFMの送信・受信回路で大きく異なるところは、変調回路の回路構成です。FMの周波数帯域幅は200キロHzあります。AMは遠くまで電波は届きますが、干渉・雑音の影響を受けやすく、FMはこの逆となります。

受信側の基本回路：ラジオの場合、受信側では受信用アンテナから希望の電波を同調回路で選局し復調回路（検波回路）して音声を取り出し、スピーカで聞きます。テレビの音声はデジタル回路で構成されています。

要点BOX

- 電波応用機器の送信と受信の基本回路
- ラジオの送信側の基本回路
- ラジオの受信側の基本回路

AMラジオ送信側の基本回路

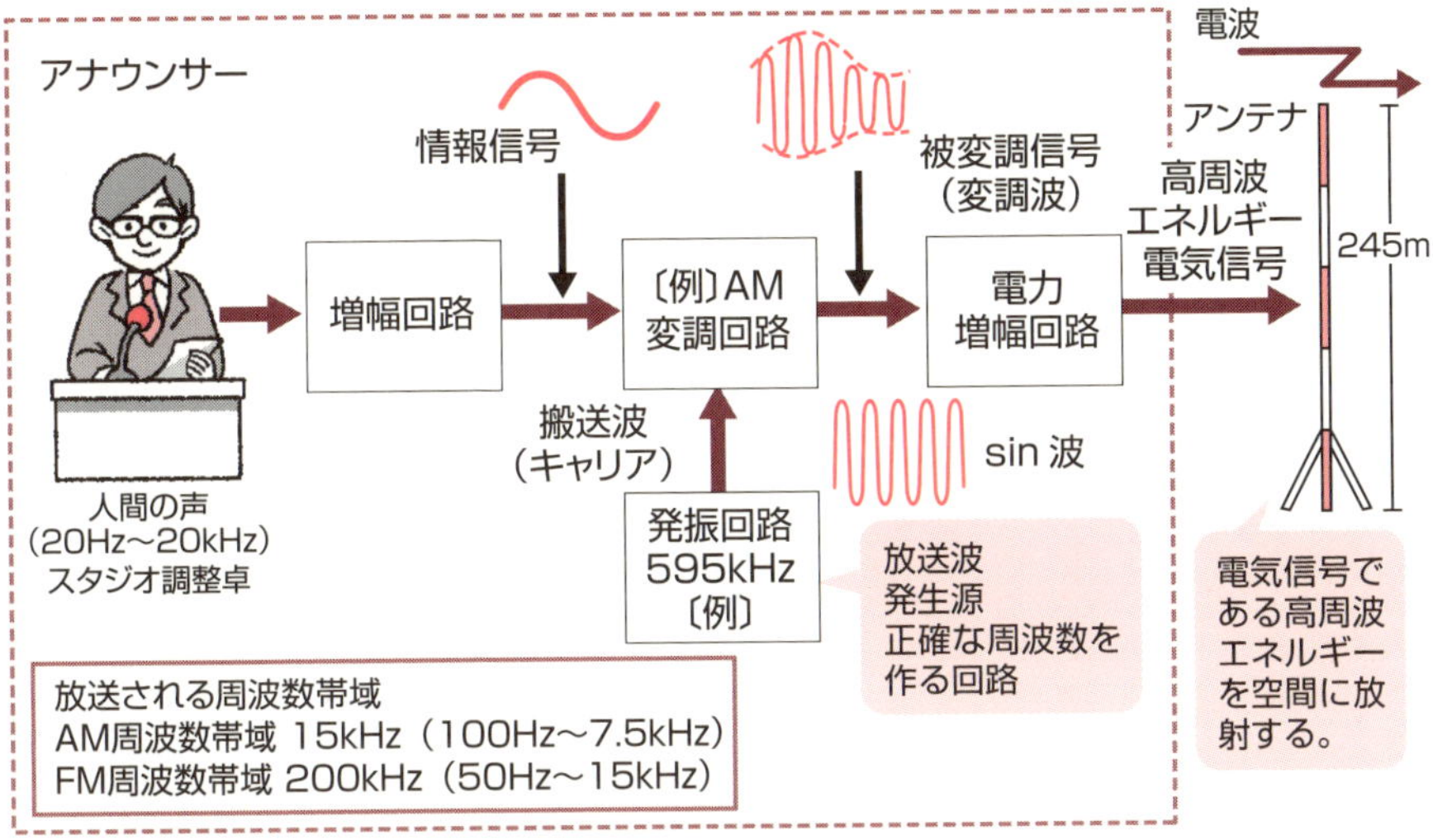

FMはLED照明から放射される
雑音の影響を受けやすい

NHK東京第1放送
送信電力 300W
アンテナ 245m
菖蒲久喜ラジオ放送所（埼玉）

NHK FM 東京
送信出力 7kW
アンテナ 634m（スカイツリー）

AMラジオ受信側の基本回路

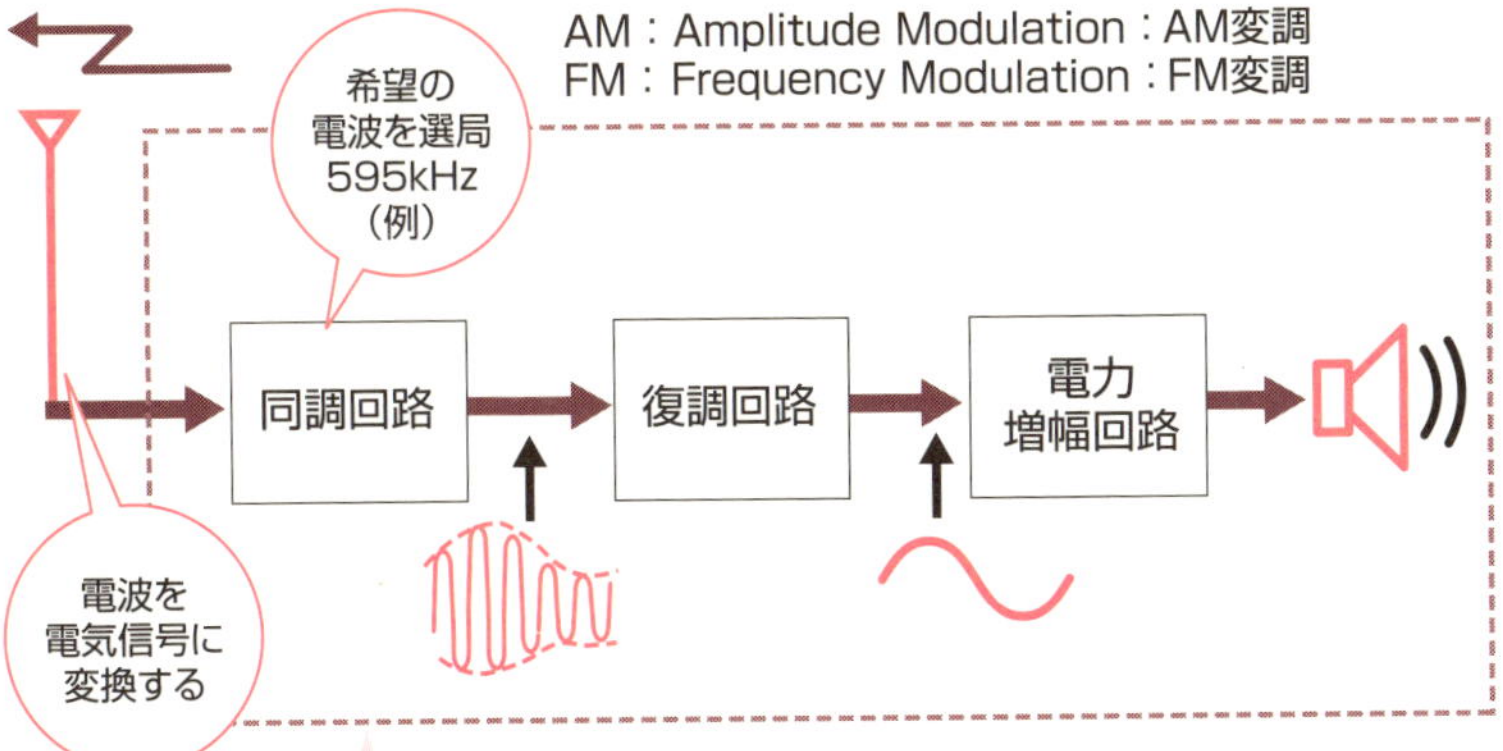

受信の基本回路でスーパー
ヘテロダインなどの方式が
一般的である

- アナログラジオではアナウンサの声は同時にスピーカから出る。
- デジタルではパルスの解読に時間が必要で遅れる。

31 発振回路とは

電子機器では精度の高い安定した発振周波数が必要

発振回路の役割：発振回路は目的とする周波数を連続的に得ることです。だが、精度の高い目的の周波数を作るのは簡単なことではありません。1888年ヘルツの実験では、複雑な周波数を含んだ火花放電をそのまま用いていました。その後1900年になると火花放電の中から*LC*同調回路を使用して希望に近い周波数を取り出しましたが、周波数の変動もあり、不安定でした。1906年、回転発電体を使用した非常に形状の大きい高周波発電機が開発され、80㌔Hzの比較的安定した周波数を得ることができるようになりました。1912年になりますと、高周波発電機より超小型の真空管増幅を用いた画期的な発振器が開発されています。だが、あまり周波数精度が良くなく混信の原因となっていました。1921年アメリカのキャディが水晶振動子を発明し、安定した発振が得られるようになりました。

発振作用とは：スピーカの近くにマイクを持ってくると「ピー」というハウリングが起こりますが、これはマイクの僅かな音が増幅され、これによってスピーカが鳴り、それが再びマイクで拾われるということが繰り返され、発振状態となるためです。同様に、入力信号を増幅回路で増幅し、出力信号（位相は逆転）の位相を入力信号の位相と同じ（正帰還）にして、一部を帰還すると発信します。この現象を応用し出力信号に対し時間が若干遅れるよう調整すると、遅れ時間で任意の発信周波数を決めることができます。時間の180度位相遅れは、コンデンサと抵抗器やコンデンサとコイルの逆な位相特性を利用して作ります。この方法は帰還型といいます。だが精度（10^{-1}）の点で混信を起こすなど問題がありました。

精度の高い周波数：精度の高い周波数には水晶振動子が用いられます。水晶振動子の素材は二酸化シリコンで、電圧を印可すると圧電現象で精度（10^{-4}～10^{-7}）の高い発振周波数を得ることができます。

要点BOX

- 精度の高い安定した発振回路の開発
- 画期的な水晶振動子
- ルビジウム原子、セシウム原子の応用

電子回路の発振

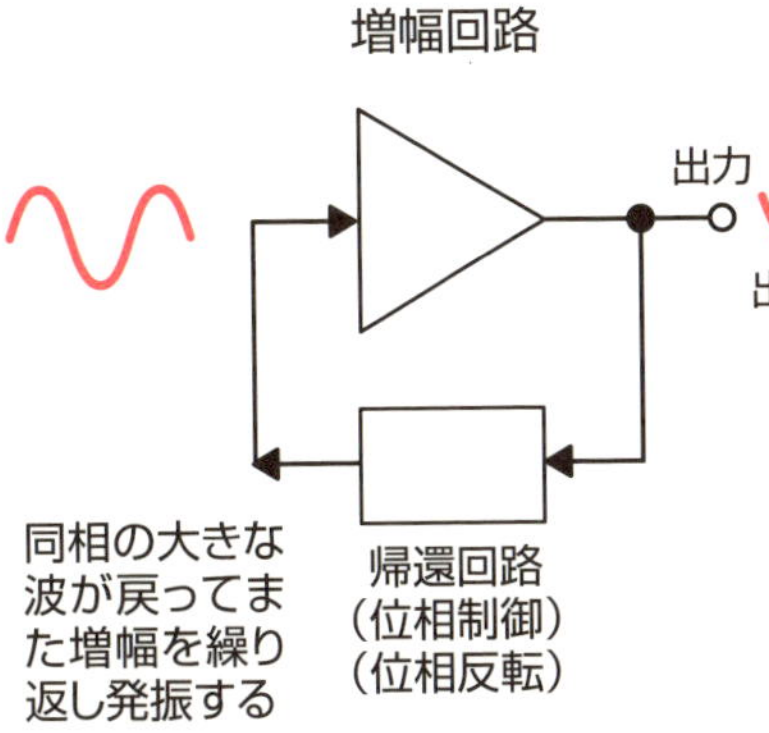

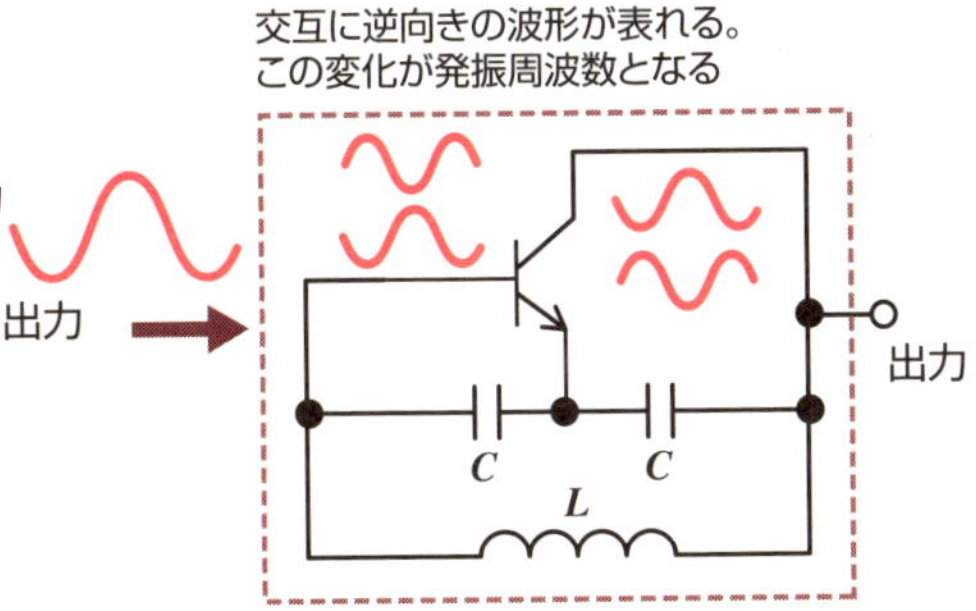

正帰還回路（コルピッツ回路）

コンデンサに流れる電流の位相は電圧より90°進む

先生のワイヤレスマイクが増幅され、再びワイヤレスマイクに音声が入るとハウリングが発生する

発振回路 ─┬─ 正帰還回路
　　　　　└─ 弛張回路

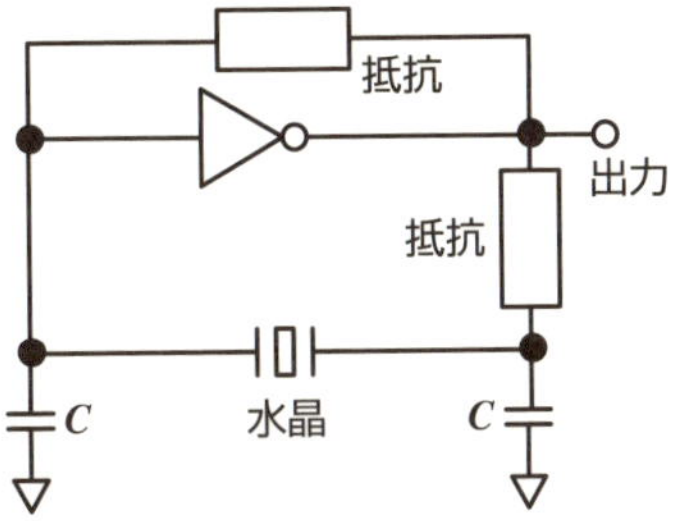

水晶発振回路

振動子の種類

振動原理			安定度	応用
電気振動	圧電	水晶振動子	$10^{-4\sim7}$	一般電子機器
物性振動	固有振動	ルビジウム原子	$10^{-10\sim12}$	オーディオなど
		セシウム原子	$10^{-11\sim15}$	基準、GPS

- ルビジウム原子は固有振動で水晶より高い精度（10^{-10}～10^{-12}）が、セシウム原子は原子のスペクトルによって一段と高い精度（10^{-15}）を作れる。
- 水晶振動子はノーマルなVCXOや温度補償のTCXOなどがある。

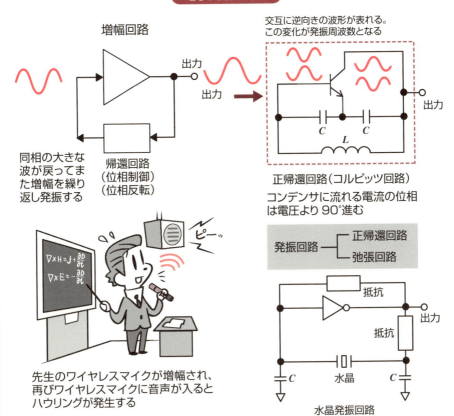

32 アンテナとは

アンテナの構造は受信周波数によって異なっている

アンテナの役割：電波を使用した電子機器では、アンテナ（空中線ともいう）は送信側と受信側で用います。アンテナの役割は、送信側では信号の重畳している高いエネルギー（高周波電力）を持った指定周波数の電波を空間に放射し、電流を電界に変化していきます。受信側では、空間を飛んできた無数の微弱なエネルギーを持つ電波中から希望する周波数電波を捉えます。ここで選択した電波に含まれている磁界をアンテナで電流に変化していきます。効率を高めるため送信・受信周波数に対応したアンテナ長を持つ形状が重要となります。

電波は電界と磁界で成り立ち、電波の位相は特定の方向に規則的に振動している偏光となっています。一方、自然光波（電磁波）の位相関係は無秩序です。電界が常に決められた平面内にある場合を直線偏光といい、さらに直線偏光には大地に対して平行な水平偏光と、大地に対して垂直な垂直偏光とがあり、ほとんどのテレビでは水平偏光が用いられています。

アンテナの動作と種類：アンテナでは電波の方向を捉える（指向性）と、希望の電波を捉える共振が必要です。ここでは三つのアンテナを取り上げます。

バーアンテナ（一種のループアンテナ）は中波（MF帯）などのラジオなどで一般的に用いられています。ここでは磁性体のフェライトの周りに導線を巻いたコイルを用います。コイルの中を電波の磁界が通過すると電流が流れます。

ダイポールアンテナは極超短波（UHF帯）テレビなどで用いられています。このダイポールアンテナの長さは受信する周波数の1／2波長で共振するようになります。電波とアンテナの長さが条件を満たすと変換効率が高くなり、これを共振したといいます。

パラボラアンテナは極超短波やマイクロ波（SHF帯）などで用います。構造は凹型となっていて、放射面の焦点に反射器の方向に指向性を持っています。

要点BOX

- ●アンテナは送信側と受信側で使う
- ●アンテナは指向性と共振が必要
- ●代表的な三つのアンテナ

ラジオ、テレビ受信用アンテナとは

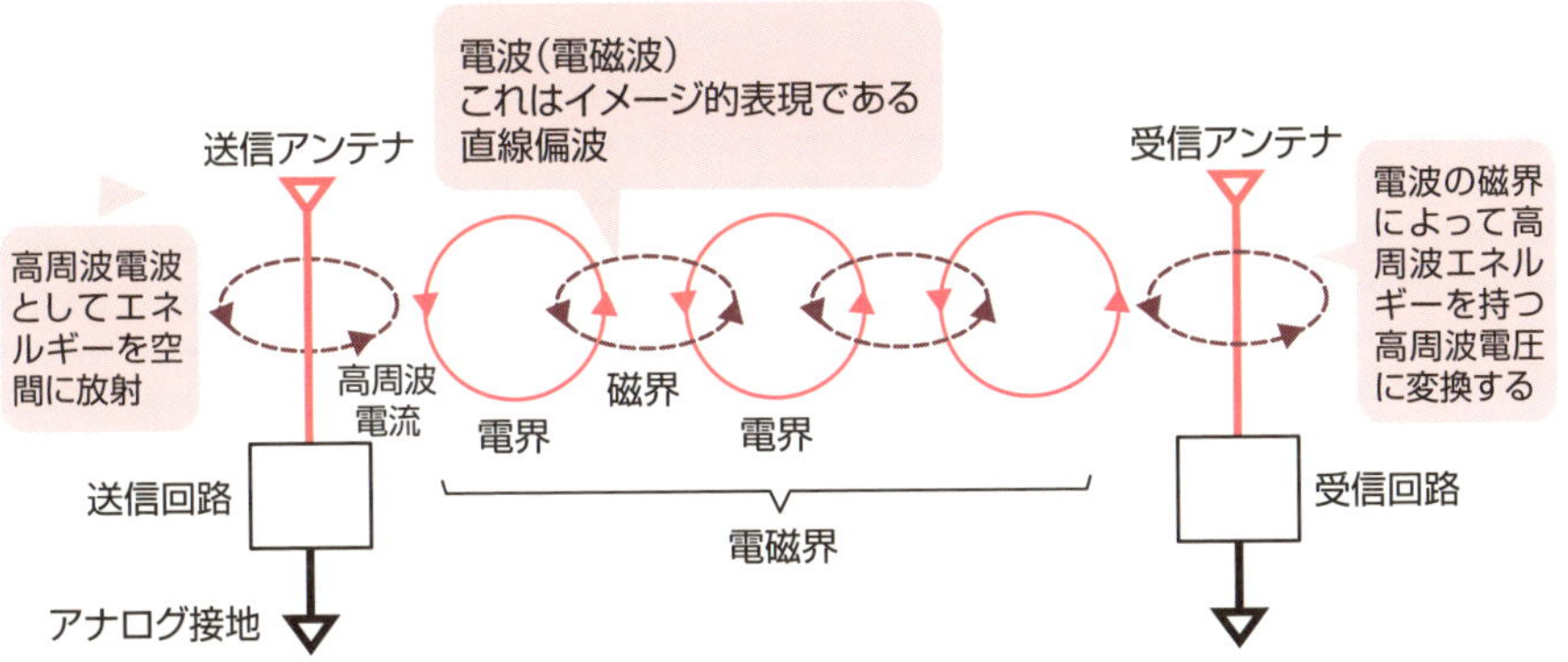

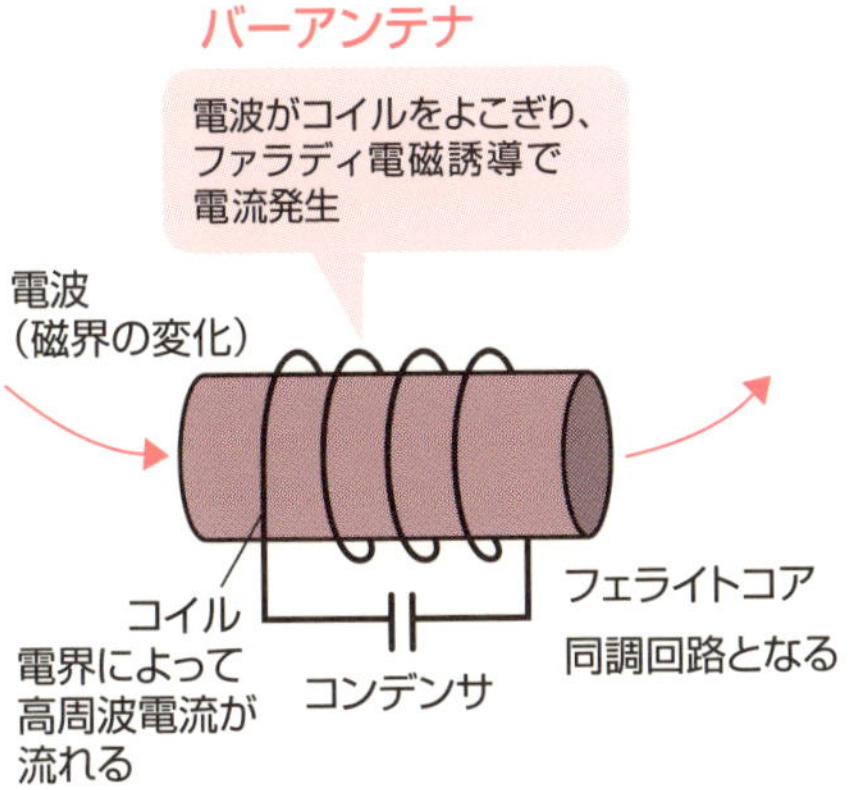

ラジオ用アンテナ

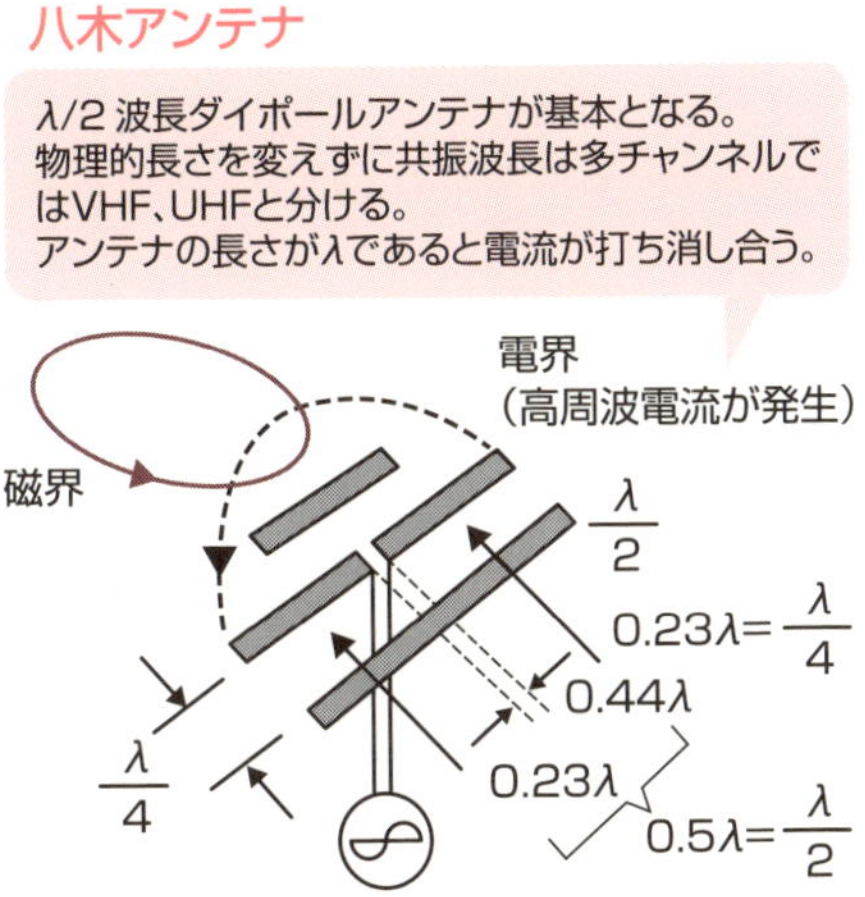

テレビ用アンテナ

通信衛星とパラボラ

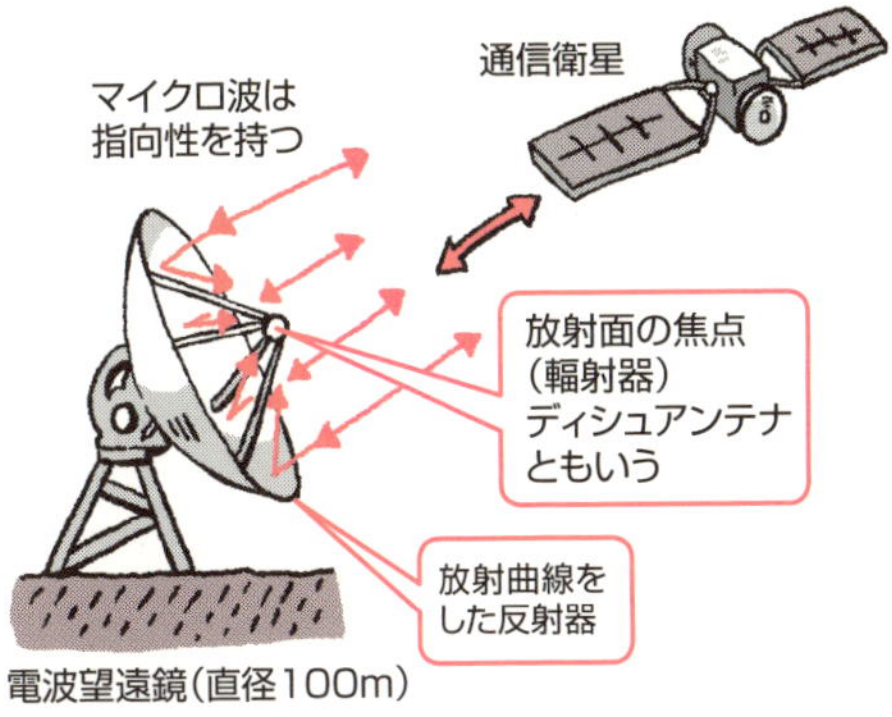

多重無線とパラボラ

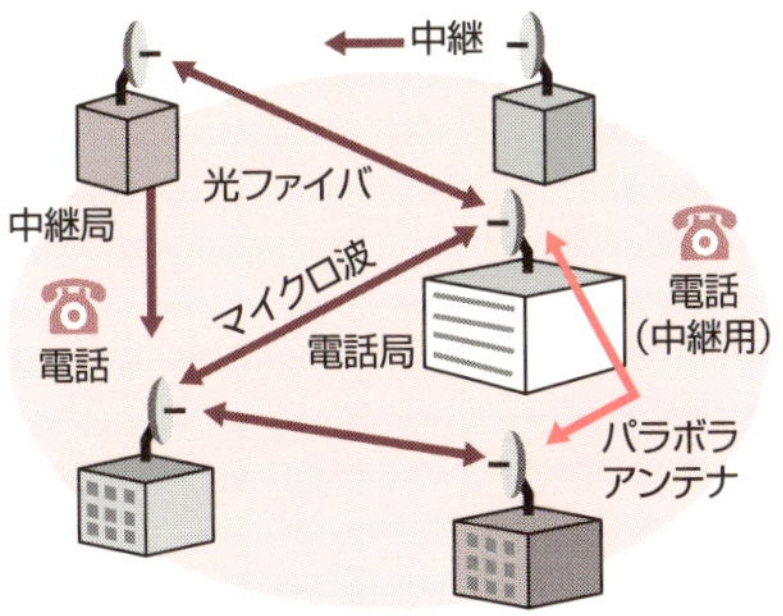

33 変調回路、復調回路とは

信号は電波を変調して送信し復調して取り出す

変調回路の役割：変調回路の役割は送信側で伝送する信号を搬送波（キャリア）となる電波に重畳させることです。信号にはアナログとデジタルがあります。アナログの変調には振幅変調AMとか周波数変調FMや位相変調PMなど、デジタルの変調にも幾つかの方法があります。

振幅変調とは、搬送波の振幅を信号変化で変化させていく方法で、指定の周波数に伝送するアナログ信号を加えていきます。これが振幅搬送波AMとなります。このとき、搬送波は変調周波数帯より遥かに高い周波数を使用します。アナログ信号の電圧最大（小）値が変調搬送波の振幅最大（小）値となります。振幅搬送波の周波数成分は搬送波を中心に二つの側波帯で成り立っていて、全搬送波両側側波帯または片側側波帯のいずれかを利用します。これが送信電波となって、アンテナから放射されます。

例えばNHK東京第一放送（JOAK）の場合、搬送（キャリア）する周波数は594キロHzのsin波で、この594キロHzにアナログの音声信号約20Hz～15キロHzの周波数を振幅変調して、全搬送波両側側波帯としてアンテナから送信していきます。

デジタルでは、例えば地上デジタルテレビの場合、搬送する中心周波数は557メガHz（帯域4メガHz）で、ここに映像のビットレート1.188Gbpsと音声のビットレート1.536Kbpsのパルスを圧縮して最大16.86Mbpsのパルスとし、これがデジタル変調であるOFDM（直交周波数分割多重）変調してアンテナから送信しています。ここでは搬送波の位相を変化させる位相偏移変調と二つの90°位相の異なった搬送波による直交振幅変調を行います。

復調回路の役割：復調回路の役割は送信側から送られてきた搬送波から搬送波に重畳されていた信号を取り出すという復元のことで、検波回路とも言います。

要点BOX

- ●振幅変調・周波数変調・位相変調
- ●振幅変調とは
- ●復調回路の役割

アナログ変調とは

●変調とはマイクの音声をキャリアに乗せること

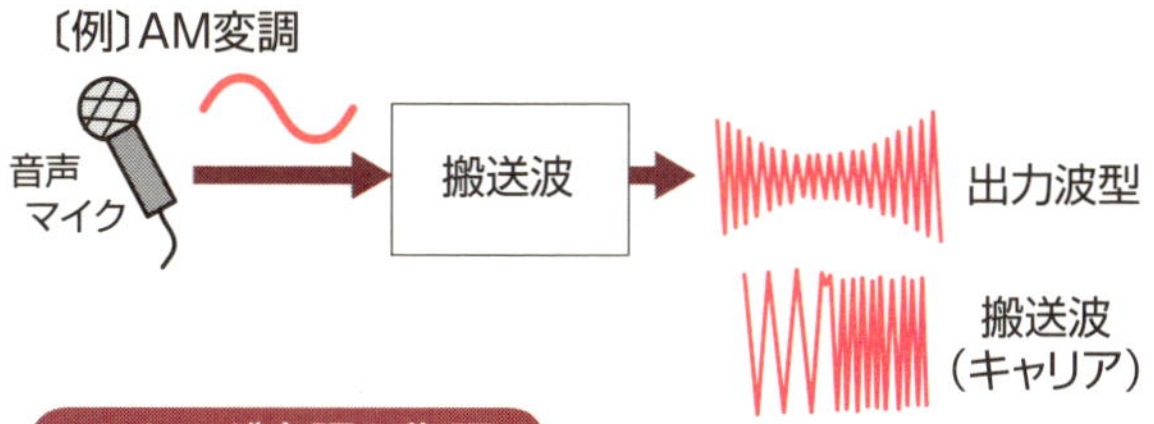

アナログ変調と復調

●アナログ変調には、直交座標軸で振幅と周波数と位相を用いる方法がある
●搬送波 >> 情報信号の最大周波数

アナログ変調（アナログ復調）
- 振幅変調←AM
  AM : Amplitude Modulation
  （復調：ダイオードによる2乗検波）
- 周波数変調←FM
  FM : Frequency Modulation
  （復調：レシオ検波）
- 位相変調←PM
  PM : Phase Modulation
  （復調：乗算型位相検波）

信号の周波数で振幅が変わる。
キャリア周波数は一定

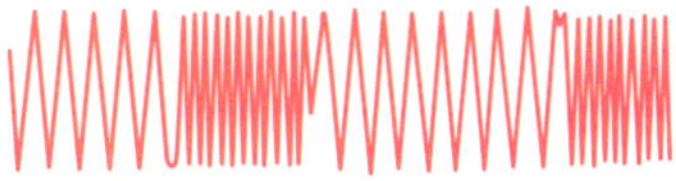

信号の周波数でキャリア周波数が変わる。

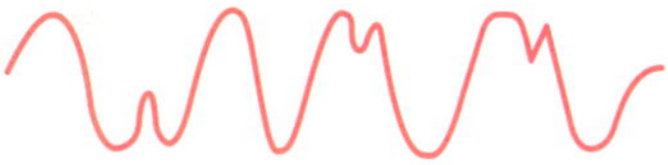

信号の位相と周波数で
キャリア周波数や位相が変わる。

デジタル変調・復調

デジタル変調の波形は
極座標軸を用いて
振幅と位相で表す

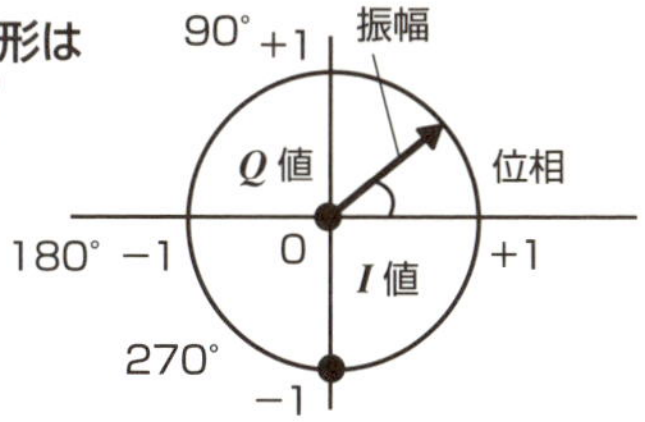

デジタルテレビのパルス 1.18Gbps から圧縮して得られたパルスは最大16.86Mbps となる。
それを 6MHz 帯域内に収めるため次の方式が用いられている。

デジタル変調
- ASK（amplitude shift keying、振幅の変化）
- FSK（frequency shift keying、周波数の変化）
- PSK（phase shift keying、位相の変化）
  - 2 値 PSK 変調・復調
  - 4 値 PSK 変調・復調
  - 8 値 PSK 変調・復調
  - 16 値 QAM 変調・復調
  - 64 値 QAM 変調・復調 ← 地上デジタルテレビ

34 同調回路とは

同調回路で電波から希望の周波数を選択する

同調回路の役割：無数に飛んでいる電波の中から受信用アンテナで大まかな周波数範囲を受信し、高周波電圧に変換してから同調回路に送ります。AMラジオ受信の場合、アンテナとしてフェライトコアに電線を巻いたバーアンテナが用いられます。この状態では広い周波数が含まれています。この中から、目的とする正確な周波数を取り出すのが同調回路（共振回路、フィルタ）です。バーアンテナのコイルに電波の磁界が通過すると誘起により高周波電圧が生じ電流が流れます。このコイルに並列にコンデンサをつないだのが同調回路で、コンデンサ値を動かしていくと、ある点で電流が流れなくなります。この場所が同調点となります。ここでは外部から加わった誘導による電流によって電気的な振動による共振が起きています。

共振とは：とき折りガラス窓が大きな音を立てながら振動することがあります。これは外部から来る空気の振動数とガラス窓の持つ固有振動数が一致したとき起こる共鳴という現象です。僅かなエネルギー刺激で物体が固有振動を起こします。

コイルとコンデンサによる同調回路：電子回路でもコイルとコンデンサを並列につなぐことによって共鳴と同様に共振現象を起こすことができます。このとき、コイルとコンデンサの電流が打消し合ってここでのエネルギー消費が無くなり、インピーダンスが無限大（交流に対する抵抗値が無限大）を示すようになります。この点が共振周波数です。周波数の低い場合、電流はコンデンサでは流れにくく、コイルでは流れやすいが、高い周波数では逆転します。この共振特性を表す特性がQ値で、Q値が大きいほど狭帯域の鋭い振動が起こります。この回路がラジオやテレビなどの受信用の同調回路として用いられています。

近年、可変容量ダイオード（バリキャップ）を用いた電子同調回路が登場してきました。これを用いることにより、同調回路が小型化してきました。

要点BOX

- 同調回路は電気的共振
- 目的とする正確な周波数を取り出す
- コイルとコンデンサを並列に接続

同調回路

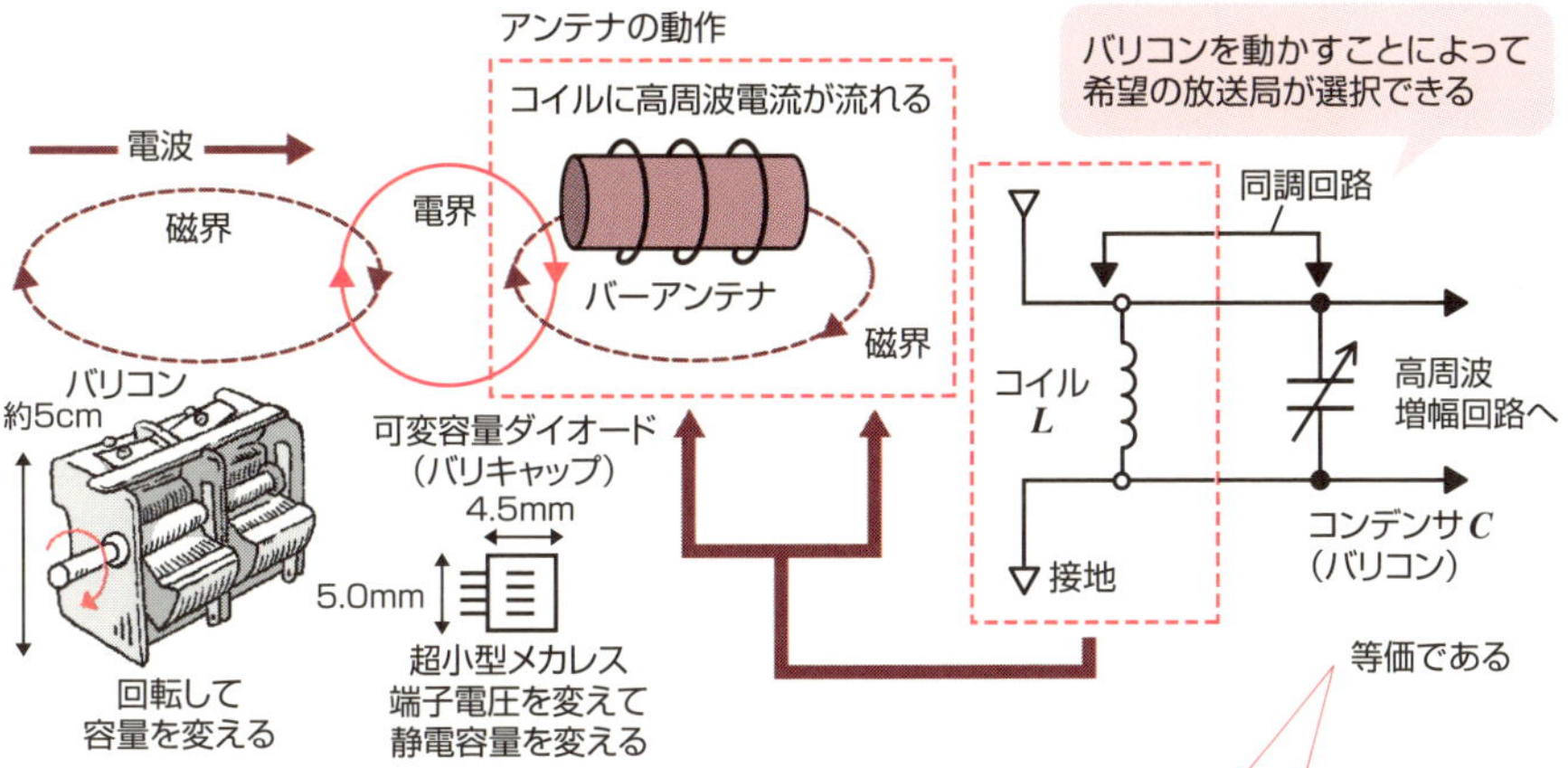

アンテナの動作
コイルに高周波電流が流れる
電波
磁界
電界
バーアンテナ
磁界
バリコン
約5cm
回転して
容量を変える
可変容量ダイオード
（バリキャップ）
4.5mm
5.0mm
超小型メカレス
端子電圧を変えて
静電容量を変える
バリコンを動かすことによって
希望の放送局が選択できる
同調回路
コイル
L
高周波
増幅回路へ
コンデンサC
（バリコン）
接地
等価である

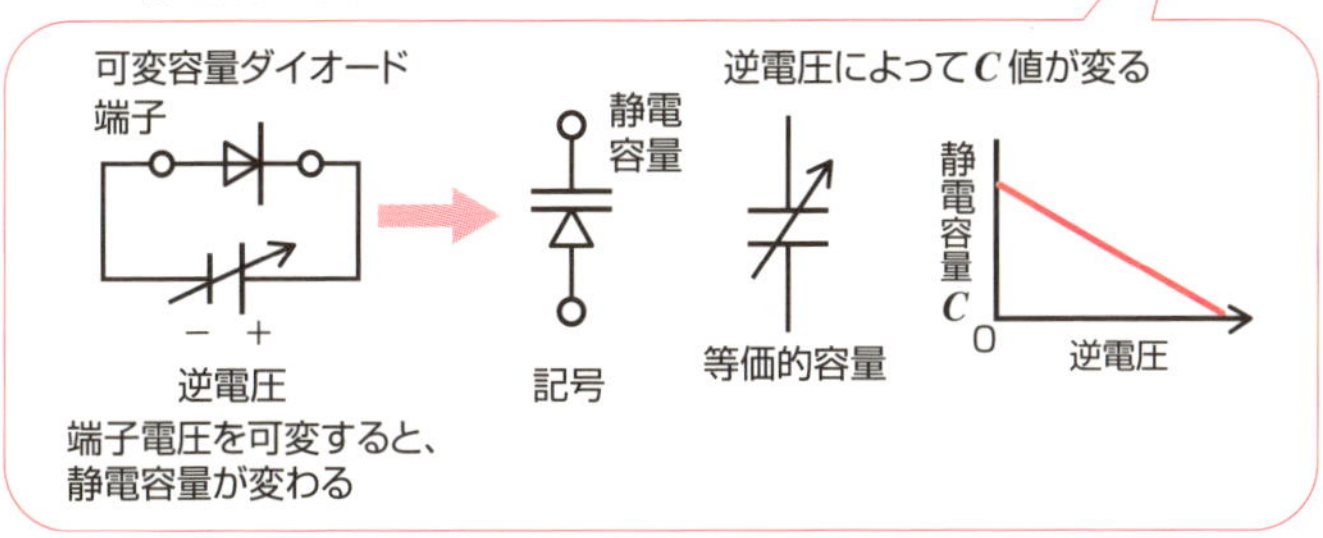

可変容量ダイオード
端子
− +
逆電圧
端子電圧を可変すると、
静電容量が変わる
静電
容量
記号
逆電圧によってC値が変る
等価的容量
静電容量C
0
逆電圧

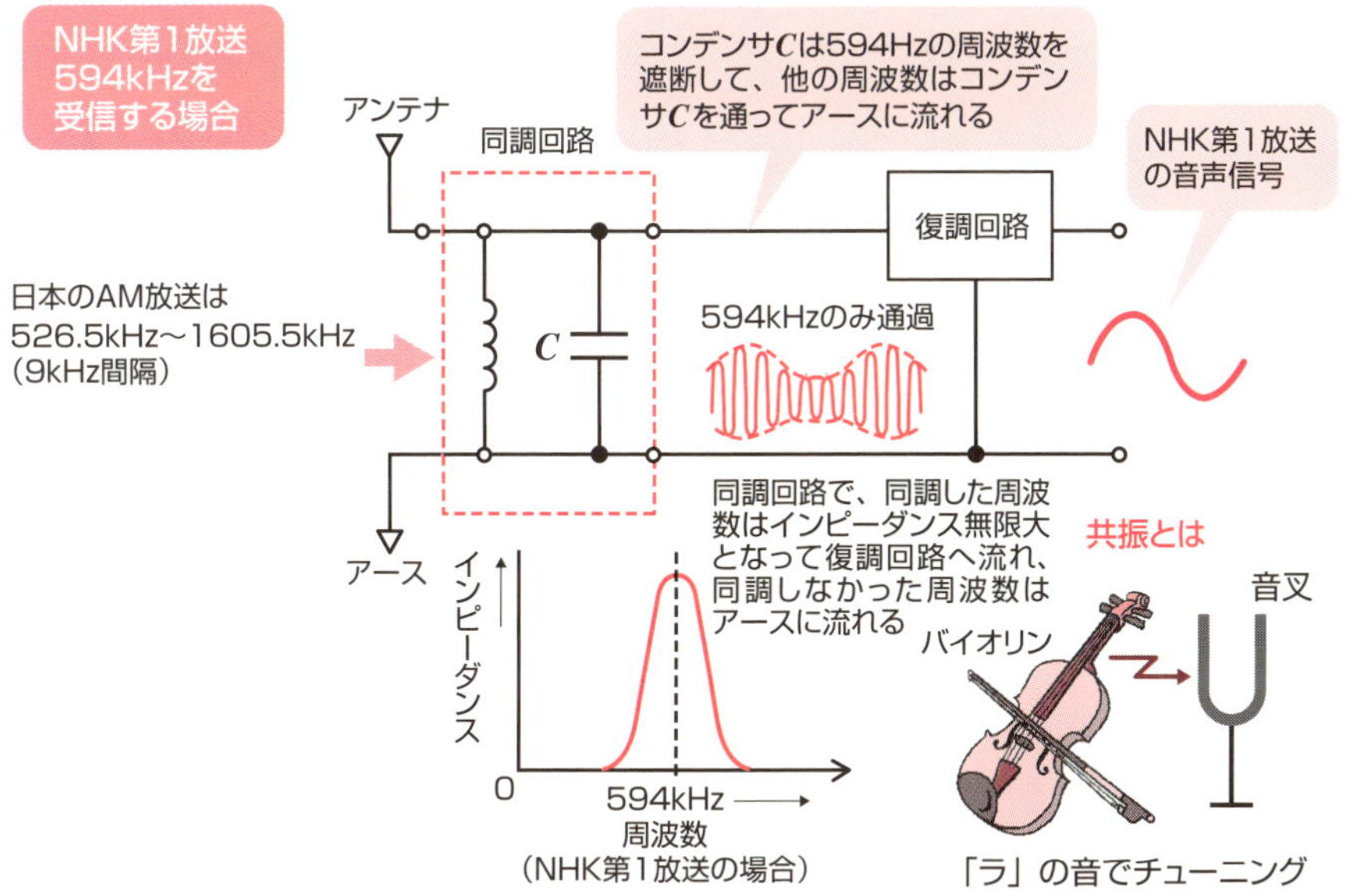

NHK第1放送
594kHzを
受信する場合
アンテナ
同調回路
コンデンサCは594Hzの周波数を
遮断して、他の周波数はコンデン
サCを通ってアースに流れる
NHK第1放送
の音声信号
復調回路
日本のAM放送は
526.5kHz～1605.5kHz
（9kHz間隔）
C
594kHzのみ通過
アース
同調回路で、同調した周波
数はインピーダンス無限大
となって復調回路へ流れ、
同調しなかった周波数は
アースに流れる
インピーダンス
0
594kHz
周波数
（NHK第1放送の場合）
共振とは
バイオリン
音叉
「ラ」の音でチューニング

35 増幅回路とは

増幅器の登場で電子機器は大きく発展した

増幅回路の役割：電波を受信するとき電界強度が重要です。AMラジオ（MF帯）の場合、受信近くの電界強度が1mV／mから10mV／mくらいの範囲にあると、良好な受信ができます。1mV／mとは、実効長1mのアンテナで1mVの電圧が誘起されることです。電界強度比は1μV／mを基準としてデシベルで表すので、1mV／mは60dBμV／mとなります。アンテナで大まかな周波数範囲を受信し、高周波電圧に変換して同調回路で希望の高周波信号（RF：Radio Frequency）を選んで高周波電圧に変換し、復調しますが、電圧は大変に小さな値で、このままではスピーカを鳴らすことができません。そこで1mVの高周波電圧は高周波増幅回路で増幅して復調（ダイオード）し、音声信号を取り出し中間周波増幅回路と低周波増幅回路をとおり、スピーカを鳴らすため電力増幅回路を通します。

デジタルテレビ（UHF帯）の場合、受信側の電界強度は70dBμV／mくらいで、周波数が高く、信号データ量が大きく、周波数帯域幅は6メガHzあります。これに対応した高周波増幅器や低周波増幅器や電力増幅器が必要です。

増幅回路の基本性能：増幅器の基本特性は増幅率と位相と周波数特性があります。増幅器では入力に小さな信号（例：プラス1mV）を加えると、出力から大きな信号（マイナス100mV）が現れるという働きをします。この増幅器はトランジスタやIC（集積回路）で成り立ち、駆動するエネルギーは電源から供給されます。このときの電圧増幅率は100mV/1mV＝100となり、40dBと表します。位相は入力と出力で180度反転します。増幅率は周波数増加とともに減少していきます。

OPアンプ：OPアンプ（Operational Amplifier）とは演算増幅器のことで、入力に非反転端子（＋）と反転端子（－）と出力端子のある増幅器ICです。

要点BOX
- ●受信した微弱信号電圧を増幅する
- ●増幅器の基本特性
- ●OPアンプの動作

増幅回路とは

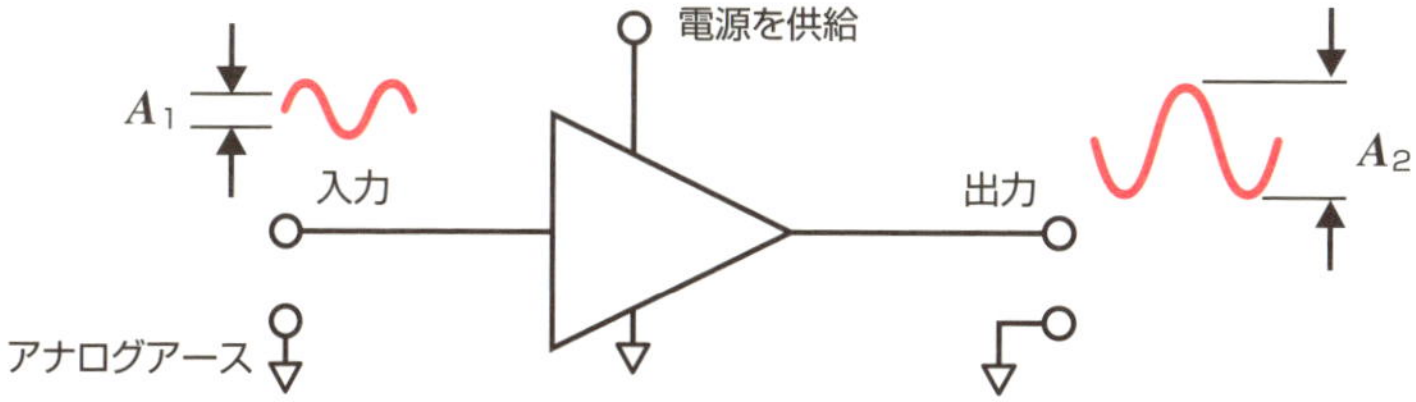

項目	特性（波形）
増幅率	増幅率 $G=\dfrac{出力A_2}{入力A_1}$
位相	出力逆位相（180°）
周波数	周波数が高くなると G が減少

増幅器の種類
- 高周波増幅器
- 中間周波増幅器
- 低周波増幅器
- 電力増幅器
- OPアンプ（演算増幅器）

OPアンプとは

多くの分野で用いられているOPアンプは 1940年代に真空管によって登場してきた。

反転差動増幅

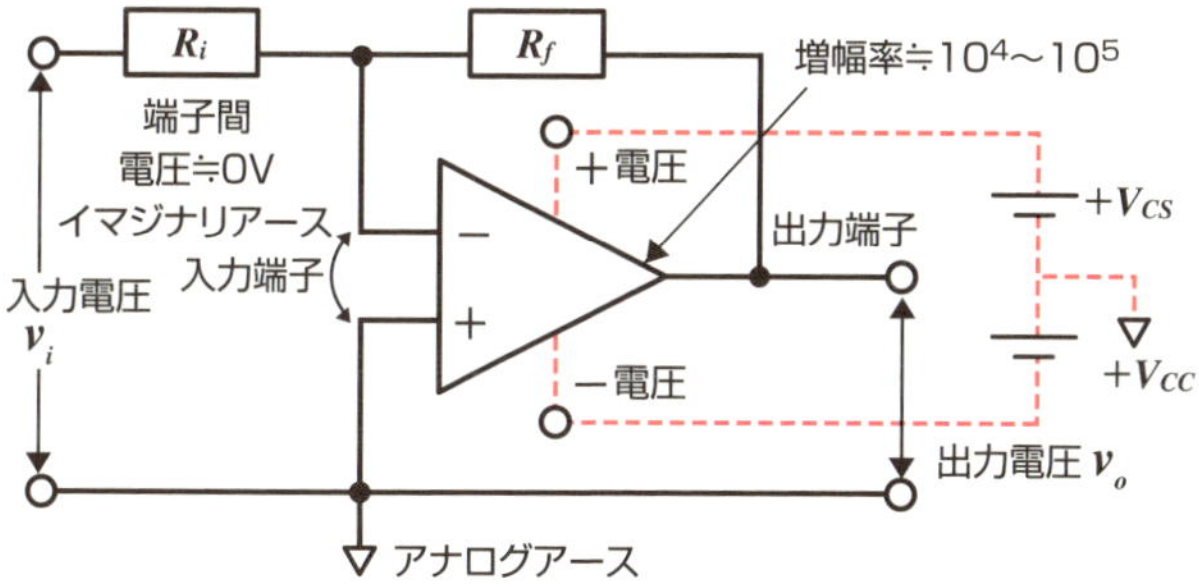

周波数特性

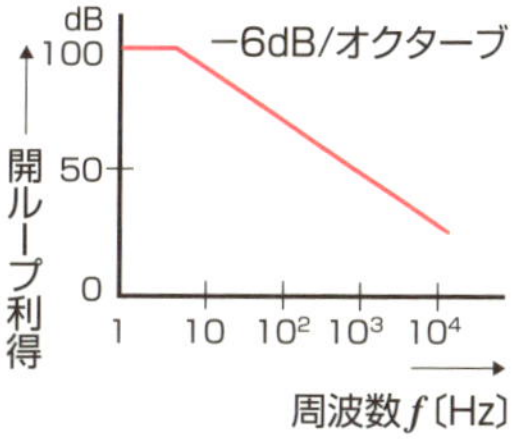

（例）

R_i＝1kΩ, R_f＝5kΩ
v_i＝1Vとすると
v_o＝−5Vとなる

非反転差動増幅

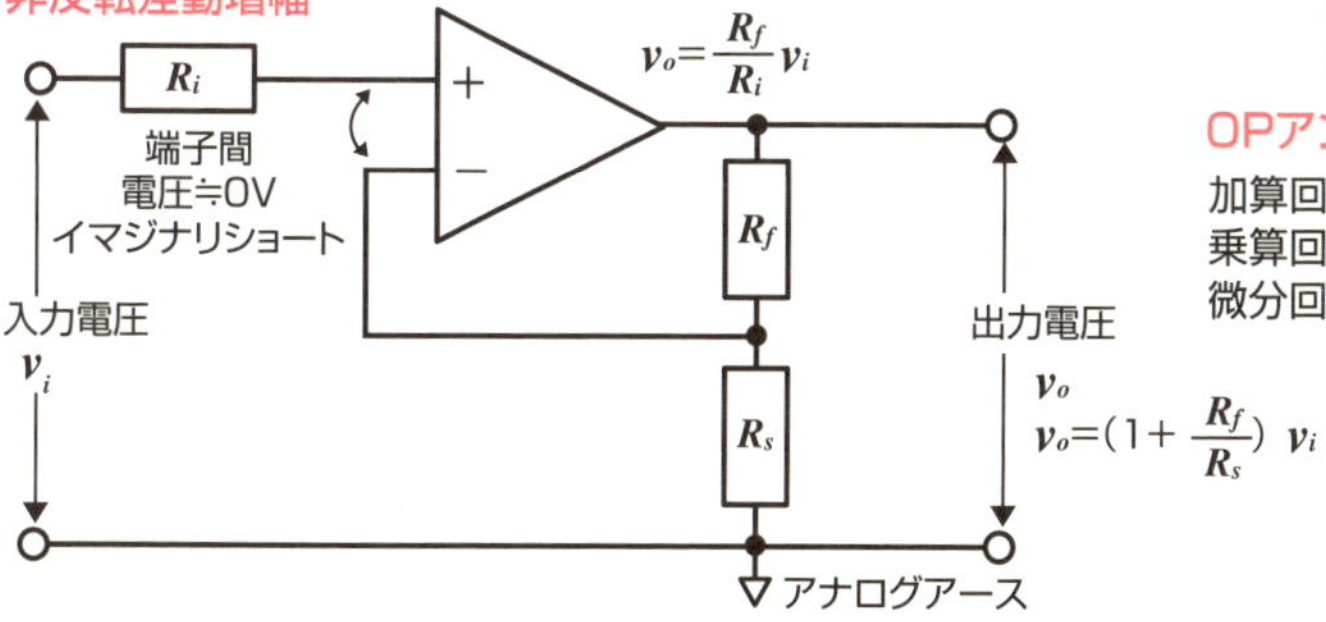

OPアンプの応用

加算回路、減算回路
乗算回路、除算回路
微分回路、積分回路
などへ

OPアンプの動作は二つの入力間の電圧差による差動増幅回路で、大きな特長は（例:反転差動増幅）入力抵抗器 R_1 と帰還抵抗器 R_2 を組み合わせると〔増幅率＝− R_2/R_1〕となり、裸のOPアンプ自体の増幅率（10^4 ～ 10^5）に無関係となる。これを各種電波応用機器内で安定した増幅回路や比較回路や積分回路や発振回路などで用いる。

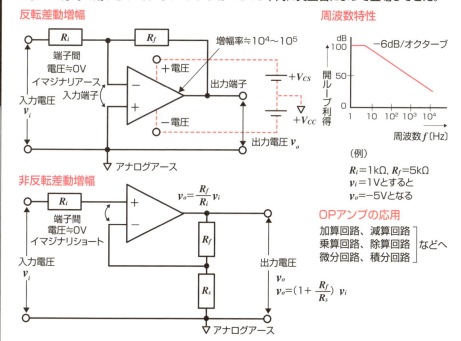

36 受信回路の方式

画期的なスーパーヘテロダイン方式

電波のエネルギーだけで動く鉱石ラジオ：初期のラジオはスパイダーコイル（蜘蛛《くも》の巣コイル：はね巻きコイル）とコンデンサとを組み合わせた同調回路と鉱石検波（ダイオードを使用：復調回路）とレシーバとより成り立っている、鉱石ラジオでした。この動作はアンテナを兼ねているスパイダーコイル（別にアンテナを付ける）とコンデンサとの同調回路で希望の局を選びこの高周波から鉱石検波器（方鉛鉱など）で音声信号を取り出し、そのまま高周波成分を除去するフィルタを通さず、レシーバで聞くようになっています。この受信回路では動作する電池は不要で、理想的な方式です。しかし、同調の選択性が悪く混信を起こしやすく、金属針を立てて使用する鉱石検波器は大変に不安定であり、レシーバの音が小さいなどの欠点がありました。

　この欠点を改良したのが、１９１４年アームストロングの発明した真空管増幅器を用いた再生方式のラジオでした。この回路は検波回路から一部の出力を正帰還して入力に戻すことで、入力の高周波を高めようという考え方です。この戻す量を発信直前まで近づけると大きな増幅率を得ることができます。この方式は、１９５０年ころまで用いられていた並４ラジオでも使用されていました。

スーパーヘテロダインの登場：１９１８年、アームストロングはスーパーヘテロダイン方式を発明しています。第一次世界大戦中、アームストロングは船舶などの位置を確認するため、無線方位測定器用に開発しようとしましたが、高周波増幅器に使用する真空管を入手することができず、その対策の中から発明されました。だが開発してみると、この方式は受信したい電波と隣接する電波との混信の影響を受けにくいという優れた選択性と、信号電力と雑音電力の*S*／*N*を高くできる、といった特長を持っていたのです。１９３３年、アームストロングはFMラジオを発明しています。

要点BOX

- ●スーパーヘテロダイン方式の発明
- ●ラジオの原点となった鉱石ラジオ
- ●真空管増幅器を用いた再生方式

理想の鉱石ラジオ

- 初期の鉱石ラジオは電池を必要としない「理想のラジオ」であった。
- 動作のエネルギーはアンテナからの電波エネルギーから得ている。

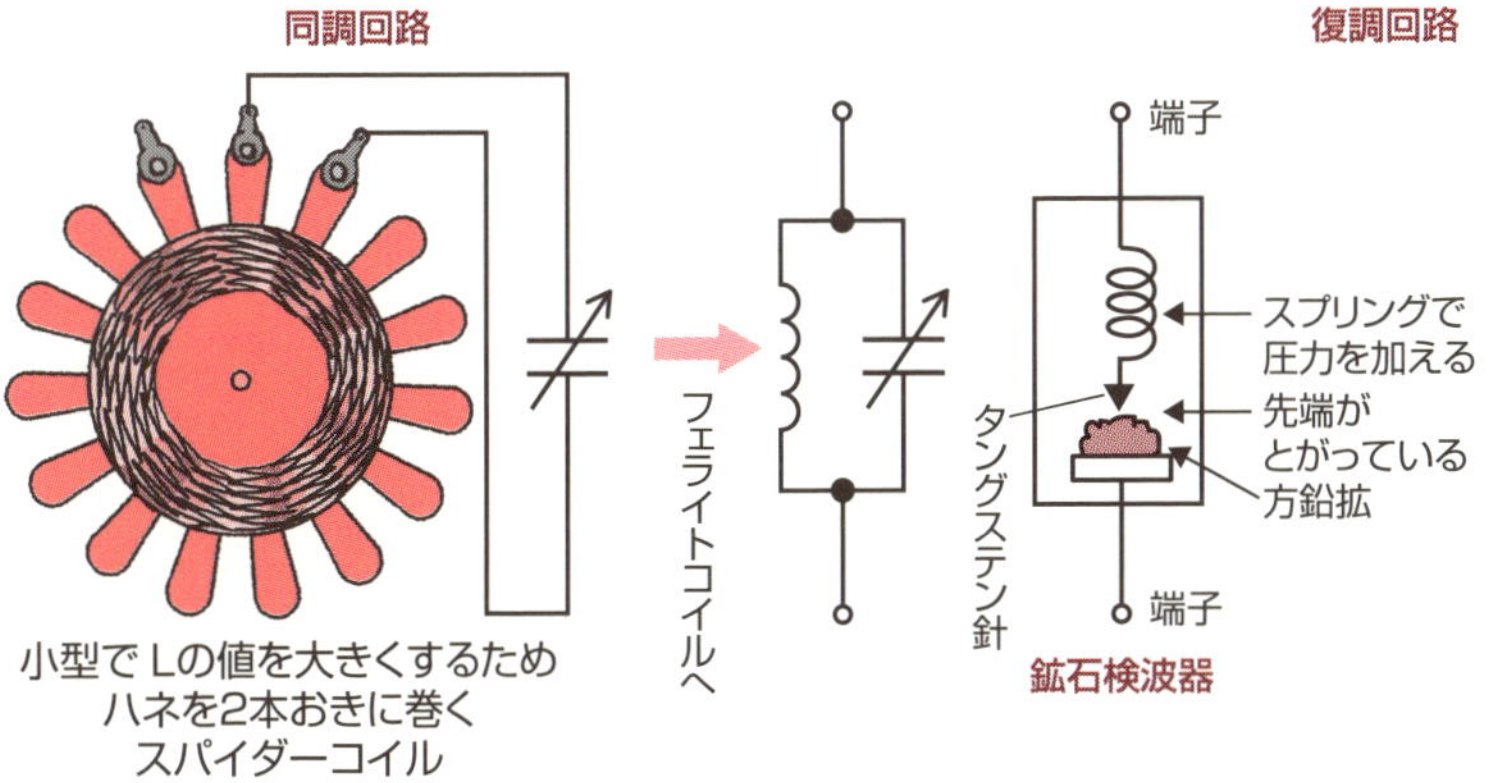

スーパーヘテロダイン方式とは

第一次世界大戦は1914年から1918年にかけて戦われた世界戦争。

- 無線方位測定器の開発には高い周波数で動作する真空管が必要なのに技術問題で僅かしか生産できない。これを打破するためアームストロングは高周波真空管の使用個数の少ないスーパーヘテロダイン方式を発明したのである。だが、この回路には驚くべき優れた特長があった。

スーパーテヘロダイン方式の特長

- 選択性が優れている
- 混信に強い
- *S/N* が高い

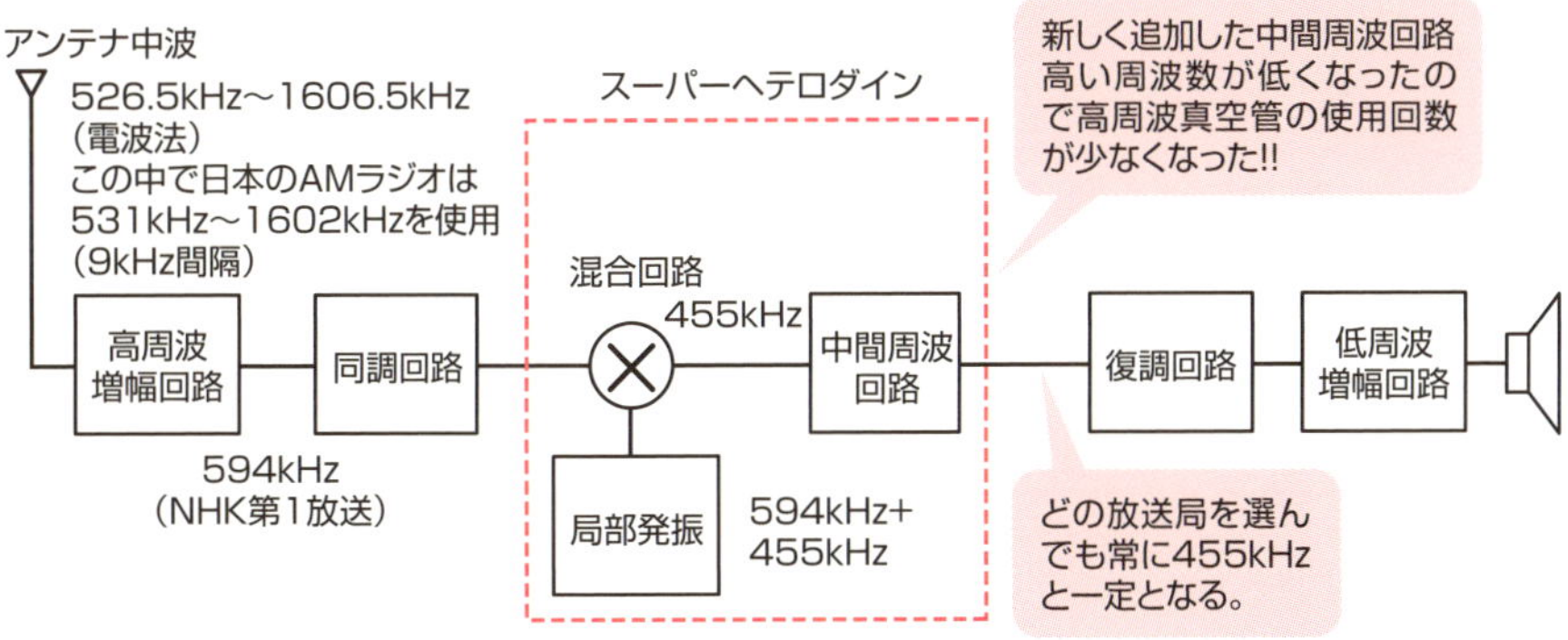

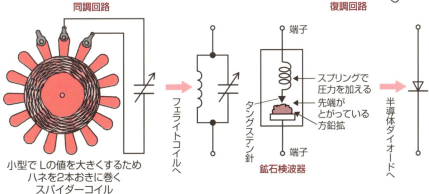

37 フィルタとは

代表的なフィルタはLPF・HPF・BPF・BEF

フィルタの役割：フィルタ（Filter）とは、必要なものは取り出し、不要なものは取り除く、という機能のことをいいます。ラジオやテレビや携帯電話などでフィルタを使用していますが、その役割はクーラ用フィルタと同じで、それぞれの電子回路で必要な周波数成分のみを取り出したり、取り除いたり、周波数範囲（帯域）を制限するために使用しています。フィルタにはアナログフィルタとデジタルフィルタがあります。

フィルタの種類：フィルタには四つのタイプがあります。

①ローパスフィルタ（LPF）は直流から必要とする周波数f_cまでを通過させ、f_c以上の周波数は通過できない機能を持っています。

②ハイパスフィルタ（HPF）は必要とする周波数f_c以上の高い周波数のみを通過させ、f_c以下の周波数は通過できない機能を持っています。HPFはLPFと逆の機能です。

③バンドパスフィルタ（BPF）は必要とする周波数f_{c1}からf_{c2}の範囲を通過させ、f_{c1}より小さい周波数とf_{c2}より大きい周波数成分は減衰させる機能を持っています。

④バンドエリミネーションフィルタ（BEF）は必要とする周波数f_{c1}からf_{c2}の範囲を阻止し、f_{c1}より小さい周波数と、f_{c2}より大きい周波数成分は通過させる機能を持っています。BEFはBPFと逆の機能です。

アナログフィルタの応用：ラジオはアナログフィルタは、共振回路（同調回路）や、中間周波回路（455kHz±10kHz のみを通過させるBPSフィルタ）や、低周波増幅回路用LPF（音声周波数以外の雑音を取り除く）などがあります。テレビでも共振回路や映像・音声などの回路などにフィルタは使用します。

デジタルフィルタの応用：アナログとデジタルの変換にはA／D・D／A変換回路が用いられますが、折り返し雑音を除去するために用いるオーバーサンプリングという手法の中でデジタルフィルタが用いられます。

要点BOX

- ●フィルタの役割と種類
- ●主要四つのフィルタ
- ●アナログフィルタとデジタルフィルタの応用

フィルタの役割

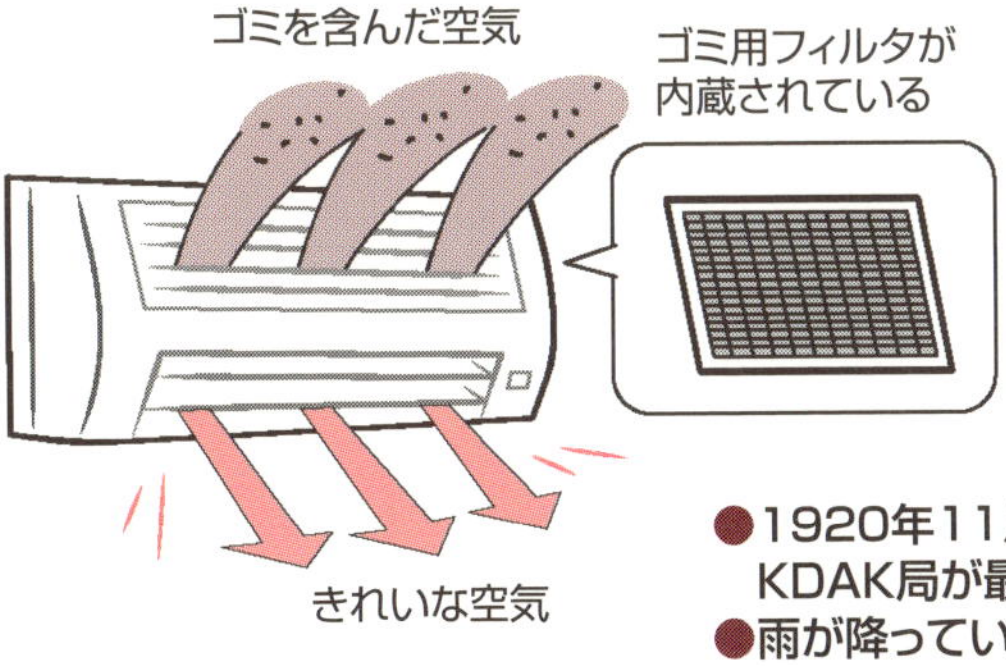

- 1920年11月2日午後6時アメリカピッツバーグKDAK局が最初のラジオ放送を開始。
- 雨が降っていたが、家の中で大統領選挙開票結果の放送を聞くことができた。
- だが、1908年から大量生産を始め町に溢れて走行していたT型フォードからのイグニッション雑音に悩まされたと伝えられている。まもなく雑音防止フィルタの開発が始まった。

内部にフィルタを入れると雑音が小さくなる

フィルタの種類

電子機器にとってフィルタは重要な回路である。

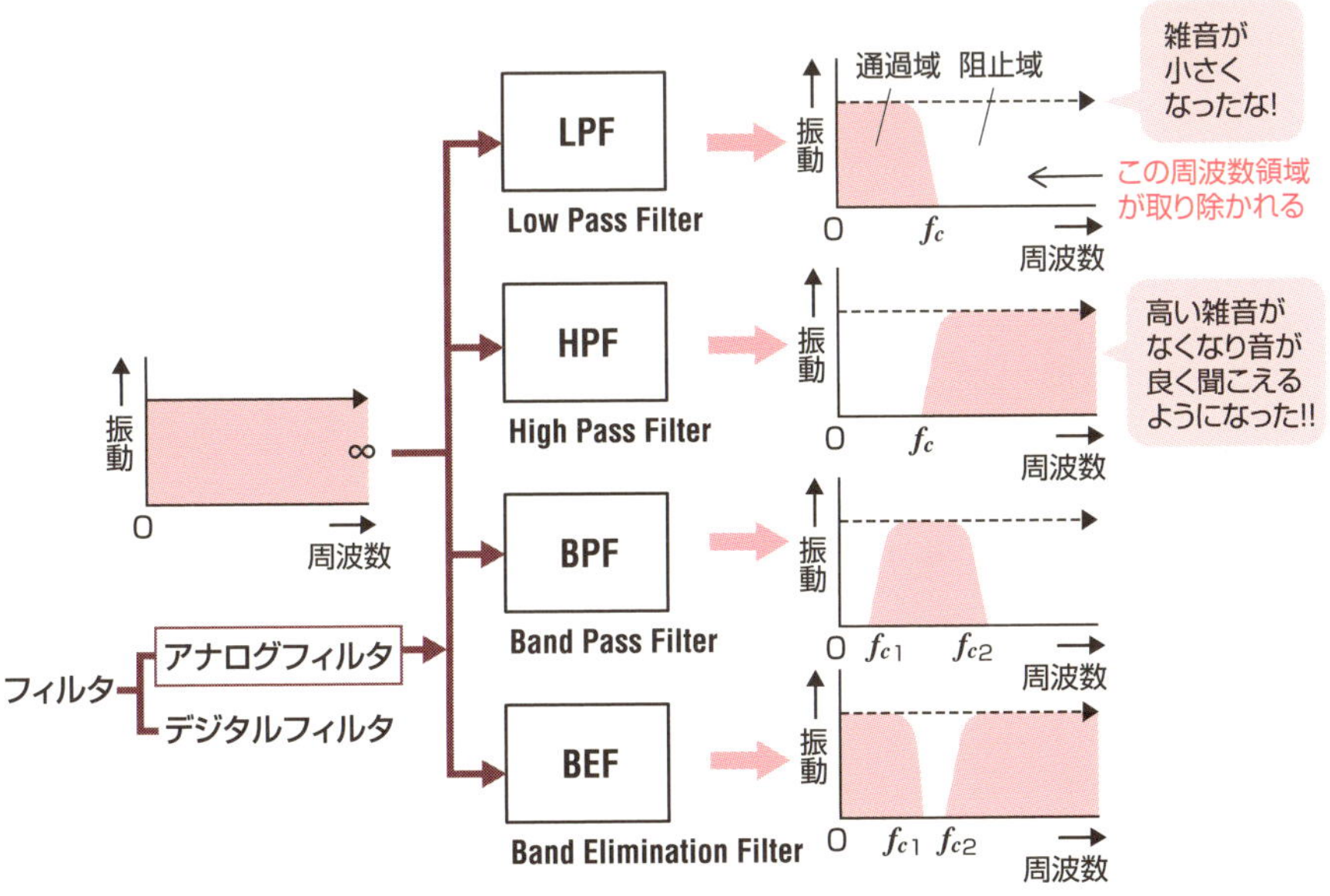

38 信号と雑音

増幅器では信号と一緒に雑音も増幅される

信号と雑音：ラジオで音楽を聞く場合、スピーカから信号（S：signal）となる音楽と一緒にザーという不必要な音が僅かですが聞こえてきます。このザーという音が雑音（N：noise）です。それぞれの増幅回路では信号と雑音が増幅されると同時に、増幅器内の雑音も加わり一段と大きな雑音となります。

増幅回路では、出力の信号を雑音で割るのが***S***／***N***（Signal to Noise ratio）または***SN***比で、入力と出力の***S***／***N***比が雑音指数***NF***（Noise Figure）となります。雑音指数が高いほど、受信機の性能品質が悪いということになります。信号は増幅器をとおるごとに劣化します。入力と出力の***SN***比の計算は左頁の①、②式、***NF***は③式のとおりです。

受信機全体の総合雑音指数は⑥式のようになります。この結果、総合雑音指数は初段のNF_1で主に決まり、初段の雑音対策が非常に重要となります。初段増幅器の雑音を小さくするには初段の増幅器MOSの入力インピーダンスが大きく雑音が小さい高抵抗器が必要となります。

雑音の原因：MOSなどの能動素子や抵抗器などの受動素子では、内部で雑音が発生します。この雑音には二つの発生源があります。

一つが熱雑音です。この熱雑音は、MOSや抵抗体の物体に含まれている自由電子の不規則な運動で生じ、電圧を印加しなくても、存在します。不規則な運動がゆらぎとなり雑音となります。この現象は、発見した人の名前を取ってジョンソン雑音といいます。熱雑音はランダムで、1《キロ》Hz以上の周波数からほぼ平坦で、温度が高くなると大きくなります。

もう一つが1／*f*雑音です。周波数の低い領域に現れ、これをショットキ雑音と呼んでいます。この雑音の特長は周波数に逆比例することです。この原因はMOSを構成しているPN接合や物質接触部分など電流の僅かなゆらぎなどで生じます。

要点BOX

- ***S***／***N***比とは
- 雑音指数***NF***が高いほど性能が悪い
- 熱雑音と1／*f*雑音

SN比と雑音指数NF

入力側
Signal : S_{in}
Noise : N_{in}

入力の雑音は
$N_{in}=KTB$ の雑音がある
K= ボルツマン定数、T= 絶体温度、B= 帯域幅

出力側
Signal : S_{OUT}
Noise : N_{OUT}

$$SN\text{比}\,R_{in} = \frac{S}{N} R_{in}\ \text{（入力側}SN\text{比）} = \frac{\text{入力信号電力}\,S_{in}}{\text{入力雑音電力}\,N_{in}} \quad \cdots\cdots①$$

$$SN\text{比}\,R_{OUT} = \frac{S}{N} R_{OUT}\ \text{（出力側}SN\text{比）} = \frac{\text{出力信号電力}\,S_{OUT}}{\text{出力雑音電力}\,N_{OUT}} \quad \cdots\cdots②$$

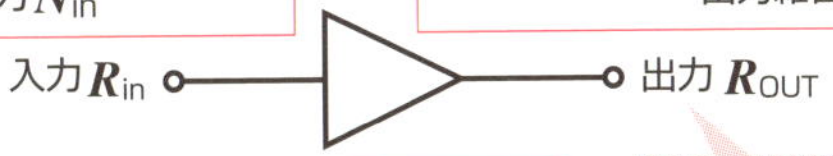

増幅器を通るごとに
NF比は悪くなっていく

$$NF = \frac{SN\text{比}\ R_{in}}{SN\text{比}\ R_{OUT}} = \frac{\dfrac{\text{入力信号電力}\,S_{in}}{\text{入力雑音電力}\,N_{in}}}{\dfrac{\text{出力信号電力}\,S_{OUT}}{\text{出力雑音電力}\,N_{OUT}}} \quad \cdots\cdots③$$

(Noise Figure)

NF : Noise Figure、雑音指数

対数で表すと

$$NF\text{dB} = 10\log_{10}\left(\frac{S_{in}}{N_{in}}\right) - 10\log_{10}\left(\frac{S_{OUT}}{N_{OUT}}\right) \quad \text{電力比} \cdots\cdots④$$

$$20\,NF\text{dB} = 20\log_{10}\left(\frac{S_{in}}{N_{in}}\right) - 20\log_{10}\left(\frac{S_{OUT}}{N_{OUT}}\right) \quad \text{電流比} \cdots\cdots⑤$$

例：10dB(電力比10、電流比3.162)、40dB(電力比10000、電流比100)

総合雑音指数

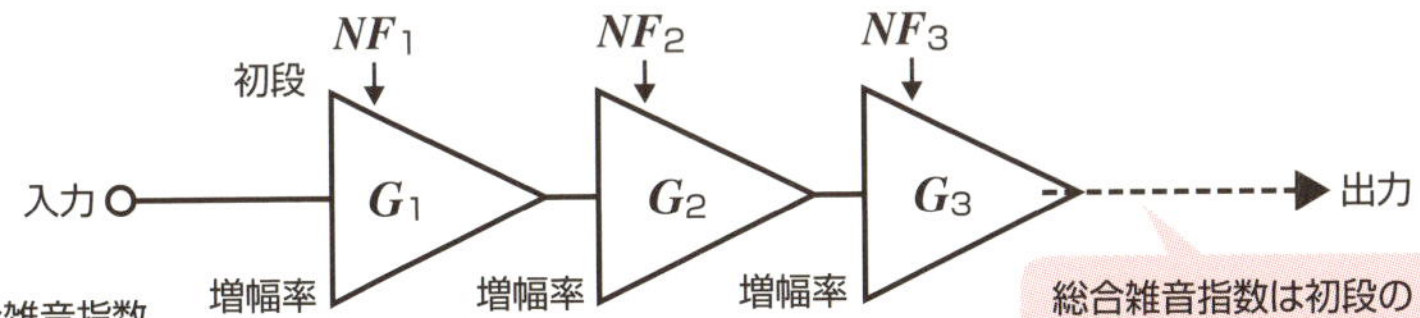

総合雑音指数は初段の NF_1 で
ほとんど決まってしまう。
初段の増幅器雑音の小さいこと
が重要!!

総合雑音指数

$NF_1 + (NF_2-1)/G_1 + (NF_3-1)/G_1G_2$ ……⑥

G_1 は初段増幅率、G_2 は次段の増幅率

半導体素子による増幅器の雑音特性

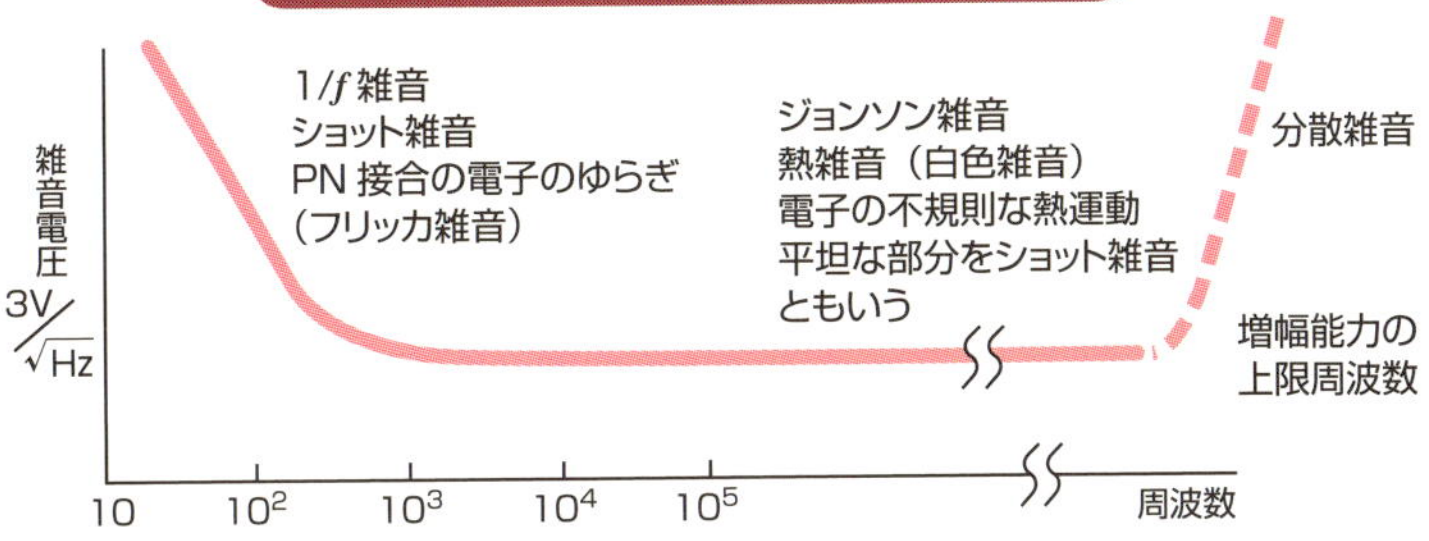

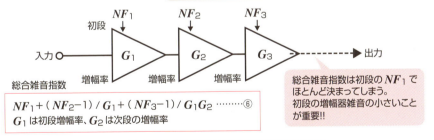

39 電波応用機器を支えるデジタルIC

電子機器の性能を決めているのはCPUとメモリ

電波応用機器を構成するデジタル回路：携帯電話も、デジタルテレビも、パソコン周辺機器もほとんどの基本回路はデジタルで構成されています。デジタル機器の基本はCPU(Central Processing Unit：中央演算処理ユニット)と半導体メモリ(IC Memory)といろいろな周辺回路用のカスタムLSIなどで電子回路が成り立っています。これらを作るLSI(Large Scale Integration：大規模集積回路、トランジスタ数百万個程度)の素材はシリコンSiを使い、基本となる回路素子は今やC-MOSが中心です。この他に超高速用として化合物半導体GaAsが登場してきました。

CPU：パソコンなどで使用するCPUは32ビットから64ビット時代へと展開してきました。さらにハイエンドパソコンやスマホ(低消費電力が必要)などでは2個のコアによるデュアルコアCPUやクオッドコアCPUが用いられています。これは高速で並列処理ができるよう大量の画像処理に対応しています。動作周波数は数ギガヘルツ、内蔵DRAMメモリは、数ギガバイト以上で、デスクはSSDを用いています。

基本となる半導体メモリには、DRAMとEEPROM(フラッシュメモリ)などの製品が登場しています。特に注目を浴びているのがEEPROMで、SSDやUSBメモリやICカードなどに応用されています。カスタムLSIには、顧客からの要求に応じて製作するASICさらに進んだSoCや、自分で作る専用カスタムLSI(FPGA：Field Programmable Array)など、いろいろなタイプがあります。

高速分野対応のGaAs：Siの周波数限界に対し、高速分野に向け新しい材料としてGaAs(ガリウムとヒ素による半導体素材)が登場してきました。GaAsを用いて、デジタル用高電子移動度トランジスタHEMTやデジタルIC(2.5ギガbps)や超高速増幅器(2GHz～20GHzで低雑音*NF*0.3dB)や電力増幅用ICなどが開発されています。

要点BOX

- ●CPUの構成
- ●CPUの発展
- ●高速に対応する新しい材料

電波応用機器を支えるデバイス

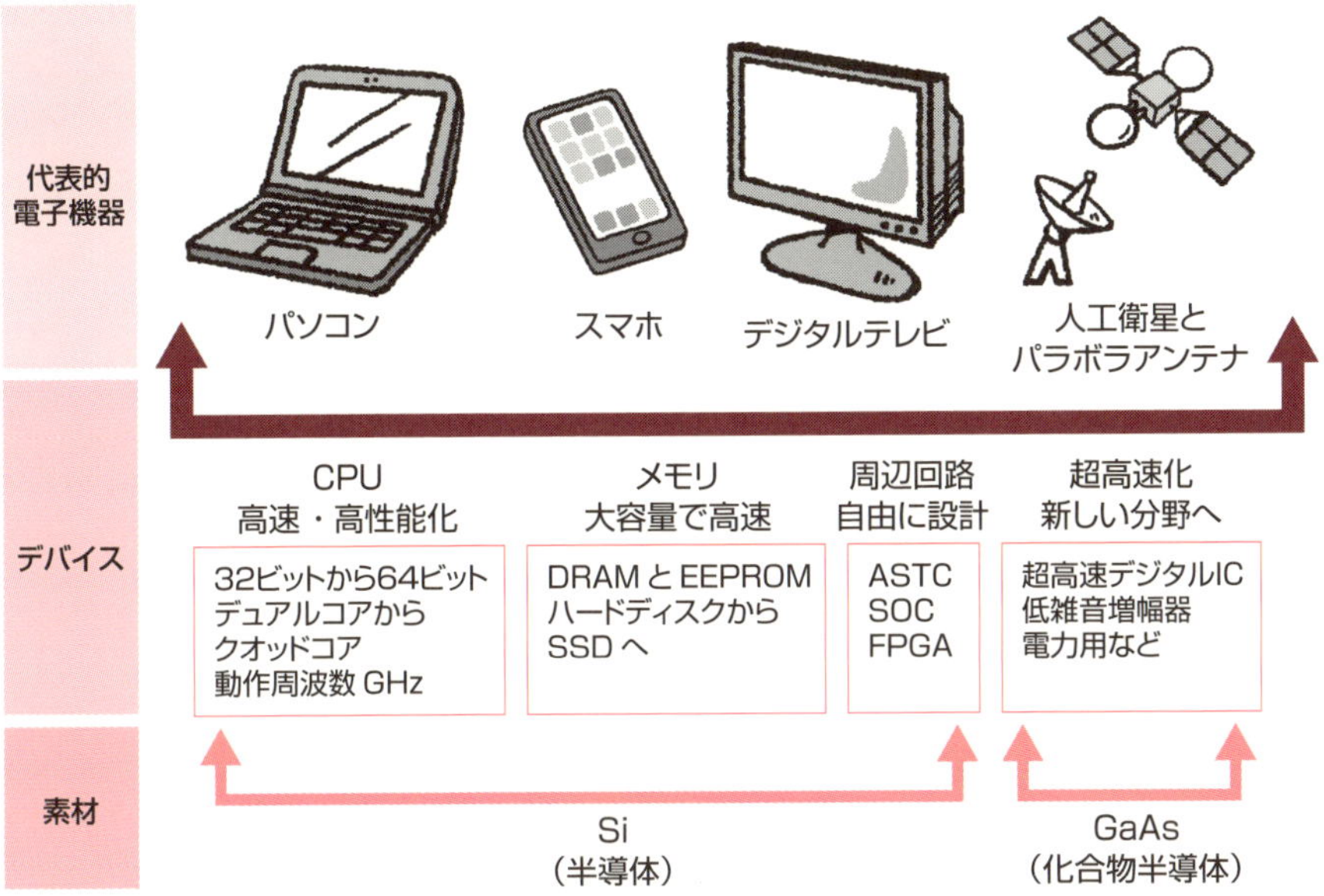

C-MOSの魅力

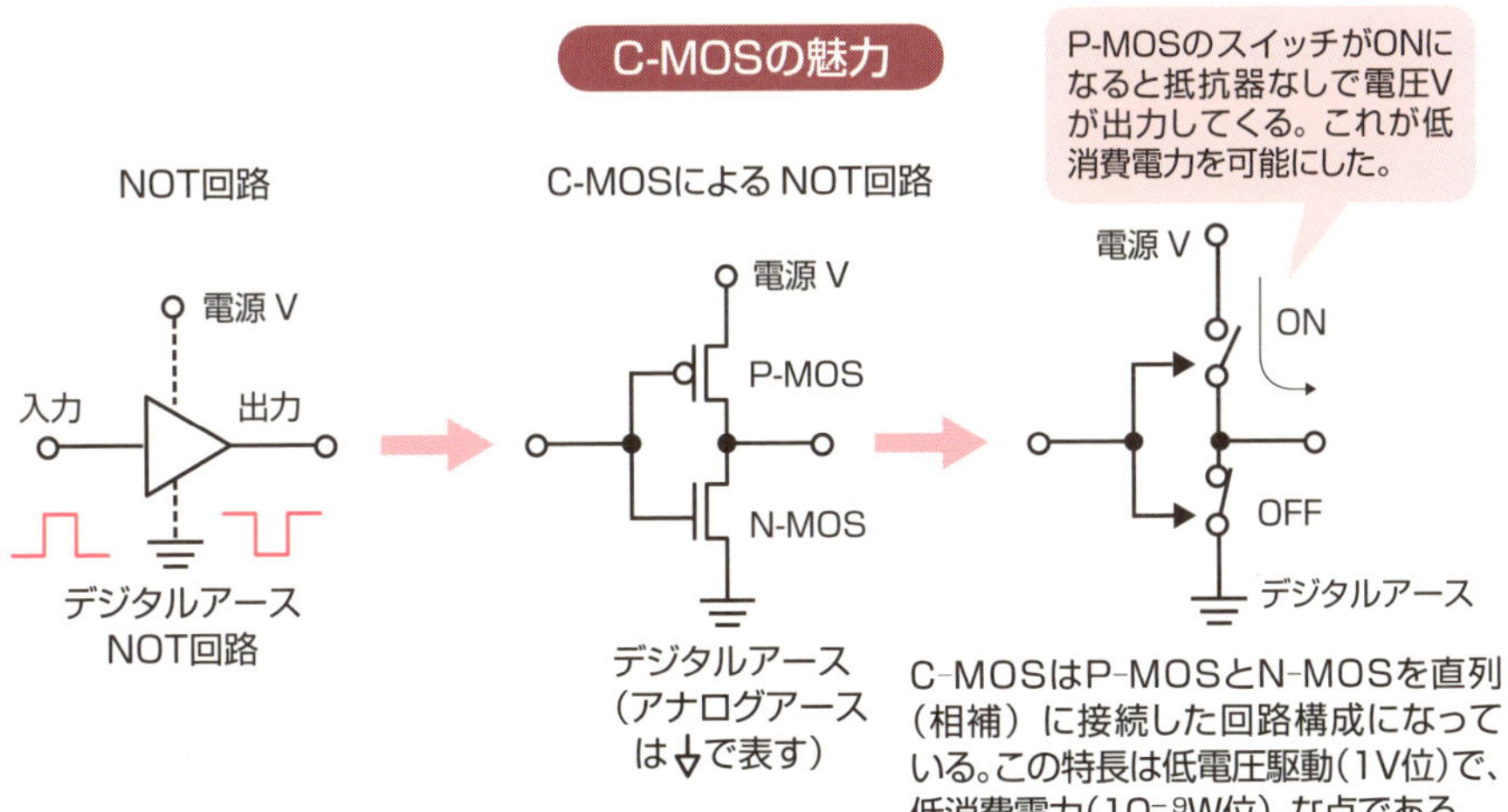

C-MOSはP-MOSとN-MOSを直列（相補）に接続した回路構成になっている。この特長は低電圧駆動（1V位）で、低消費電力（10^{-9}W位）な点である。

用語解説

CMOS：Complementary MOS：相補型MOS
SSD：Solid State Drive：ハード・ディスクに替わるフラッシュメモリによる半導体デスクで容量は数百 Gbps 以上
DRAM：Dynamic Random Access Memory：随時書き込み読み出しのできるメモリと1GビットDRAMを8個搭載した1GB ボードなどがある
EEPROM: Electrically Erasable Programmable Read Only Memory：EEPROMはバイト単位に対し、フラッシュメモリは数キロバイト単位で書き換えることのできるメモリ
ASTC：Application Specific IC：特例用途向けIC
SOC：System on Chip：CPUを含んだ周辺回路を1チップに集積化したシステムLSI

Column

電磁波正体の謎解明に登場した量子論と相対性理論

電磁波の存在が確認されましたが、電磁波とは何であろうかという疑問が出てきました。1845年ファラディは「ファラディ効果」を発表しており、これにより電磁波は伝播方向に垂直な面で伝播していく横波であることはわかっていました。このため、電磁波の波動を伝播するため、空間に「エーテル」という媒体が必要になると考えられたのです。だが、いくら探してもそのような媒体は空間に存在していません。このためマックスウエルの電磁波の解明は大きな矛盾に突き当たったのです。このような中で、画期的な量子論と相対論が発表されました。

量子論とは1900年ドイツのプランクが発表しています。ここでは「エネルギーEは振動数νに比例し、この比例定数はhで飛び飛びの値しか存在しない、原子や電子は量子として取り扱う必要があり、量子は粒子と波の性質のいずれかを持っている」という内容です。これを理論面で支えたのが相対論でした。

アインシュタインは1905年特殊相対性理論を、1915年一般相対性理論を発表しています。この論文は「電子は光速cに近づくにつれ、電子の持つ質量mは無限大に近づき、エネルギーEは$E=mc^2$と表される。電磁波は波の性質を持つと同時に粒子としての性質を持ち、真空中を光速で伝播する」という信じられない内容を明らかにしたのです。

この量子論と相対論によって、電磁波はエーテルを必要とせず、電界と磁界によって光速で真空中を伝播することが明らかとなってきました。

デシベルとは

電力比を表すとき、デシベルを用います。
2点間の電力をP_1とP_2とし、その比の常用対数をxとしたとき、次のように表します。

$x = \log P_2/P_1$〔B〕

この比率xはベル〔B〕で表すが、大きな値となるので、1/10のデシベル〔dB〕として用います。

$L = 10 \log P_2/P_1$〔B〕

電力は電流・電圧の2乗に比例するので、電力比の他に電流比、または電圧比としても表すことができます。

$L = 10〔V_2/V_1〕^2 = 20 \log V_2/V_1$〔dB〕

$L = 10〔A_2/A_1〕^2 = 20 \log A_2/A_1$〔dB〕

第5章

情報機器を支える電波の応用

40 パソコンを支える電波応用技術

パソコンは電波応用の固まり

パソコンの応用：膨大なデータ処理に使う大型コンピュータとは異なって、小型で適度なデータ処理を取り扱うパソコン（Personal Computer）が幅広く用いられています。パソコンが登場したころ、①文章を作成する、②計算をする、③データを保管する、④印刷をする、といった限られた分野で使用されてきましたが、インターネットの登場によって①情報検索、②メールの交換、③ウェブカメラ、④SNS通信機器（スマホなど）との連動、⑤映像や情報の記録保管、⑥テレビ・ラジオ接続、⑦ショッピング、⑧ゲーム、など利用範囲が広がり、さらにパソコンはあらゆるモノと接続し、モノとモノとがお互いに制御することのできるmorld of Iot時代となってきています。

　この便利なパソコンを動作させるため、入力としてキーボードやマウスやマイクや撮像（ノートパソコンでは内蔵）やカメラやセンサなどが、また出力としてプリンタやディスプレイやスピーカなどが、さらに周辺デバイスとして補助記憶装置（外付けHDDやSSDやICカードやUSBメモリなど）や他の周辺デバイスとの接続が必要となります。

　パソコンにこれらを有線で接続する場合、バス規格であるUSB規格が用いられています。パソコンからはこれらの各種周辺デバイスとの接続やネットワークとの接続などで、タコの足のようにコードが引き出されています。これに対し、電波を応用したワイヤレス化が進められるようになってきました。

近距離無線通信と無線LAN：パソコンの制御として用いるマウスやキーボードとの接続には、近距離無線通信（数センチメートルから数十メートル位）であるブルートゥースやNFCなどが、パソコンの周辺で用いるプリンタやメモリディスクである磁気体円板を用いたHDDや半導体メモリを用いたSSDなど、関連デバイスとの接続には無線LANであるWi-Fi（100m位）が用いられています。

要点BOX

- ●モノとモノとが接続し、お互いに制御
- ●接続は有線から無線へ
- ●ワイヤレス化は近距離無線と無線LANで

パソコン周辺の配線はごちゃごちゃ

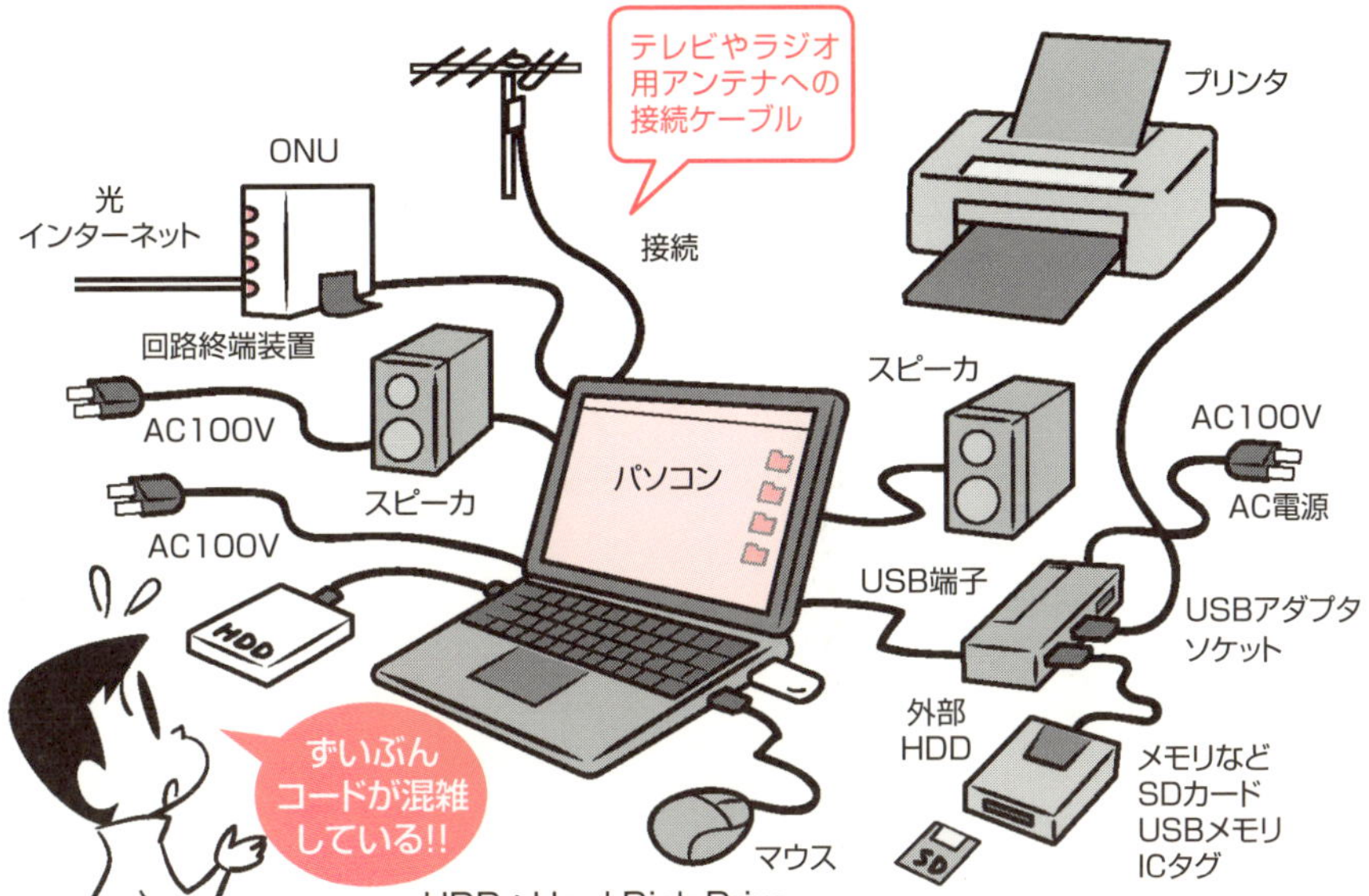

HDD : Hard Disk Drive
SSD : Solid State Drive

電波を使って配線がスッキリ

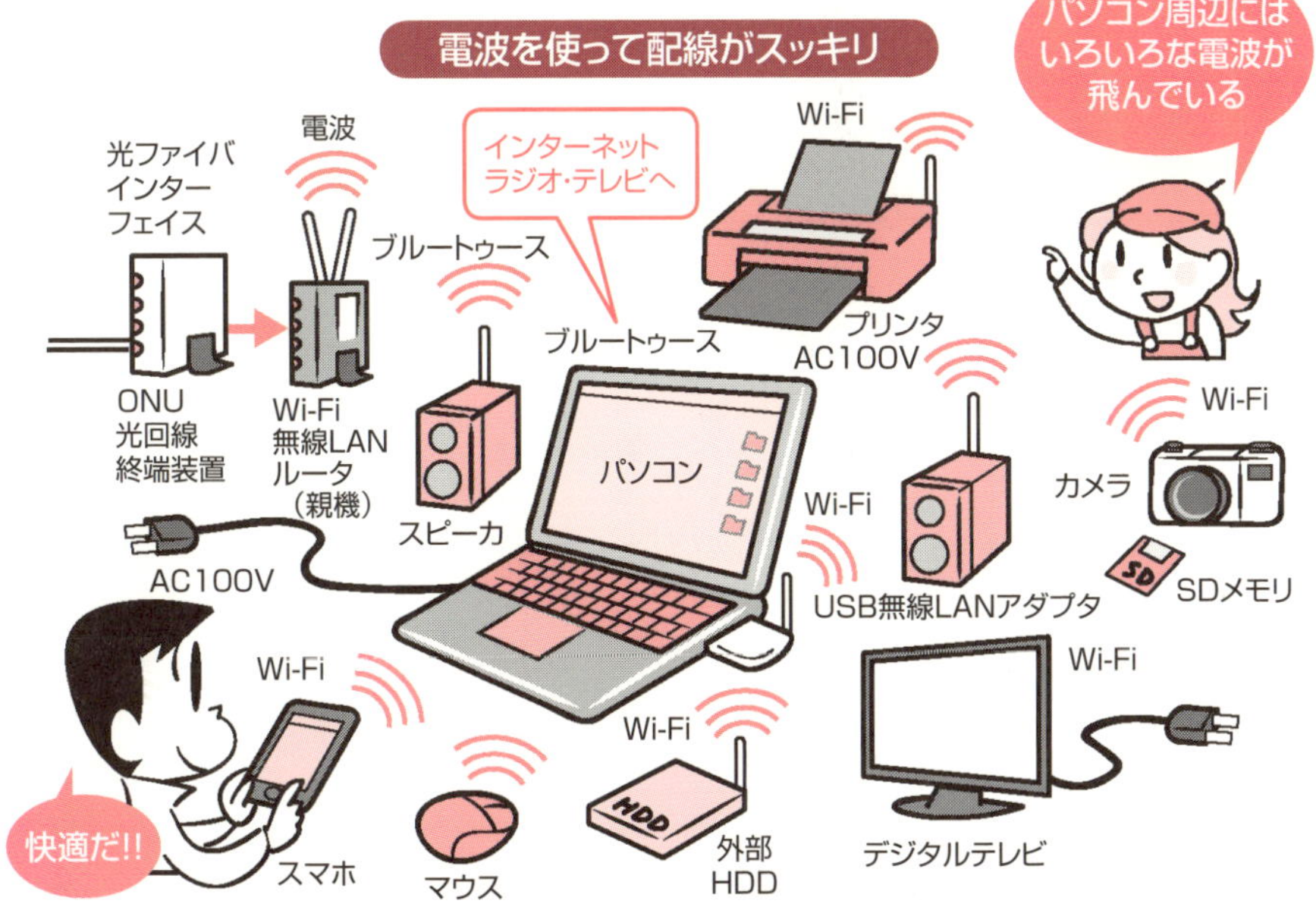

無線LANの高速化にMIMO(Multiple Input Multiple Output)が登場してきた。
複数のアンテナを組み合わせて送受信の周波数を届ける技術

SNS: Social Networking Service(人間同士のつながり)

41 有線LANから無線LANへ

高忠実度無線通信Wi-Fiの普及

LANとは：LAN（Local Area Network）とは、限られた範囲内であらゆるパソコンと周辺デバイスとの間で相互にデータの交換ができる構内通信回線のことで、管理する資格は不要です。このLANにはケーブルでつなぐ有線LANと、電波でつなぐ無線LANがあります。無線LANとは、パソコンなど各種デバイスとのデータ送信・受信に電波を利用した無線通信のことで、ワイヤレスLAN（WLAN：Wireless LAN）ともいいます。無線LANが開発された頃、通信規格として種々な方式がありましたが、この中でIEEE802.11が注目されるようになってきました。だが、初期の通信速度は2《メガ》bps程度と比較的遅く、このようななかで、Wi-Fi Allianceという団体からすべてのパソコンと相互接続ができ、通信速度は数《ギガ》bpsまで対応でき、かつIEEE802.11規約にも対応したWi-Fi（Wireless Fidelity：高忠実度無線通信）規約が提案されています。ここでWi-Fi Allianceの認証の得られた製品がWi-Fi（無線LAN）と呼ぶようになりました。無線LANは電波法令で免許書不要の小電力無線局となりますが、無線LANに接続する電子機器は技術基準適合認定に適合したとする技適マークが必要となります。

オフィスや家庭内のパソコンが動作するには、複数の周辺デバイス（機器）が必要で、これらをネットワーク（限定範囲のみ）と結ぶために無線LANが使用されます。さらに広い範囲にある他のネットワークとも相互接続性をする場合は、インターネットを使用します。

インターネットへのアクセス：インターネット回線との接続を固定にするか、モバイルにするか二つの方法があります。前者では固定型Wi-Fiルータを使用して光回線に接続する固定方法で、後者ではWi-Fiと3GやLTEを内蔵したスマホ、または可搬型Wi-Fiアダプタ（二次電池で動作）を使用してWi―Fiスポットと接続するモバイル型です。

要点BOX

- ワイヤレス化へ無線LAN
- IEEE802.1規約対応のWi-Fi規格
- インターネットへのアクセスに二つの方法

Wi-Fiの登場

有線LANの一部が無線LAN(WLAN：Wireless Local Network)へ

- 無線 LAN 通信規格として IEEE802.11 が登場。
- だが、異なったパソコンとの接続が保証されていない。通信速度が遅かった。

Wi-Fi は Wireless Fidelity の略で Hi-Fi (high) をもじったといわれている

便利な無線LAN誕生

- これに対し、Wi-Fi Alliance 団体が新しい提案を行った。
- 通信規格 IEEE802.11 シリーズを用いたデバイスとの互換性を保障

(42項参照)

インターネットとの接続で用いるWi-Fi

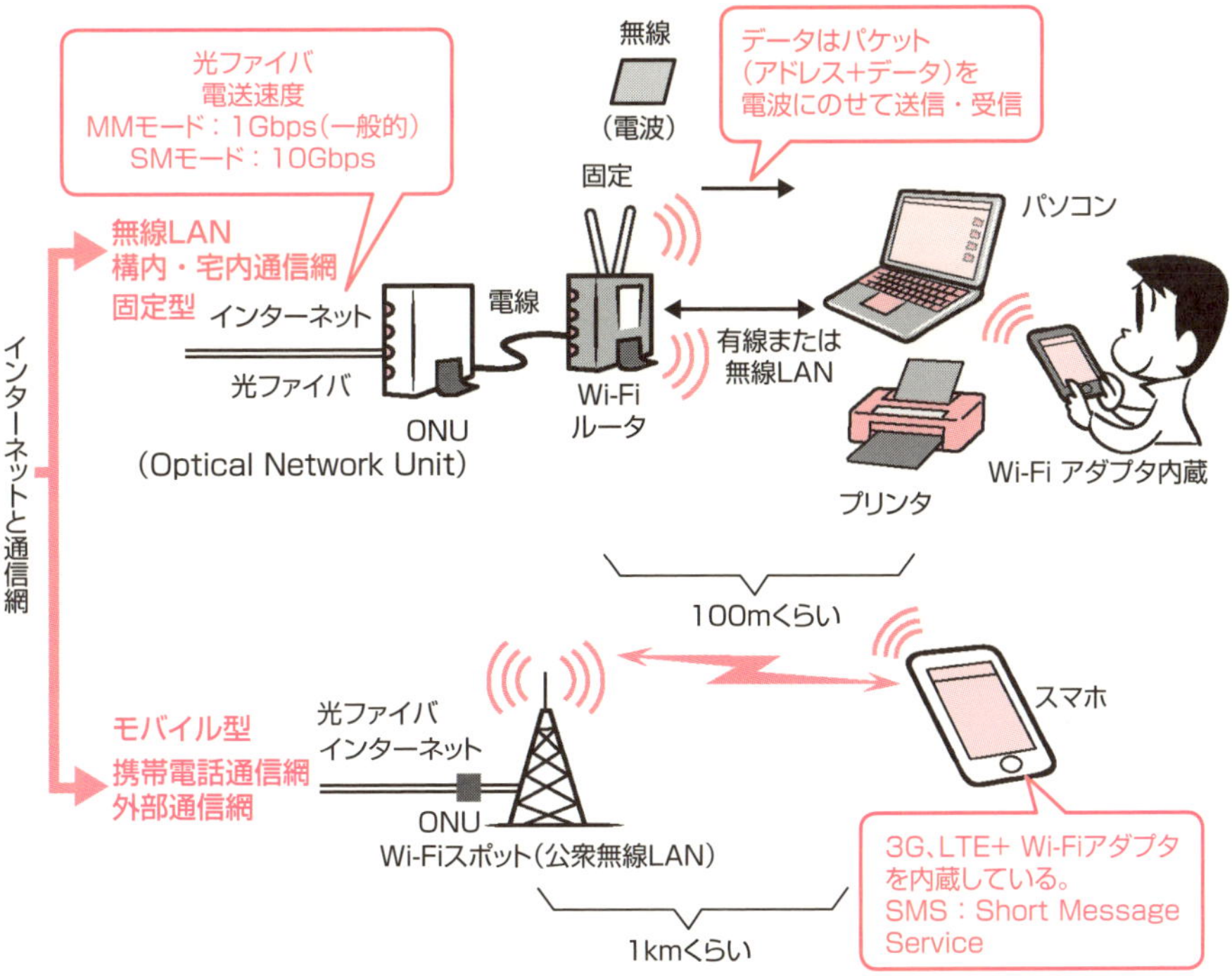

固定は安全で確実性が、モバイルは安全面で不安があるが、どこでも使用できる便利さがある。

42 Wi-Fiの規格

無線LANの動作：無線LANには、手軽に使用できる個人対象の自律型と、オフィスなど多数の端末を取り扱う法人向けの集中管理型があります。無線LANには遠くまで届きやすい2.4《ギガ》Hz帯とデータ伝送量の大きい5.2《ギガ》Hz帯がありますが、2.4《ギガ》Hz帯は電子レンジの周波数と近く、ブルートゥースと同じ周波数で干渉により伝送速度が低下する恐れがある、などの欠点があります。

Wi-Fiの動作：Wi-Fiを動作するには、親機となるWi-Fiルータ（親機）とWi-Fiアダプタ（子機）が必要です。Wi-Fiルータの役割はインターネットの中継場所（AP：アクセスポイント）となる役割を担っていて、インターネットを通して送られてきたIPアドレスを受信し、Wi-Fiアダプタを内蔵したパソコンや関連デバイスの個々のアドレスに置き換えてから受信データを複数のパソコンや関連機器に同時に送ることのできる機能を持っています。

電波を使用するので、他のパソコンなどにデータが漏れないような安全対策が必要です。パソコンなどにWEPが搭載されていて、無線が傍受できないように安全性を持たせています。Wi-Fiは宅内のみでなく、公衆Wi-Fiスポットを利用して宅外でも使用できます。

Wi-Fiの規格：IEEE802.11.a/b/g/n/acがあり、詳細は左頁の図に示しました。

Wi-Fiの固定での通信速度：固定として光ケーブル回線を使用すると、Wi-Fiで数《ギガ》bpsという高速データ通信ができます。

Wi-Fiのモバイル通信速度：モバイルとしてLTE／3Gを使用します。このLTE／3Gは携帯電話用の通信方式で、Wi-Fiでは通話とともに携帯電話回線を利用してインターネットと接続して広範囲で使用できます。LTEはモバイルデータ通信専用、3Gは音声とモバイルデータ通信に利用できます。LTEを利用できるのは3Gより狭い範囲です。

要点BOX
●Wi-Fiの周波数には2.4GHz帯と5GHz帯がある
●Wi-Fiの機能
●Wi-Fiのモバイル通信速度

IEEE802.11規格

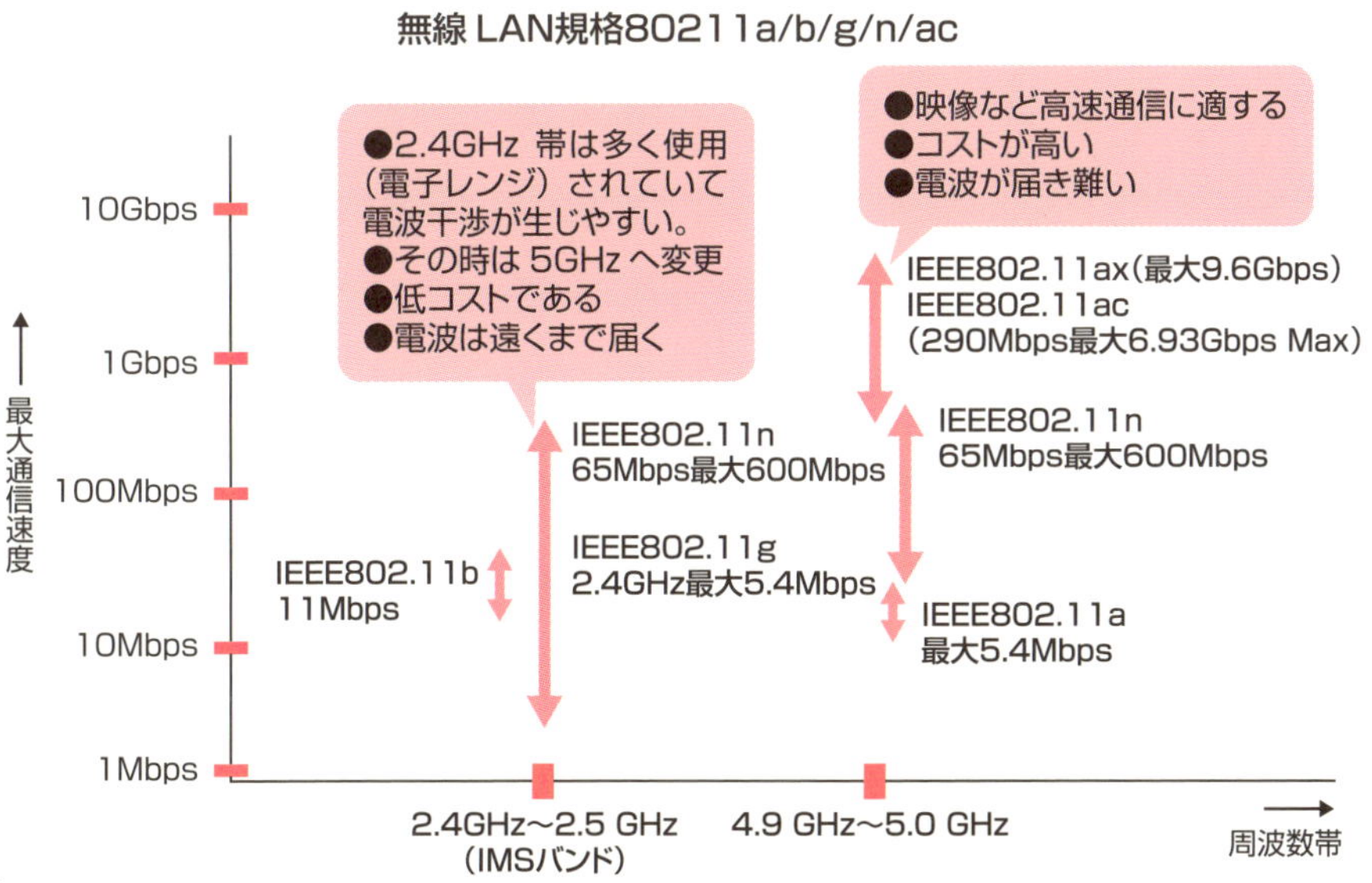

インターネットとの接続で用いる電波

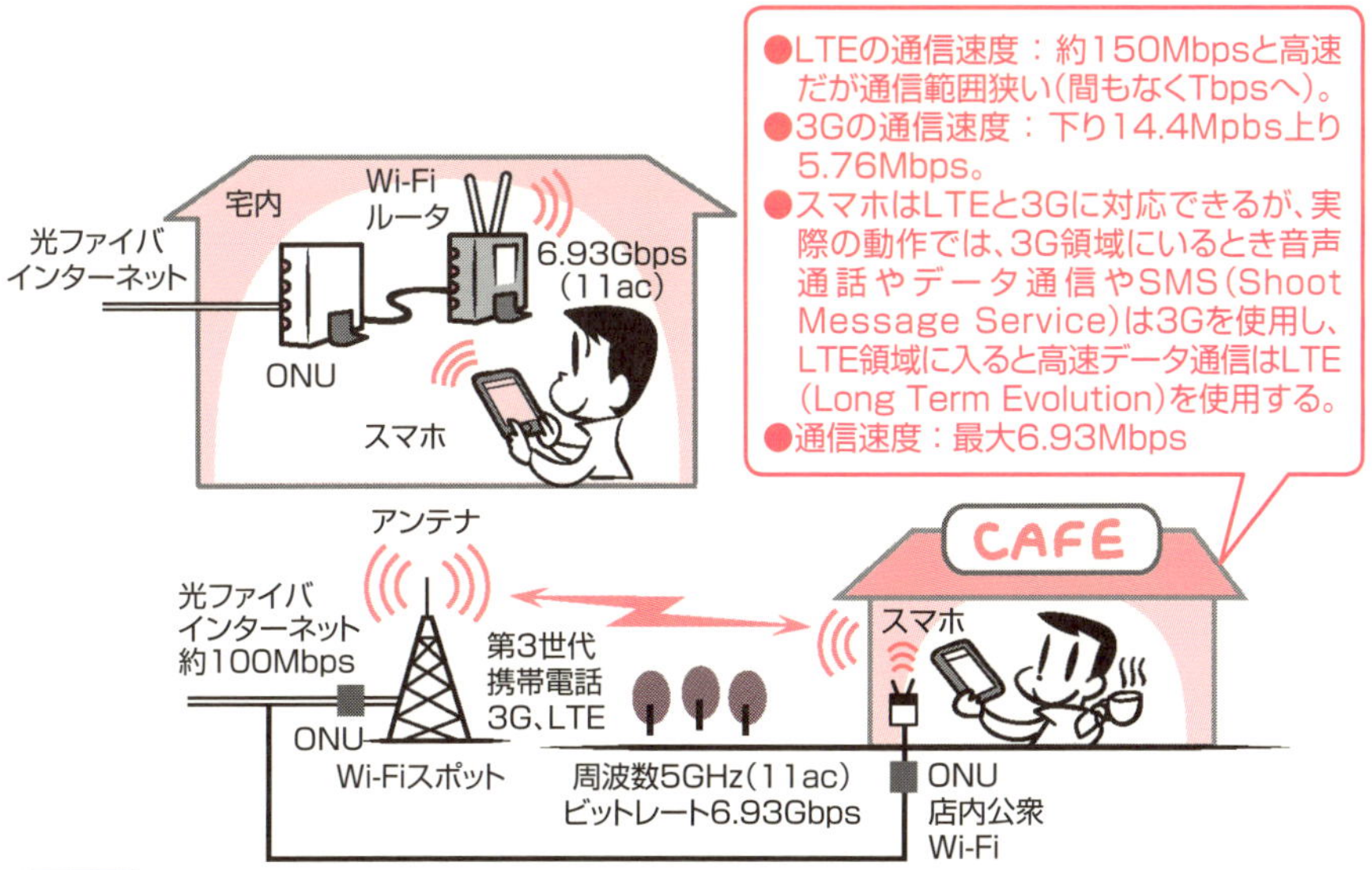

用語解説

WEP：Wired Equivalent Privacy、有線LAN並みの機密性
SMS：Short Message Service、短い文章メッセージ

43 ブルートゥースとは

ブルートゥースは近距離無線通信

ブルートゥースとは：ブルートゥース（Bluetooth）とは数メートルから数十メートルくらい離れた電子デバイス間で電波によってデータ交換や音声通信ができる近距離無線通信のことで、米国電気電子学会の制定した標準規格 IEEE 802.15.1によって規格が決められています。例えば、パソコンとマウスの接続や、スマホや携帯電話で音声やデータの送受のとき、ワイヤでつなぐ代わりにブルートゥースを使ってワイヤレスでつなぐことができます。1999年に1.0、3.0、続いて4.0（ブルートゥースLEと呼ぶ）が登場してきました。ブルートゥースとは、ノルウェーとデンマークの無血革命をした青い歯を持ったデンマーク王様という意味があり、無線規格の統一を図りたいとの願いからエリクソン社の技術者が命名しています。

ブルートゥースの性能：パソコンとマウスなどとの接続に赤外線光無線データ通信IrDA（Infrared Data Association）DATA1.4が用いられていましたが、①通信距離1mと短い、②通信速度が16《メガ》bps、③指向性がある、④特定の電子デバイスを指定（1対1対応）して使用する、などといった性能しかありませんでした。これに対し性能の優れた近距離無線通信ブルートゥースが注目されています。

ブルートゥースの基本動作：ブルートゥース3.0規格では、周波数帯はUHF2.4《ギガ》Hz帯（2.402GHzから2.489GHz）の電波を1《メガ》Hzごとに79の特定周波数ごとに区切り、これを高速で一定の規則に従ってランダムに切り替えながら送信側電子デバイスと受信側電子デバイスとの間で通信を行っています。出力は10mW以下で、通信距離は1m（1mW）から100m（100mW）くらいで、通信速度は24《メガ》bpsで、指向性が少ない、常に接続状態でブルートゥースを持った電子デバイスに対していつでも受信できる、使用する場合が認証暗証番号を設定するので安全である、などの特長があります。

要点BOX

- ●IEEL802.15.1で規格化されている
- ●ブルートゥースの基本動作
- ●ブルートゥースの特性

ブルートゥースとは

- ブルートゥースとは近距離無線通信技術のことである。
- 標準規格は：IEEE802.15.1である。
- 近距離とは数m～数十m（Wi-Fiと異なる）。
- 応用：マウス、スピーカ、イヤホンなど（ペアリング1:1対応）。

ブルートゥースの規格

項目	特性
周波数	2.4GHz（2.402GHz～2.489GHz）
分割	79の特定周波数に分割
出力	クラス1：100mW　100m
	クラス2：2.5mW　10m
	クラス3：1mW　1m
通信速度	24Mbps

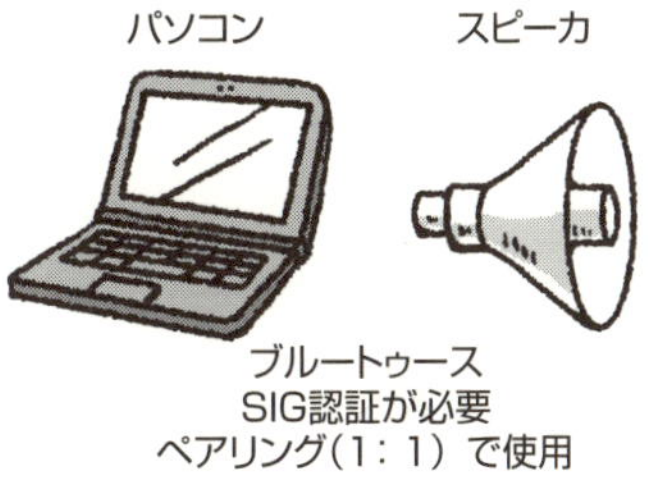

パソコン間のデータ交換やスピーカを鳴らすことができる

ブルートゥースの認証
ブルートゥースではデータが盗聴されないように通信相手と対で通信する。ペアリングが必要で、SIG認証手続きを必要とする。

- 2.4MHz帯ではほとんどの周波数帯が通信や放送に用いられ免許を必要とする。
- だが、2.4MHz帯と5.0GHz帯で出力10mW以下の場合には免許が不要で、この周波数帯はISB（Industry Sceience Medical Band）バンドと呼び、産業や科学や医療分野やブルートゥースで用いられている。

用語解説

ブルートゥースの認証：ブルートゥースはデータが盗聴されないように通信相手と対で通信するペアリングするため、SIG認証手続きが必要である。

44

超低消費電力対応のブルートゥースLE

長時間動作可能な近距離無線通信技術

ブルートゥースLEとは：43項で取り上げたブルートゥース3.0とブルートゥースLEは異なった特性を持つ近距離無線通信技術で、BLE（Bluetooth Low Energy）ともいいます。ブルートゥース3.0は通信距離10mから100mくらいで、通信速度24《メガ》bpsと比較的近距離無線通信用データ伝送に対応する技術に対し、ブルートゥースLEは使用頻度の比較的小さい電子機器向けのワイヤレスによる小容量データ通信に対応した、長時間動作可能な近距離無線通信技術です。

ブルートゥースLEの性能：ブルートゥースLEの大きな特長は、一次電池であるボタン電池1個で数年間の動作が可能な、超低消費電力の近距離無線通信技術のことです。ボタン電池の種類には、酸化銀電池やリチウム電池がありますが、寿命の長いタイプとしてコイン型（直径24・5×高さ5.0㎜）公称電圧3Vのリチウム電池があります。ブルートゥースLEの応用分野として、各種センサやリモコンや携帯機器や医療機器とのワイヤレスによるデータ交換に使用されようとしています。

ブルートゥースLEの基本動作：ブルートゥースLEの動作として、周波数は2.4《ギガ》Hz帯、送信電力は10mWから10μW、通信距離は150m、転送速度は1《メガ》bps、データパケットサイズは8から27オクテッド（8ビット）、動作寿命は3.0Vのコイン型リチウム電池を用いた場合電池を交換することなく約10年近く（動作条件で異なる）動作する能力を持っています。ブルートゥースLEを用いる場合、非動作時には電力は消費せず、動作時のみ電力を消費します。動作の必要があったとき、動作の遅れ時間が短く速やかに動作できる能力が必要です。

ブルートゥースLEの応用：ブルートゥースLEの応用として、超長時間使用できるワイヤレスの通信の必要な応用分野が期待されます。例えば、テレビなどのリモコンに使用するとか、電池交換の困難な場所に設置するセンサなどへの応用が適しています。

要点BOX

- ●ボタン電池1個で超長時間動作が可能
- ●ブルートゥースLEの特長
- ●テレビのリモコンなどへ応用

ブルートゥースLEとは

- ブルートゥース LE(Low Energy)はブルートゥース 4.0 規格を用いている。これは 3.0 の拡張仕様で、極低電力が特長である。
- ブルートゥース LE は周波数 2.4GHz、通信速度 1Mbps である。消費電力は 3.0 の約 1/3、ボタン電池 1 個で10年位の動作が可能である。

ブルートゥースLEの応用

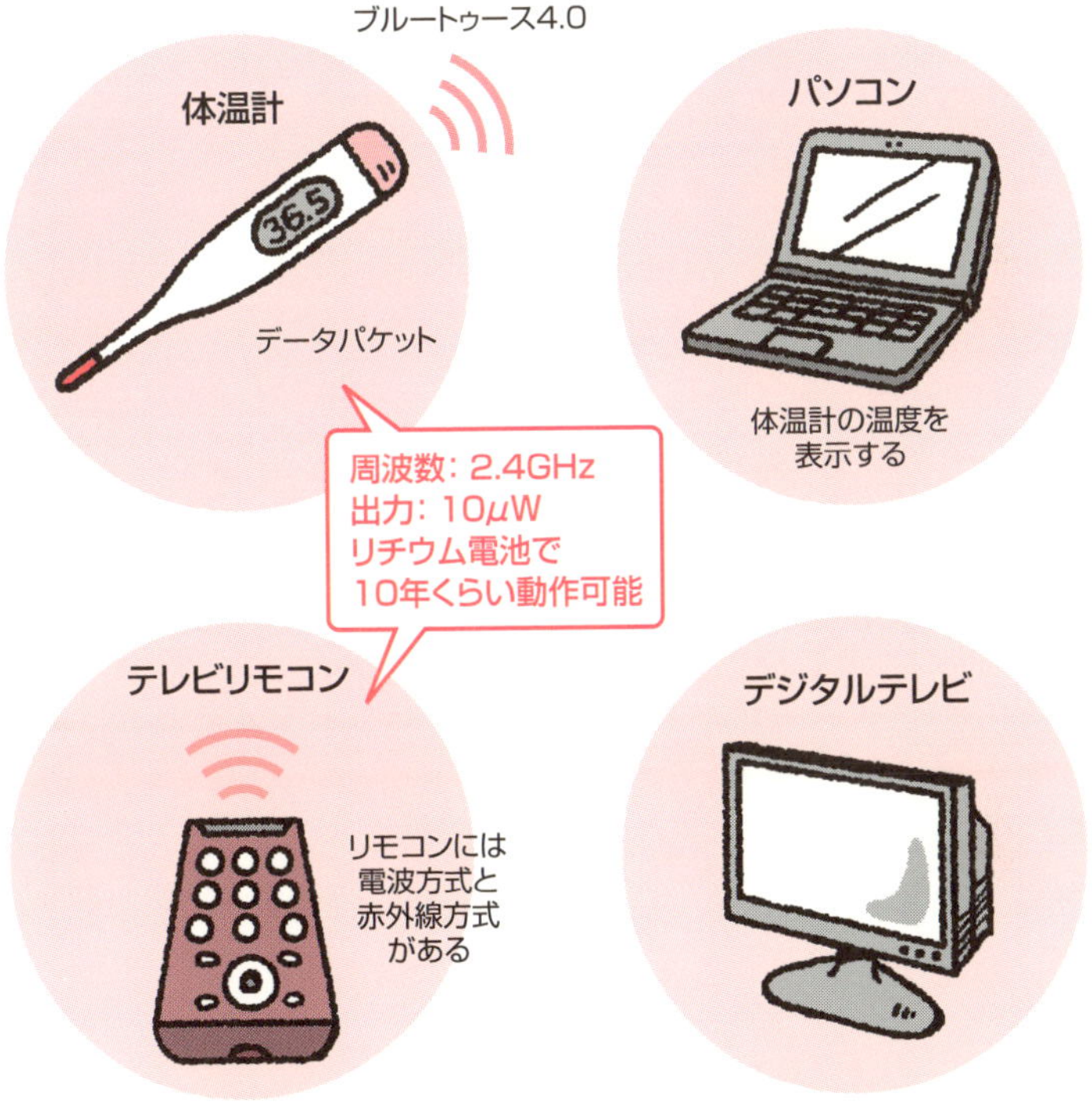

長時間動作が必要なセンサへの応用

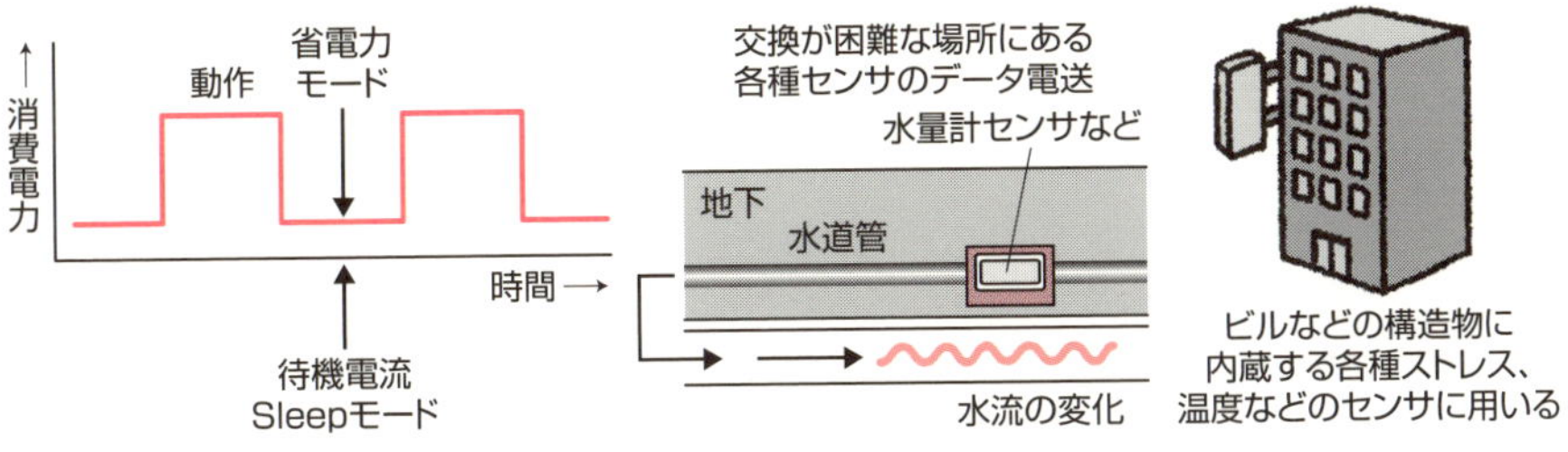

45 RFID（非接触型自動認識技術）とは

電波の伝播特性を応用した非接触型自動認識技術

RFIDとは：商品購入に際し、レジではバーコードラベル（JANやQRによる模様で数値や文字を表す）をバーコードリーダ（レーザ光で照射しCCDで読み取る）で商品名や価格などの情報を読み取っています。このバーコードに対し、これと同等以上の機能を持っているのが電波の伝播（電波方式と電磁誘導方式がある）を利用し近距離無線通信で情報を交換できる非接触型自動認識技術RFIDを用いたICタグ（tag：荷札）です。このRFIDにはパッシブタイプ（電池は内蔵せず、データを読み出して送信のみ対応できる・受動）ICタグと、アクティブタイプ（内蔵電池を利用しデータの読み出し書き込みができる送信受信のできる・能動）と両者のタイプがあり、ここに商品の識別や備品の管理や個人の識別などを文字や数値などID情報を記録することができます。現在RFIDと言えば、パッシブタイプのICタグと非接触ICカードの一つであるFeliCaを指しています（56項で解説）。ICタグへのデータ書き込みはリーダに付いたライタで行います。

RFIDを用いたICタグの性能：このRFIDを埋蔵したパッシブタイプICタグを使用するには、まず商品や部品などに関する種々なID情報が記録されている数センチメートル程度の大きさのICタグを商品や部品などに取り付けます。次にICタグに記録されているデータを数センチメートルから数メートル程度離れた距離にあるリーダで微小な電波を受信して価額や商品名など複数のデータを一度に読み取ることができます。このICタグは、メモリと受信回路と送信回路と電源回路を集積化したICと、小型アンテナから構成されています。

基本動作としてはICタグは、受信した電波を整流して僅かな電力（直流電圧）を作り、この電力でICを駆動してメモリに記憶されたデータを取り出し、このデータを小型アンテナから送信します。

要点BOX

- ●電波伝播を利用して近距離情報交換
- ●RFIDを応用したパッシブタイプICタグ
- ●RFIDを応用した非接触ICカード

RFIDとは

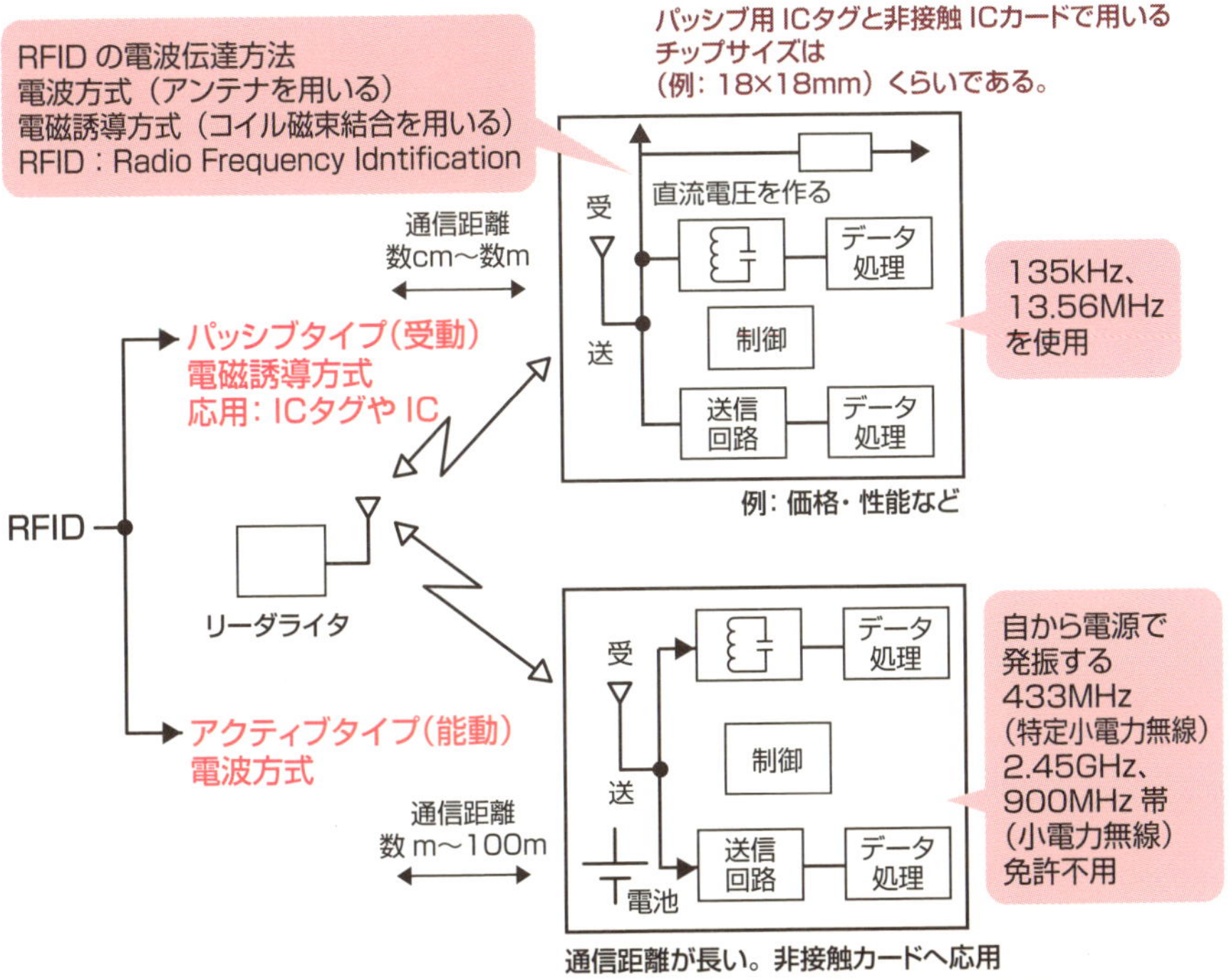

RFIDの応用

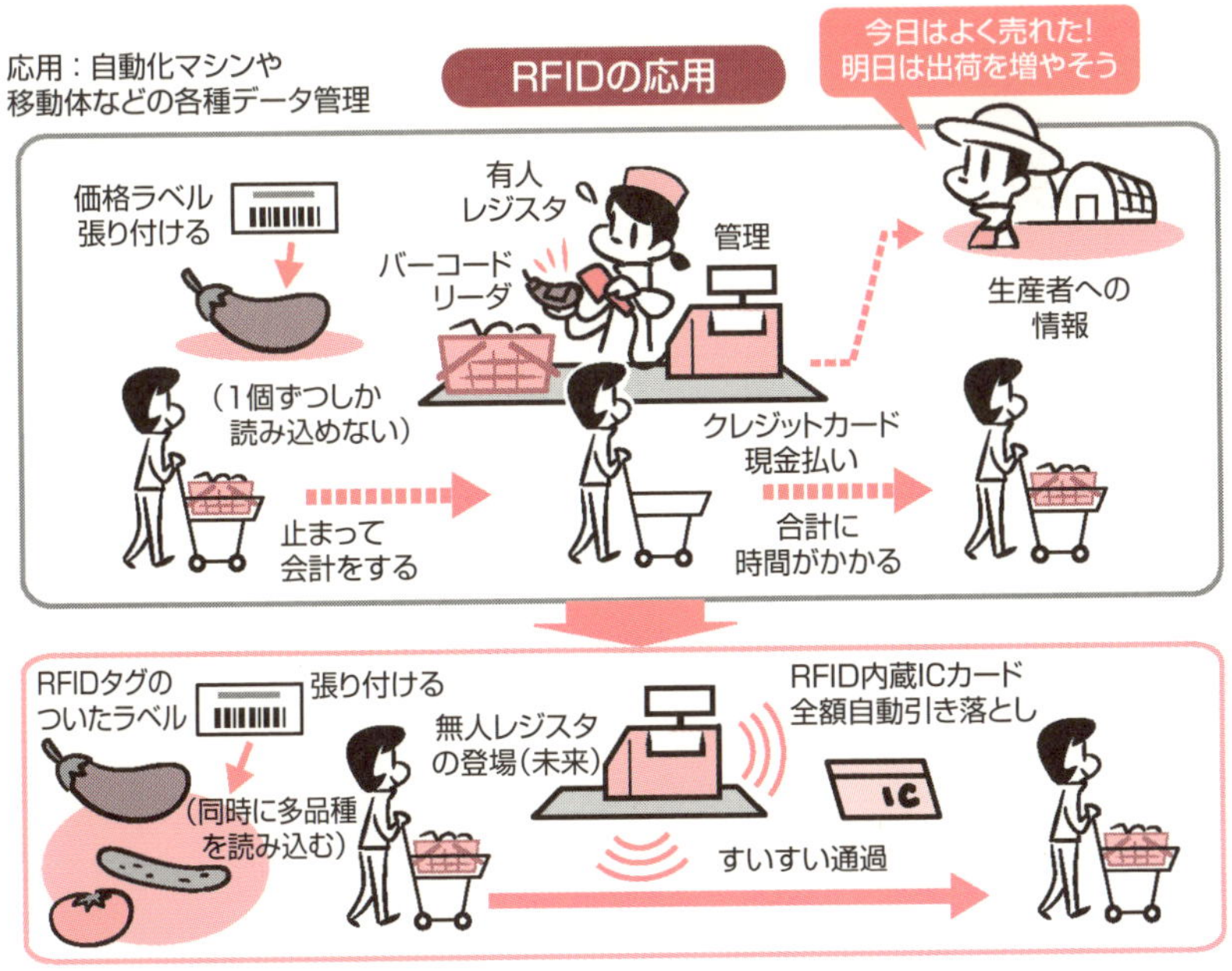

46 非接触型ICカード

リーダとデータの読み書きを電波応用で行う

非接触型ICカードとは：ICカードはリーダ間で情報をお互いに交換できるパッシブタイプ機能が基本的です。ICカードには情報記憶用のメモリや計算のできる演算回路を一体化したICが内蔵されたカードのことで、接触型と非接触型があります。接触型ICカードではリーダとのデータの読み書きは挿入による接点接続方法で、非接触型ICカードではリーダとのデータ読み書きは電波による無接点方法で行います。規格には基本的となる国際規格ISO/IEC14443があります。

非接触型ICカードの性能：非接触型ICカードではタグ（チップ）で用いるRFIDと同じ回路が用いられていて、アンテナとICから構成され、ICカードとリーダと通信距離によって密着型と近接型と近傍型と遠近型の四つに分類されています。特に近接型（数ミリメートル）が世界的に注目を集めている中で、ソニーは近傍型FeliCa規格を独自に開発し、このFeliCaが日本では広く使用されています。基本となるFeliCaはパッシブタイプで、基本動作は非接触型ICカードの内部にある電波送受用のコイルをリーダにあるアンテナの代わりとなるコイルに近づける（かざす）ことによって使用します。

この結果、電磁誘導（誘導電流）が始まり、得られた誘導電流を整流して直流電源を作り、この電源によってリーダからのデータが受信できるようになります。FeliCaの搬送周波数は13・56メガHzで、メモリ容量は576バイトから9616バイトまで5種類あり、通信速度は212キロbpsで、変調はデジタルに適すASK（振幅偏移変調）で、暗証にはAES（アメリカの新暗証規格）で対応しています。一つのカードで乗車券や電子マネーなど複数のサービスが可能です。この他に電池を内蔵したモバイル用としてセキュリティの高いICカードがあります。

FeliCa規格ICカードの応用：FeliCa規格を用い非接触ICカードは鉄道やバスなどで広く普及しています。

要点BOX

- ●電波による無接点方法で読み書きする
- ●通信距離により三つに分類
- ●日本で広く応用のFeliCa

非接触型ICカードとは

非接触 ICカードとは電波を使用してリーダライタとの間で
データの読み書きのできるカードのことである。

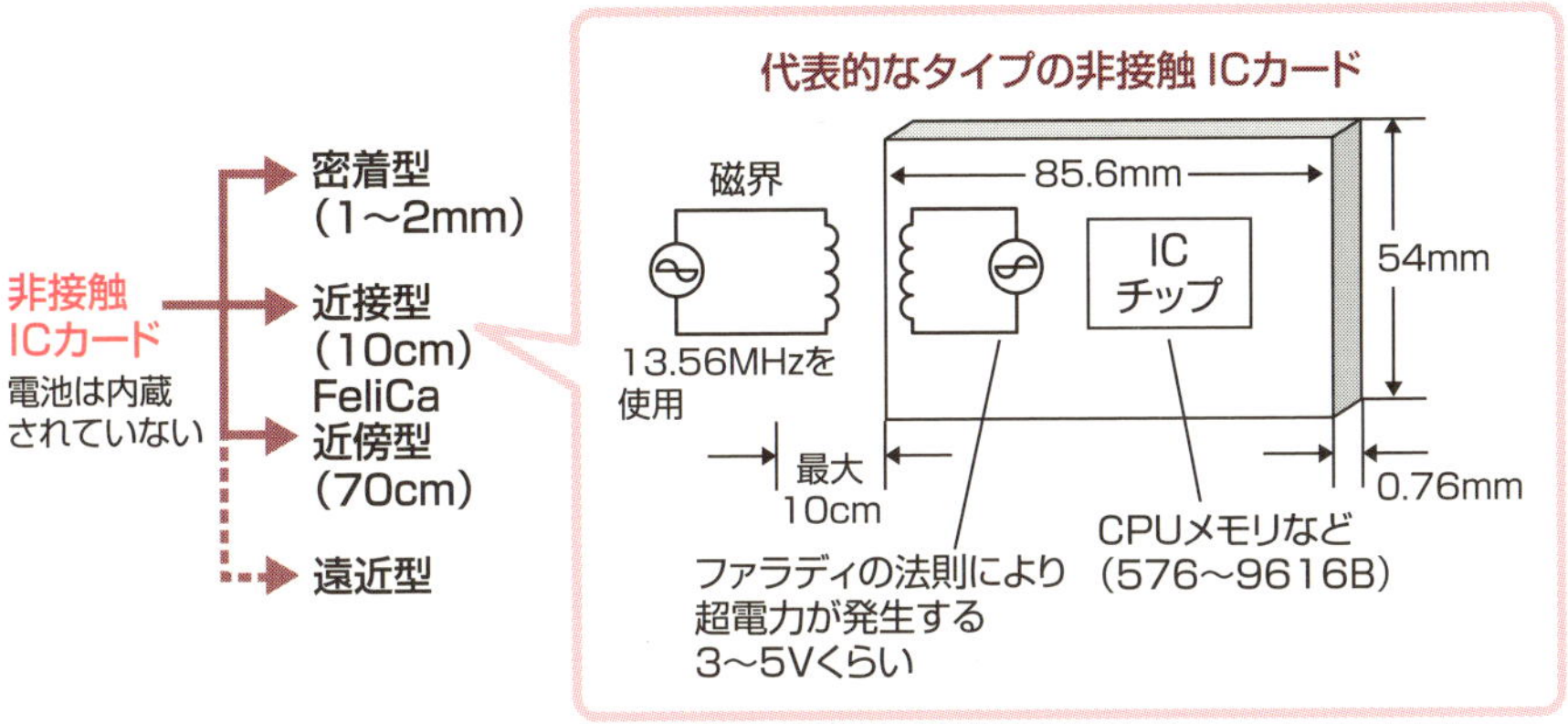

非接触型ICカードの応用例

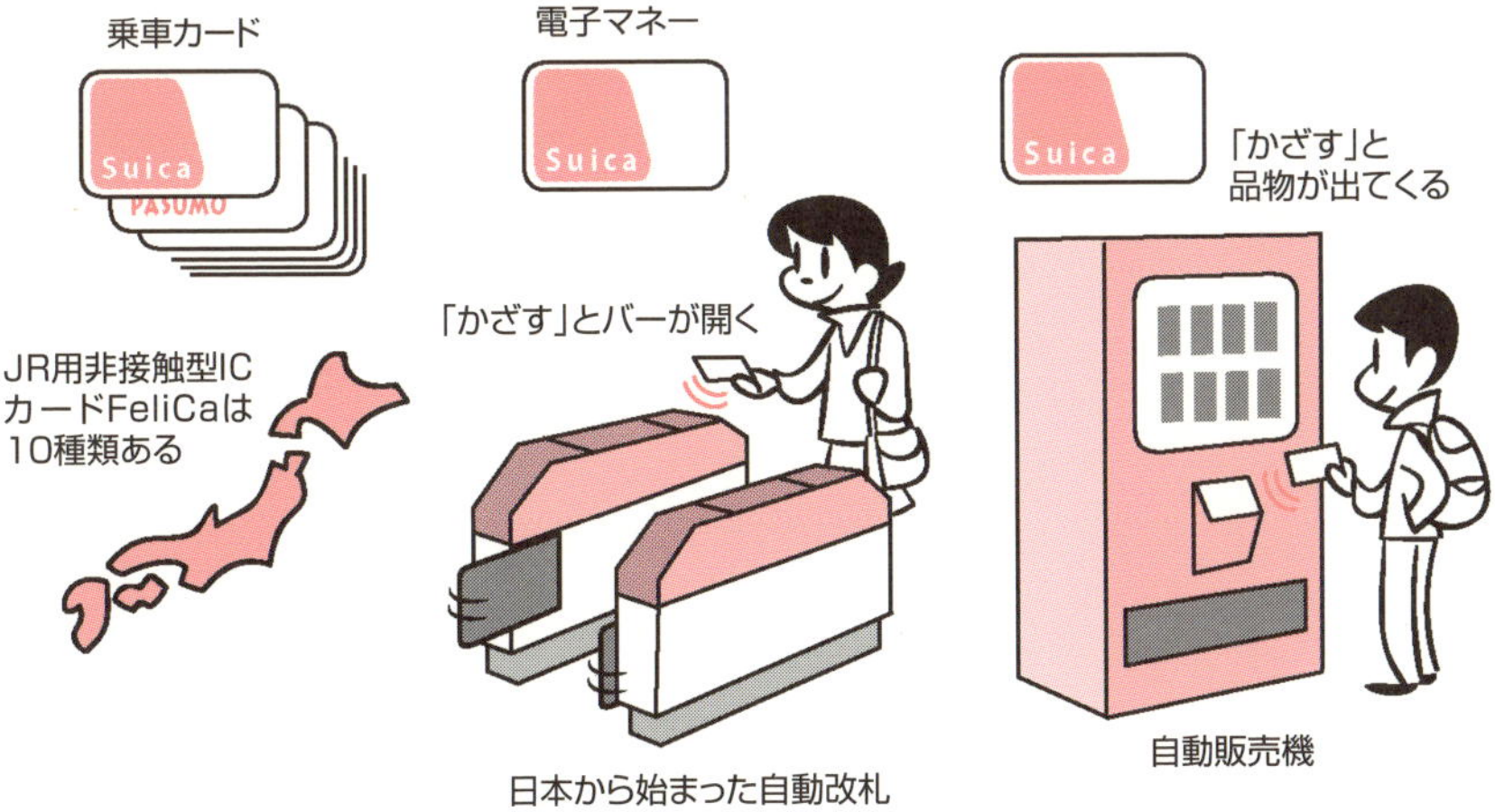

- 非接触ICカードFeliCaはJR東日本のスイカ、首都圏私鉄のパスモ、JR西日本のイコカ、名古屋鉄道のマナカなど10種類で使用されている。この他、このカードは携帯電話の「サイフケイタイ」にも用いられている。
- FeliCaはFelicity(至福)とcard(カード)を組み合わせた造語
- FeliCaはISO/IEC18092として承認された。

47 NFC(近距離無線通信技術)とは

お互いにデータ交換ができるNFC

NFCとは：NFC(Near Field Communication)はFeliCaと同じような機能を持った近距離無線通信技術に、新しい機能を追加した通信技術です。従来のFeliCaではリーダからの要求に対してデータ読み出ししか対応できませんでしたが、NFCの付いた電子機器ではお互いにデータの交換ができるようになっています。このNFCはソニーとNXPセミコン(フリップス)によって共同開発されました。

NFCの特長はICタグや非接触型ICカード(FeliCaを含む)の規格をすべて包括したうえに、NFC規格を持った電子機器とデータ交換ができるということです。ただ、通信距離は10㎝と短いために「かざす」ことで動作をします。この結果、スマホにNFCを搭載すると、Suicaと同様に自動改札に使用したり、町に張り出されたNFC搭載の広告を読み込んだり、NFC搭載パソコンなどとつながります。

NFCの動作：NFC搭載の電子機器は双方向通信ができます。NFCで使用する周波数は13・56メガHzで、データ転送速度は106キロbpsと212キロbpsと424キロbpsと848キロbpsで、通信距離は約10㎝と「かざす」だけで動作します。NFCの通信規格ではRFIDの国際標準規格であるタイプAとタイプBとあり、これにタイプFが包括的に含まれた規格です。

タイプAはフィリップスの開発したMIFARE規格、タイプBは住民基本台帳カードや自動車免許証カードやパスポートに使用されている規格、タイプFはFeliCaの通信規格です。NFCの目的は異なった三つの非接触ICカードをまとめて互換性を持たせ、使用者の利便性と市場の拡大を図ることです。

NFCの応用：ブルートゥースを使用するには、データが盗聴されないようペアリングとなるように複雑な手続きが必要で、これをNFC搭載の電子機器にタッチするだけで小容量のデータで簡単に手続きが完了します。

要点BOX

- ●NFCは双方向性がある
- ●NFCはRFIDと規格的に互換性がある
- ●NFCの応用

NFCとは

① NFCはこれらと互換性を持っている
- RFID関連
  - RFIDを用いたICタグ
  - RFIDを用いた非接触型ICカード(Felica)
- データ通信：ブルートゥース

② NFC通信規格搭載機器同士と相互に通信可能

●NFC規格は2003年NFCIP-1国際標準規格に制定され、2005年に拡張規格としてNFCIP-2が制定された。
●NFCIP-2規格は下記のとおり(すべてのICカード規格に対応)

規格	応用例
タイプA (ISO/IEC14443) MIFARE	欧州で交通系カードとして普及
タイプB (ISO/IEC14443)	住民基本台帳カード、免許証など
タイプF FeliCa	suica、Edy、オサイフケイタイなどで使用
ISO/IEC15693	小売りなどのICタグやICラベル用

NFCの応用

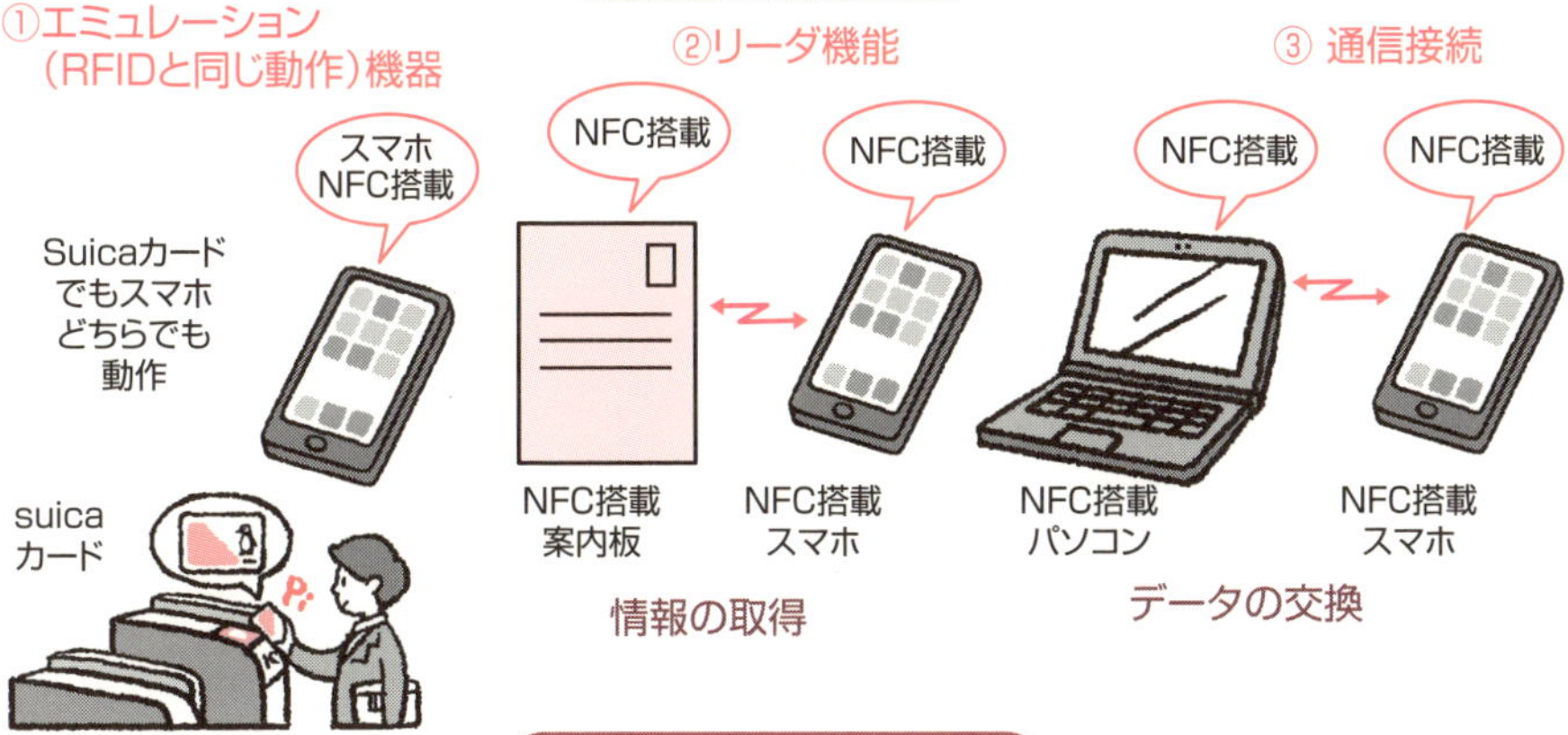

NFCの電気的特性

●周波数は13.56MHz
●データ転送速度は106kbps、212kbps、424kbps、848kbps
●通信距離は約10cm

48

通信衛星とは

赤道上に打ち上げた静止通信衛星で地球をカバー

通信衛星とは：１９５７年10月４日、旧ソ連は人類初めての人工衛星スプートニクを打ち上げ、世界に大きな衝撃が走りました。その後、旧ソ連とアメリカとの間で熾烈な各種人工衛星の開発競争が繰り広げられました。やがて、通信衛星（COMSAT：Communications Satellite）の開発が始まりましたがこの開発は大変に困難を極め、やっと１９６０年８月に最初の通信衛星エコー１号が１５００㎞の低軌道（LEO）に打ち上げられました。だが、低軌道の衛星は地球上どの位置でも短時間しか通信できません。

この通信衛星は直径30㎝の球形で表面にアルミ箔を張り、地上からの電波を反射する中継的な役目を持った受動型の通信衛星でした。１９６０年８月になると、太陽電池電源を用いた能動型の通信衛星を、１９６３年11月には地球と同じ周期で回る本格的な能動型の静止衛星を打ち上げています。

能動型とは、地上からの電波を通信衛星内アンテナで受信し、電波は増幅器で増幅してから再び地上に向け送信する構造となっています。１９６５年４月になると初の静止通信衛星（インテルサット１号）が国際電気通信機構によって打ち上げられ、本格的な静止通信衛星の時代が到来しました。地上から静止通信衛星へ送信する電波（アップリング）は６ギガHz帯、通信衛星から地上へ送信する電波（ダウンリング）は伝播損出の小さい４ギガHz帯を用いていました。10ギガHz以上の周波数は雨の影響を受けやすくなります。

通信衛星の特長：特長として広い範囲のエリアに電波が届く広域性、１回の送信ですべてのエリアに同じデータが届く同報性、テレビなどの周波数に対応できる広帯域性、複数の局が何時に希望の相手局と通信できる多元接続性などがあります。さらに３個から４個の静止通信衛星を赤道上に等間隔で配置すると地上から衛星が同じ位置に止まって見え、ほとんど地球上エリアをカバーできます。

要点BOX

- ●通信衛星のしくみ
- ●静止通信衛星の動作
- ●通信衛星の特長

通信衛星とは

- 1945年イギリスのSF作家 A. クラークは静止衛星を打ち上げ国際通信に利用したいというアイデアを提唱。
- 1965年国際電気通信機構（INTLSAT）によって本格的な通信衛星インテルサット 1 号がアメリカで打ち上げられた。

通信衛星の動作

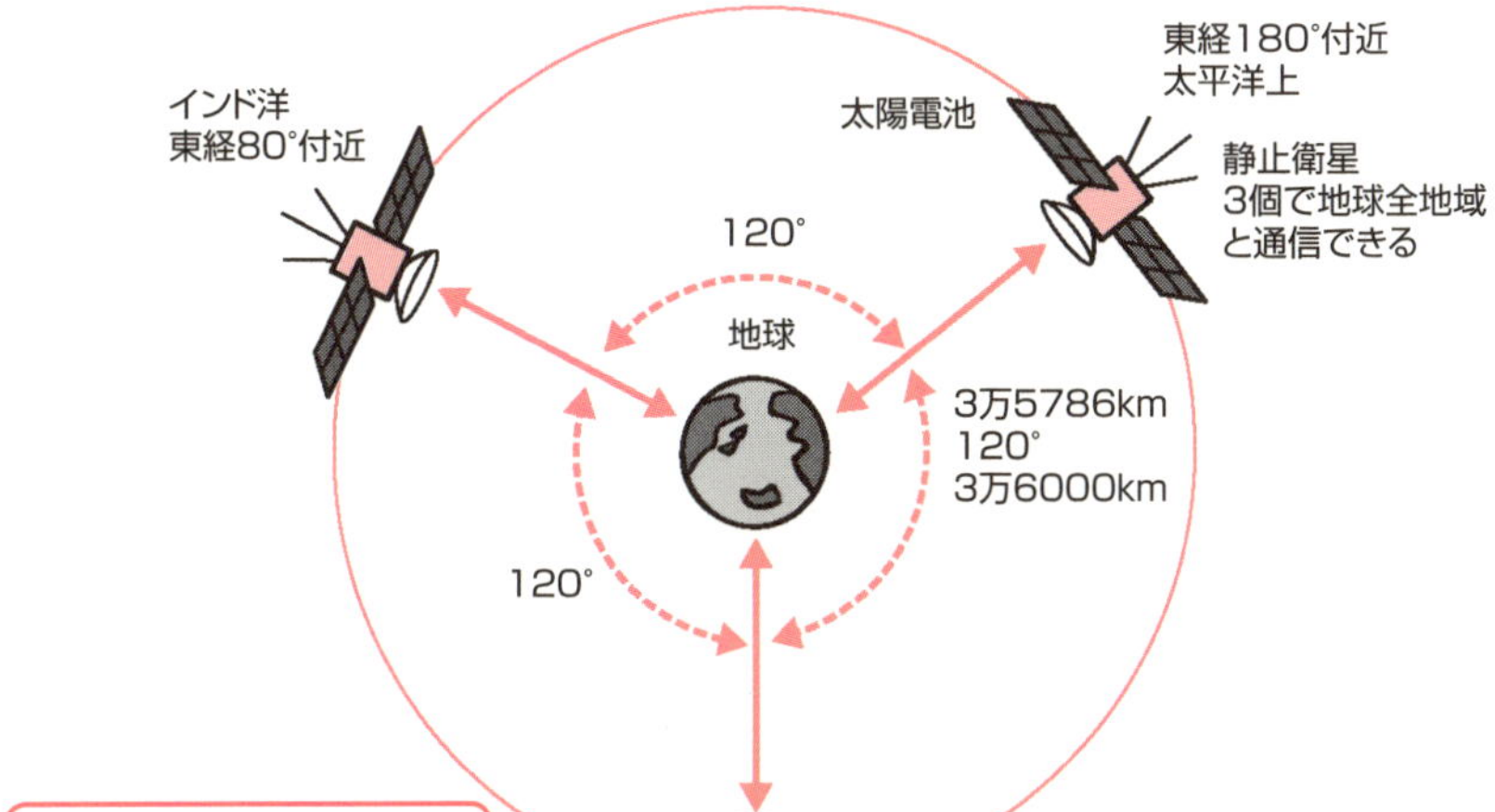

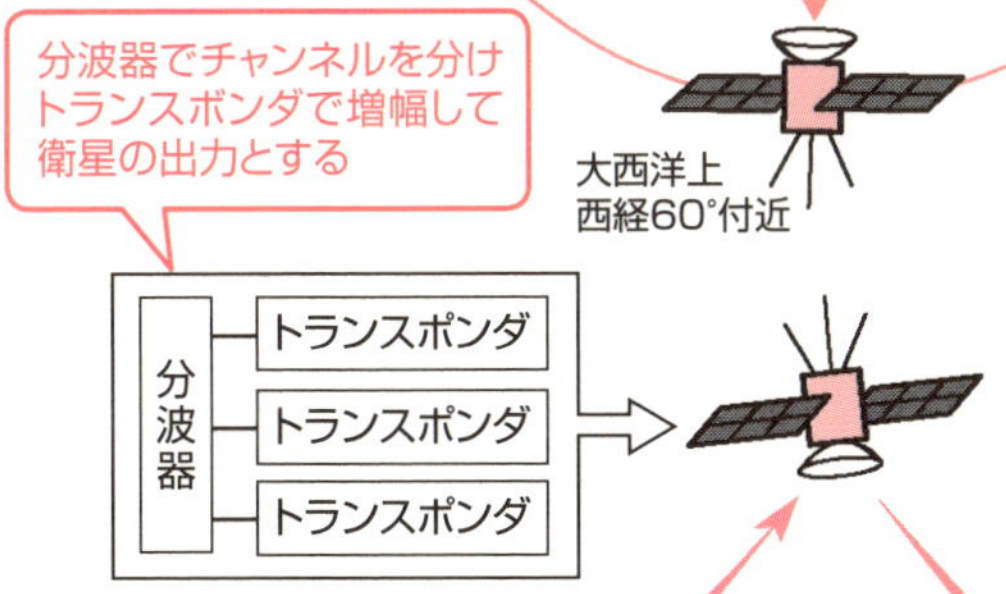

- 欠点として地上から通信衛星伝送までと、通信衛星から地上までの時間が合計で0.5秒かかるので、電話では送話者と受話者の会話に不自然な感じがある。
- 地上では大型のカセグレインアンテナが、通信衛星ではオフセットパラボラアンテナが必要となる。

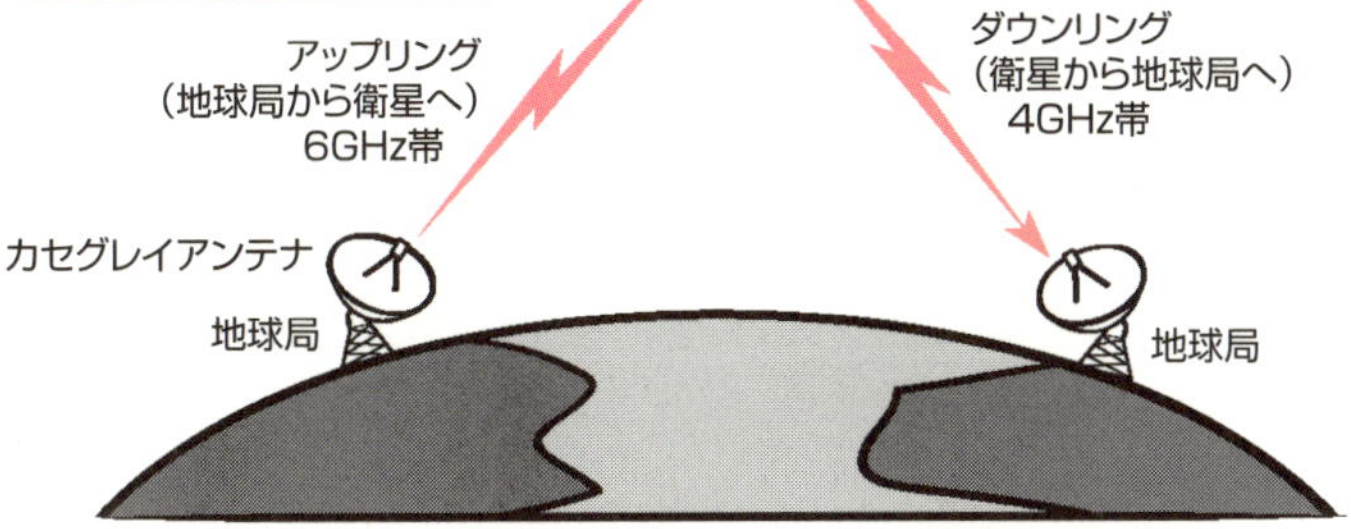

通信衛星の応答時間（約3万6000km	×	2	）×	2	≒	14万4000km	
距離		相手先往路		応答復路		（光速30万km/秒）約0.5秒となる	

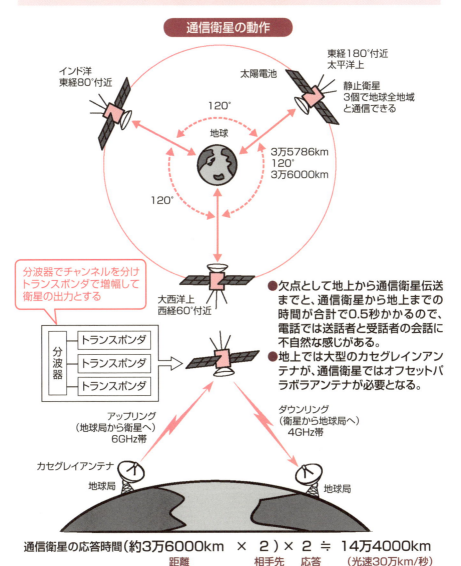

49 静止衛星の展開

放送衛星・通信衛星・気象衛星が活躍

多くの分野で静止衛星が活躍：静止通信衛星の応用分野として、放送衛星（BS）や通信衛星（CS）や、気象衛星などがあります。

衛星放送によるテレビ：衛星放送テレビは、放送衛星（BS：Broadcasting Satellite）と通信衛星（CS：Communications Satellite）からの電波を受信して見ることができます。衛星を利用する目的はテレビ映りの悪い、僻地問題を解消するためでした。1989年最初の放送衛星（BS）であるB-SAT-1aが東経110度、高度赤道上空3万6000㎞の静止軌道位置に打ち上げられ、公共放送NHKから最初のアナログテレビ電波が各家庭のパラボラアンテナに届けられました。アップリングは17ギガHz帯で、ダウンリングは12ギガHz帯です。その後、2000年B-SAT-2aによってデジタルテレビ放送が始まり、2007年にはNHKとWOWOWによるB-SAT-3aが、2011年には旧タイプとの交換にB-SAT-3b、B-SAT-3cが登場しています。

これに対し、当初の通信衛星（CS）の使用目的は通信専用であったため、テレビ放送には使用できませんでしたが、1989年に法律が改正され、東経110度・高度赤道上空3万6000㎞の静止軌道位置にある通信衛星（CS）でも、テレビ放送ができるようになりました。放送衛星（BS）は公共性の高い分野であるのに対し、通信衛星（CS）は個人向けの高い分野を目指しています。通信衛星（CS）によるCSテレビ放送は多チャンネル放送と呼ばれ、東経110度のBSAT-3c/JCSAT-110R（複合衛星）の他に、東経128度の通信衛星（CS）JCSAT-3Aによるスカパー！・プレミアムが加わりHDテレビ121CH、SDテレビ39CH、ラジオ100CH が放送されています。このようにチャンネルが増えた理由として、一つのチャンネルで5から6チャンネルテレビを送れるデジタル圧縮技術が採用されたという背景があります。

要点BOX

- ●静止衛星の高度は約3万6000km
- ●2000年からデジタルテレビ放送
- ●1977年気象衛星打ち上げ

BSとCSテレビ放送

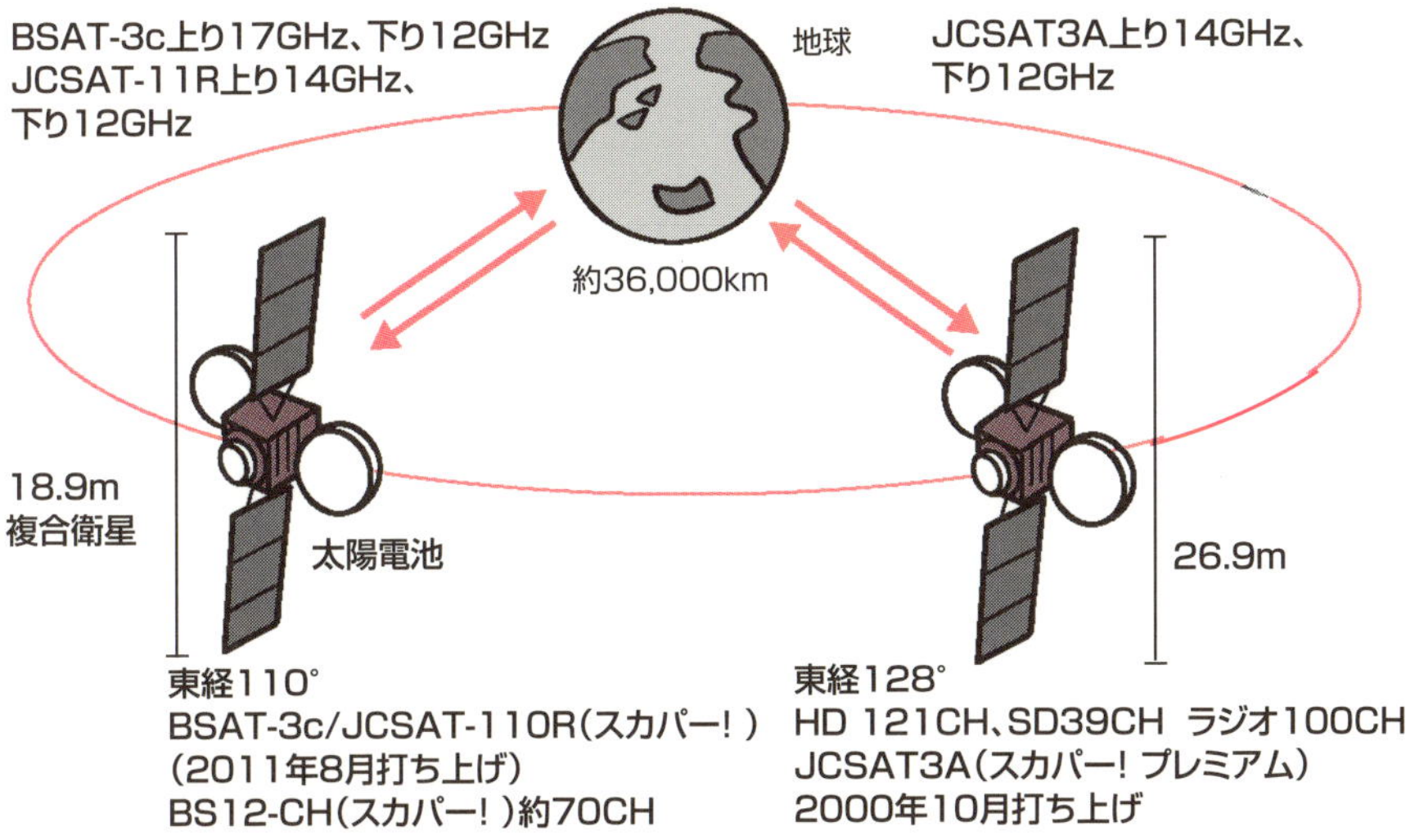

BSAT-3a,BSAT-3b,BSAT-3cの
3機を運用中(2015年)、JCSAT-110のバックアップ
B-SATは株式会社放送衛星システムが運営
次世代4K、8Kテレビにも対応予定

16機運用中
CSはSky Perfect SAST
Corporationが運営

静止気象衛星

東経140.7°(ひまわり8号2015年7月打ち上げ)

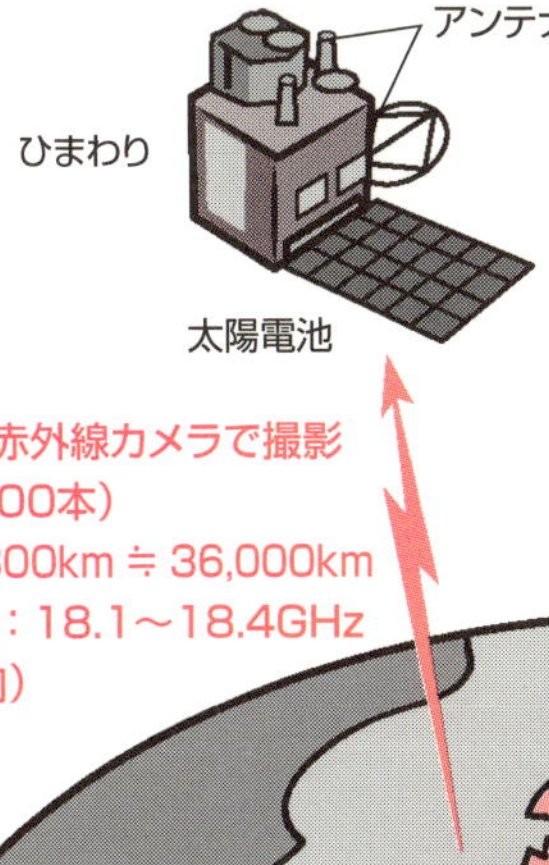

- 日本における最初の気象衛星ひまわりは1977年アメリカ・フロリダ宇宙センターから高度36,000Kmの静止軌道に打ち上げられた。
- 2015年8月、気象衛星8号が日本から打ち上げられた。ここには高感度のセンサが内蔵されて、雲の形や海/陸の表面温度や水蒸気の分布などを測定し、30分ごとに地上に情報を送っている。

可視光線と赤外線カメラで撮影
(走査線2500本)
高度:35,800km ≒ 36,000km
電送周波数:18.1～18.4GHz
(ダウン方向)

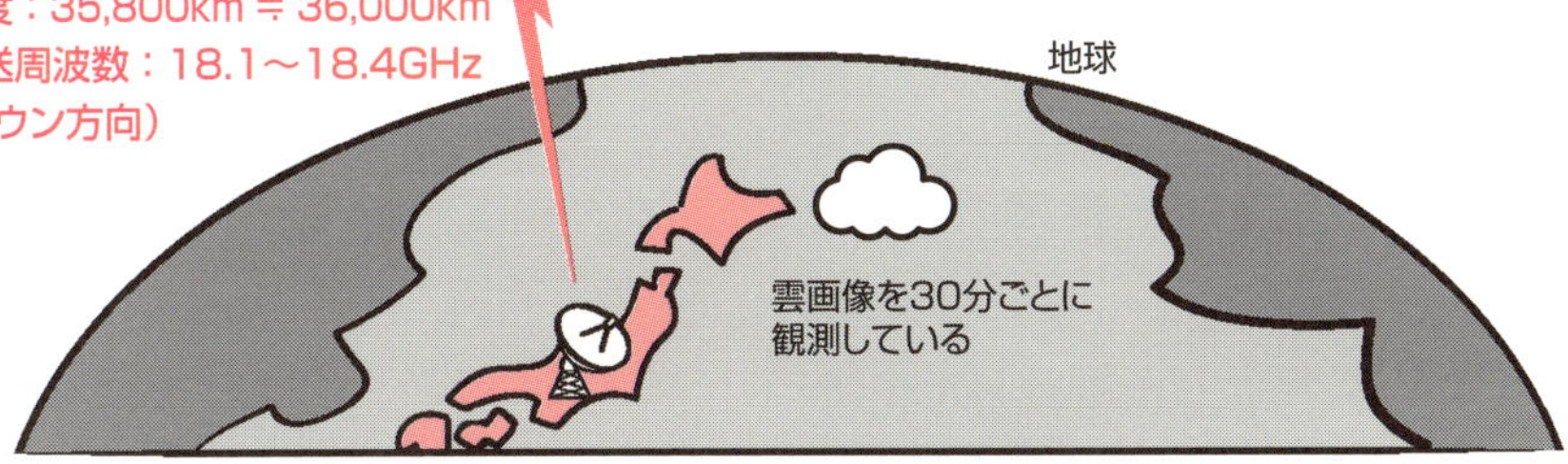

「ひまわり」は多目的衛星MISAT(Multi-Functional Transport Satellite)である。

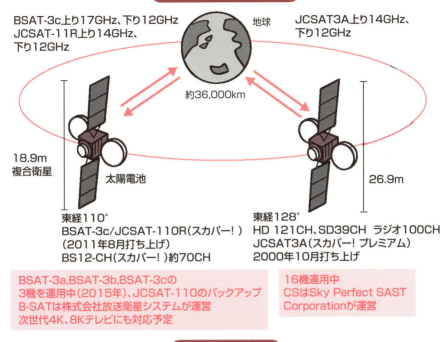

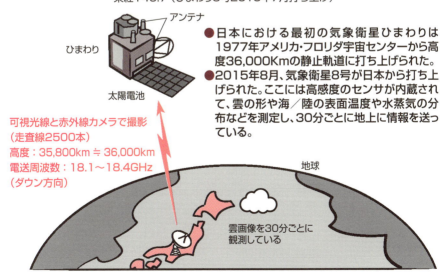

50 全地域測位システム GPSとは

GPSはカーナビなどの位置情報検索で活躍

GPSとは：目的地まで自動車の道のりを正確に誘導するカーナビ（Automotive Navigation System：自動車に搭載）や自分のいる位置を知ることのできるスマホ位置情報検索などで用いられるのがGPSです。このGPS（Global Positioning System）は全地球測位システムといい、アメリカで軍隊の兵隊や車両などの位置を把握するために開発され、1987年に打ち上げられています。

GPSのしくみ：GPS衛星（NAVSTAR衛星）24個から30個を低軌道の高度約2万kmで6個の軌道面にそれぞれに4個以上になるように打ち上げ、地球1周を公転周期が約半分の約12時間（順同期衛星という）で回っています。低軌道では電波の指向性があまり厳しくなく、小型のアンテナで十分に交信できるという利便性がありますが、1個のGPS衛星で見渡せる地上範囲は狭くなるため多数のGPS衛星によって全地球領域をカバーしています。このとき多数のGPS衛星間を通信しながら協調して動作することが必要です。つまりGPS衛星がそれぞれ単独で動作するのではなく、お互いに協調して動作することによって目的が達成できるのです。この動作ではGPS衛星の配置が重要となり、動作に都合の良いようにGPS衛星は配置していきます。この配置はコンステレーション（星座配置）といい、低軌道でも電波の届く範囲は地球上のほぼすべての領域をカバーします。

GPSのシステム概要：GPS衛星には極めて時間精度の高いセシウム原子時計（セ時間精度は数千年に1秒程度の10^{-11}）が搭載されていて、個々のGPS衛星ごとに時刻や軌道などの情報が発信されています。使用する電波は1.2／1.5ギガHz帯です。今一つGPS衛星から発した電波受信時刻をt_1秒とし、地上の受信回路で受信したときの電波受信時刻t_2秒としたとき、〔(t_2-t_1)秒×電波伝搬速度（30万km／秒）〕からGPS衛星と地上との距離（位置と高さ）がわかります。

要点BOX
- ●GPSのしくみ
- ●2万kmの低軌道を利用
- ●原子時計の驚異的な精度

GPSとは

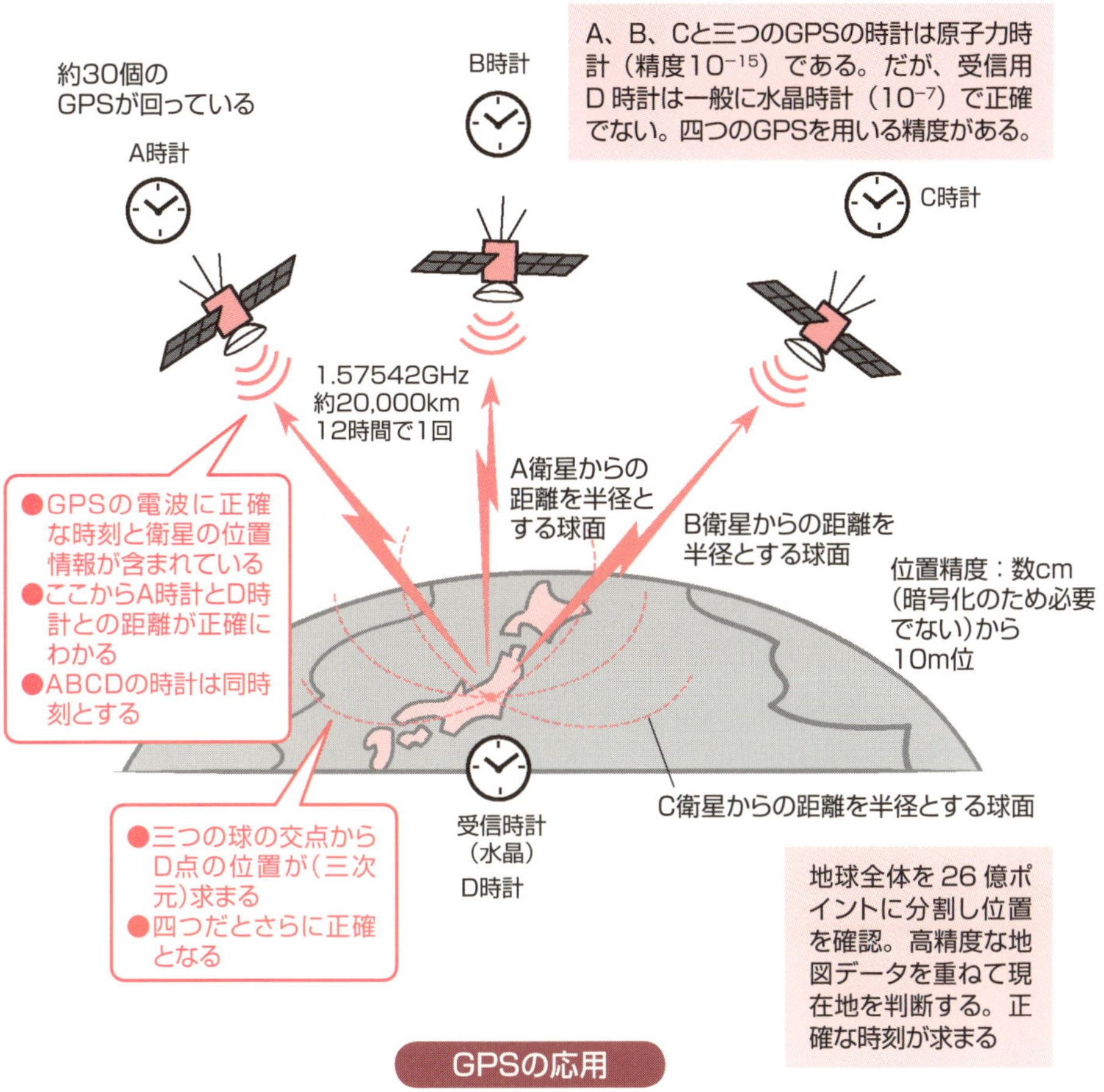

GPSの応用

- 自動車は今や移動するコンピュータの塊。
- コネクテッドカー IC で端末機能を有する自動車。緊急通報システム。
- ビックデータの分析活用。

Column

電波の応用が始まる

1864年マックスウェルは電波（電磁波）の存在することを予測し、24年後の1888年に電波の存在をヘルツが実験で確認しています。この実験とは、インダクションコイルの一次側にブンゼン電池を挿入し、二次側につないだ二つの電極1cm間に発生する火花放電（20℃1気圧のもとで二つの電極間に20KV/cm以上の電圧を印可）を用いて行われました。

当時、インダクションコイルの実験は雷の性質を突き止めるために行われていたのです。このときヘルツはこのインダクションコイルから2m近く離れた所に僅かなギャップのある小さな金属でできたリングを置いてみたところ、高圧電源も無いのに小さなギャップに火花が飛ぶのを発見しました。これは火花放電が電磁波として空間を飛んできたに違いないと、彼は考えたのです。

金属リングが同調回路であり、ギャップが検波に相当していたのです。大発見でしたが、多くの物理学者は有線の代わりに無線に置き換えようという発想をしませんでした。だが、このような状況下10年後の1898年イタリアのマルコニーは火花放電を90m飛ばすことに成功し、さらに火花放電式無線機の開発を進めていました。1899年になると、コヒーラ検波器を用いた火花放電式無線機で100km離れたイギリスとフランス間の海峡横断通信に成功しています。

これは簡単なデシベルの概算表です。

倍数（入力/出力 比）	デシベル〔dB〕	
	電力比 *P*	電圧*V*または電流 *A*
2倍	3dB	6dB
5	7	14
10	10	20
50	17	34
100	20	40
500	27	54
1000	30	60
1/2	－3	－6
1/5	－7	－14
1/10	－10	－20
1/50	－17	－34
1/100	－20	－40

第6章

電波を応用した電子機器

51 電波を応用した電子機器

電波応用の電子機器はアナログからデジタルへ

高性能化と多機能化に向けて：電波を応用したテレビや携帯電話などの電子機器は高性能化と多機能化に向けて開発が進められていますが、これを実現するため電子機器を動作させる信号処理はアナログからデジタルへ移行してきました。

アナログとデジタルとの比較：従来の電子機器は、信号となる音声や映像をアナログで取り扱ってきました。アナログには相似という意味があり、時間に対し連続に続く物理量である音や映像は、センサをとおして連続的に相似な関係を保ちながら、電気信号である音声信号や映像信号に変換していきます。これに対しデジタルは不連続という意味があり、飛び飛びのパルスにする必要があります。そこで音や映像は、いったん連続なアナログの電気信号に変換し、これを不連続なパルス列のデジタルに変換します。これが、A／D変換で、この逆がD／A変換です。

アナログとデジタルの長所と短所：アナログは、時間の経過に対して信号の大きさを振幅で表します。このため、瞬時に動作の状態を送ることができるので、すぐに信号状態が把握できます。しかし、増幅器などの関係で振幅値が変動しやすくなっています。このため、*S*／*N*が高くできません。これに対し、デジタルは時間の経過に対し信号の大きさを振幅値一定のパルス列で表すので、仮に振幅値が変動しても信号に変化はありません。また、パルス列に誤り符号を追加できますので、雑音などでパルス数に変化が起きても修正して正しい信号を送ることができる点が長所です。さらにデジタルは、基本的にゲート回路による論理回路で成り立っているためにLSI化に適しています。このため低コスト化と、無調整化と、小型化が可能です。しかし、デジタルの欠点は、パルス数が非常に多いためにデータの圧縮と伸長が必要となるため、データ伝送に時間がかかることと、パルスを見るだけで全体を把握することが困難な点です。

要点BOX

- ●信号処理はデジタルへ移行
- ●A／D変換とD／A変換
- ●アナログとデジタルの長所・短所

アナログからデジタルへ

電波を応用した電子機器の情報処理はアナログからデジタルへ移行
電子機器を動作させる部品は電子デバイスと呼ばれている

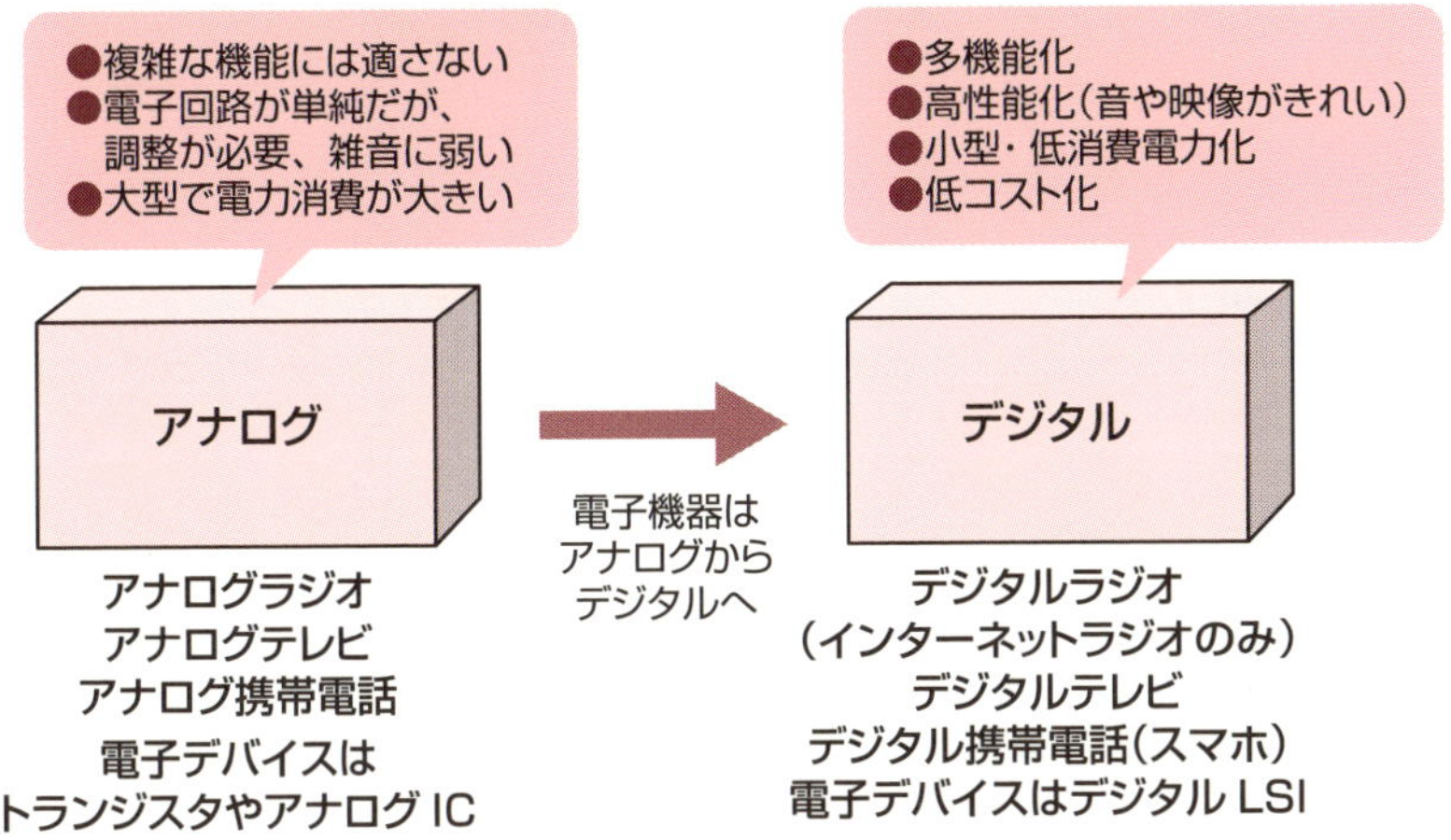

アナログ⟷デジタル

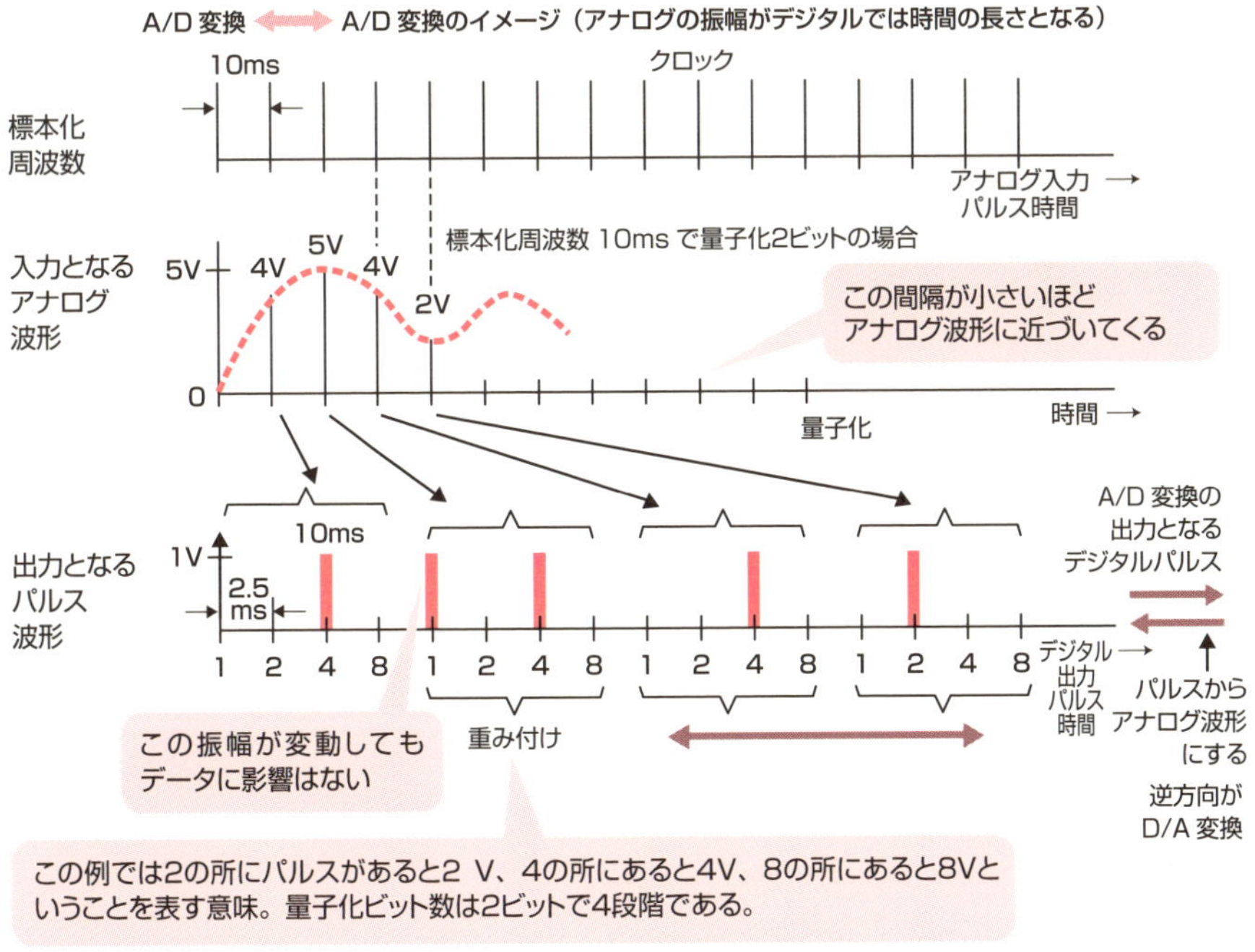

52 アナログラジオとデジタルラジオ

ラジオ放送は中波帯と短波帯と超短波帯を利用

ラジオの種類：ラジオの目標は高範囲に正確な情報を伝えることです。現在この目標に向けたラジオにはアナログ方式とデジタル方式があり、電波もしくはインターネットで放送されています。アナログ方式によるラジオ放送では、中波帯（300キロHzから3メガHz）の中で525.5KHz～1605.5KHzを利用したAM振幅変調ラジオと、短波帯（2メガHzから30メガHz）の中で14バンドを利用したAM振幅変調短波ラジオ、超短波帯（30メガHzから300ギガHz）の中で67.5MHz～108.8MHzを利用したFM周波数変調ラジオがあります。

デジタル方式によるデジタルラジオ放送は、低ノイズで高音質ということで2003年から実験放送が始まりましたが、受信のときデジタル伸長で時間遅れが生じるため2011年に終了しています。だが放送大学ではBSラジオ（12ギガHz帯BSテレビの231チャンネルを利用）があります。この他にインターネットで流れているデジタルラジオ放送があります。ステレオ（立体音）は、FMラジオが中心で、AMラジオではほとんど放送されていません。

短波ラジオ放送ではフェージング対策が必要で、季節や地域や時刻などによって変動（昼は高い周波数が、夜は低い周波数が反射されやすい）するので複数のチャンネルで同時に放送しています。

変調とは：ラジオでは変調と復調が必要です。変調は使用する電波（高い周波数）に音声や映像の情報（電波と比較して低い周波数）を乗せるために必要となります。アナログにはAM振幅変調（Amplitude Modulation）とFM周波数変調（Frequency Modulation）が、デジタルにはデジタル変調（FSKやPSKやOFDM：多重方式）やパルス変調（PWMやPDMやPCM）やスペクトラム拡散変調があります。受信では復調（検波）で電波に含まれている音声を取り出します。

電離層とフェージング：電離層で電波が一部反射する点を考慮して放送周波数は決めます。

要点BOX

- ●地上波ラジオは中波・短波・超短波帯で
- ●ラジオでは変調と復調が必要
- ●放送周波数は電離層での反射を考え決める

ラジオとは

- **アナログ方式ラジオ**
  - **中波帯**
    - AM振幅変調ラジオ
    - 日本(531kHz～1602kHz　9kHz単位）ITUによる
  - **短波帯（14バンド）**
    - 120mバンド　2,300～2,495MHz
    - (フージングに対応して周波数を変更する)
    - 49mバンド　5,900～6,200MHz　国内放送 AM振幅変調
    - 31mバンド　9,400～9,900MHz　国際放送 AM振幅変調
    - 25mバンド　11,600～12,100MHz　国際放送 AM振幅変調
    - 11mバンド　25,670～26,100MHz
  - **超短波帯**
    - FM周波数変調ラジオ
    - 日本(76.0MHz～93.0MHz)

通常の FM周波数変調ラジオ
NHK-FM多重放送は VISS(道路交通情報)
のみサービスしている。

(FM 中継補完局)
難聴対策
災害対策（AM ラジオ放送の補完）
雑音に強い

- **デジタル方式ラジオ**
  - **マイクロ波帯**
    - BS衛星放送を利用して 2003年からスタートしたが
    - 2011年に放送終了
    - (放送大学ラジオ231CHは放送中)
  - **インターネット**
    - スマホ(ラジル・ラジル）で聞くことができる

インタネット・デジタルラジオのしくみ

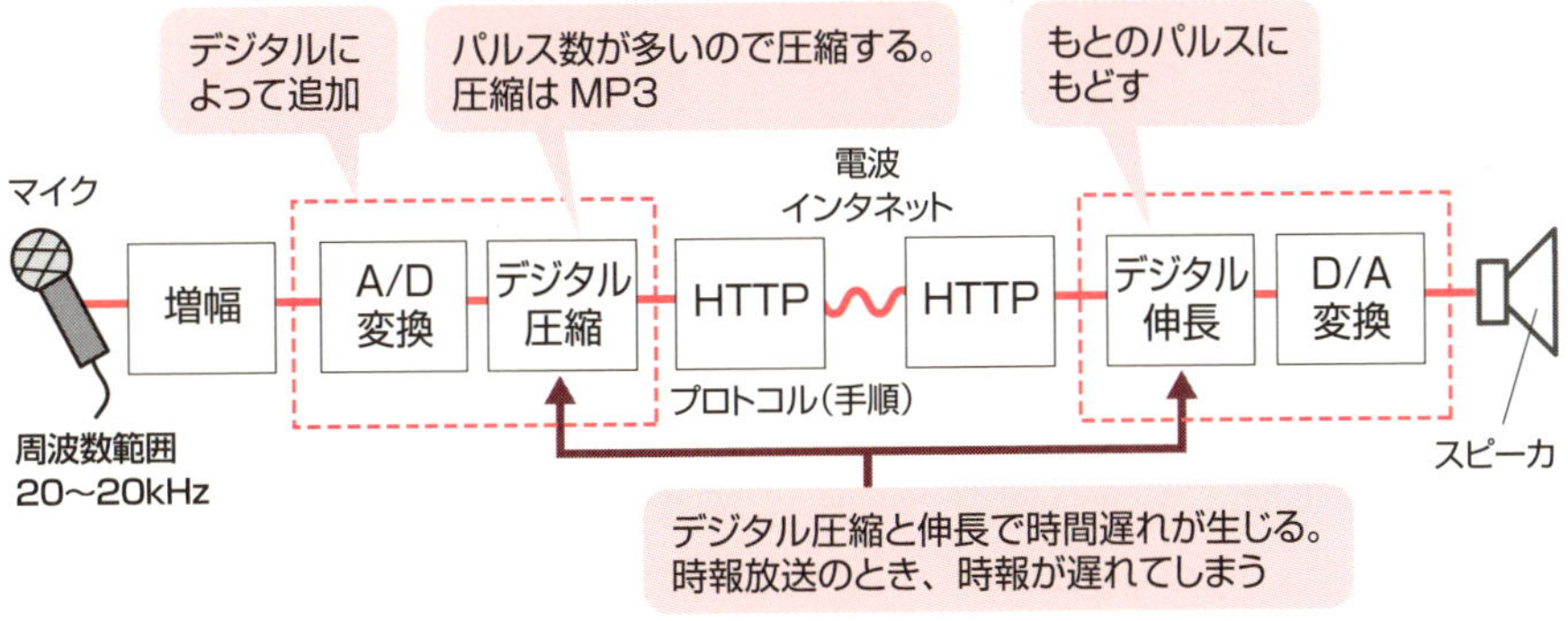

デジタル化
標本化周波数：44.1kHz　ビット数：16ビット
ビット数：44.1kHz×16ビット ×2CH(2ステレオ)≒1.536kbps
MP3：128kbpsに圧縮

53 地上デジタルテレビ

地上デジタルテレビの基本性能

テレビの種類：テレビでは高画質と大型化と立体化が大きな目標です。アナログ方式による白黒テレビは1941年からアメリカで、日本でも1953年から始まっています。その後カラー化などの技術を開発しながら2000年からデジタル方式によるハイビジョンテレビが世界的に開発され、日本では2003年12月から地上デジタルテレビが始まり、さらに衛星テレビやインターネットへと展開しています。

地上デジタルテレビの基本性能は、周波数帯域はアナログテレビと同じ6メガHzを使用、走査線は1125本（有効走査線1080本）、総画素数（1920画素×1080本≒207万画素）（1画素は赤青緑のサブドット）、アスペクトレシオ（縦横比率）は16：9、変調には16QAMと64QAMによるOFDM、新しい機能としては一つのチャンネル放送で3種類のNTSCチャンネル放送ができる、ワンセグやデータ放送に対応できる、飛越し走査と順次走査などの機能があります。

この方式は画素数の数から2K（1920画素）テレビと呼んでいます。このハイビジョンテレビは地上波とBS衛星とCS衛星などを通して放送しています。一例として地上波デジタルNHK東京総合はUHF帯の27チャンネル（554メガHzから560メガHz）を使用しています。中心周波数はデジタルテレビへの移行に際しアナログテレビとの混信を避けるため、1/7MHz（142.875KHz）高い方に移動しています。BS衛星NHKBS-1はBS15-チャンネル（11.98250GHz～12.00950GHz）を使用しています。

ハイビジョンテレビは高精細映像を取り出す撮像技術と、高精細映像を映し出すディスプレイと、膨大なデジタル映像データを処理するデジタル圧縮などの各種のデジタル回路などの開発が必要です。

一段と発展する映像技術：デジタルテレビは次世代に向け、4K（885万画素）テレビにつづいて8K（3300万画素）テレビの開発が注目されています。

要点BOX

- ●テレビの最初の走査は機械式
- ●テレビはアナログからデジタルへ
- ●現在は2K、次世代は4Kや8Kに

アナログテレビとデジタルテレビ

美しい映像を目標にデジタル化が進められた

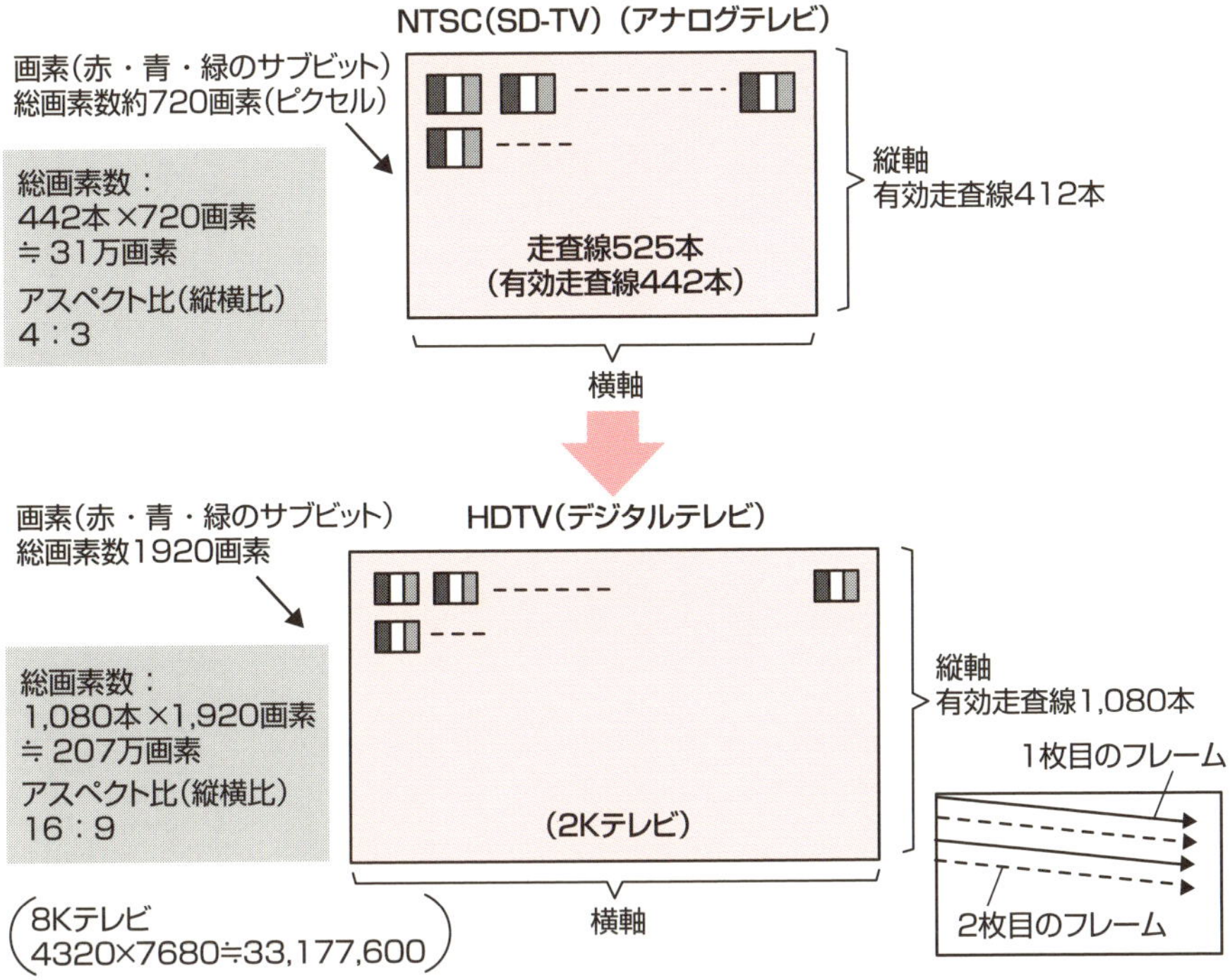

画素枚数は30枚 /1秒(29.97 フレーム)であるが、ちらつき防止のために60枚 /1秒とする方法がインターレス(飛越し走査)である。一つのフィールドは二つのフレームで成り立ち、一つ目のフレームの次に平均値による二つ目のフレームを挿入

デジタルテレビの放送形態

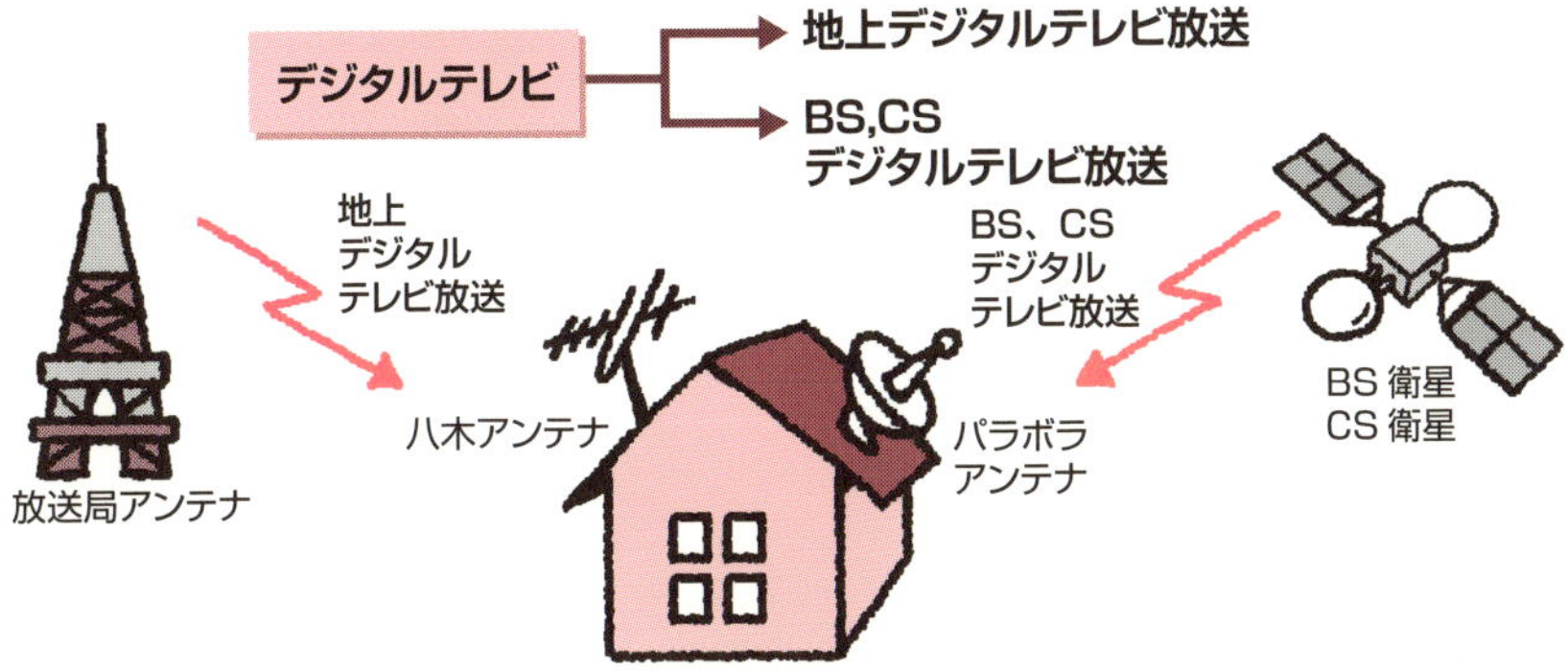

次世代に向けてスーパーハイビジョン4K(885万画素)、8K(3300万画素)テレビの開発
3D(裸眼)やバーチャルリアリティー(仮想現実)への応用

54 地上デジタルテレビを支える基本動作

A／D・D／A変換と圧縮と変調が重要

デジタルテレビの基本動作：送信側では、映像、音声の他にデータ放送と電子番組データを多重化して放送しています。映像と音声はA／D変換でパルスデータに変換します。映像の標本化周波数は輝度74.25MHzで色素は37.125MHzで量子化ビット数8ビット、この両方から映像データは約1.188Gbpsとなります。音声の標本化周波数は44.1KHz、量子化ビット数は16ビット、ステレオ2チャンネルで1.411Mbps（5・1チャンネルにも対応）となります。映像と音声のデータ量を加えると、約1.2Gbpsとなり、周波数に換算すると1.2Gビット÷2≒600MHzの周波数帯域が必要となります。これをNTSC規格の6メガHzにするためにデジタル圧縮回路が用いられます。映像ではMPEG-2で1/100～1/300に、音声はMPEG-2ACCで1／5程度の圧縮をし約24Mbps、地上デジタルテレビでは16.85Mbpsにして用いています。これらのデータを送信するために変調が必要で、この変調に16QAMと64QAMによるOFDMとを用い、周波数帯域6メガHzに収めUHF帯（衛星放送ではまたはマイクロ波）に載せて、アンテナから放送します。OFDMでは周波数帯域6メガHzを14セグメント（帯域幅429キロHz単位）に分け、一つをワンセグメントテレビとして使用できます。

受信側ではダブルスーパーヘテロダインが用いられています。地上デジタルテレビとBSデジタルテレビは専用のアンテナからのすべての電波を初段のUHF高周波増幅回路に入力し、ここで希望するチャンネルの選局と増幅が行われます。NHK東京総合テレビは27チャンネル（中心周波数557MHz：554MHz～560MHz）を選局した場合の局部発振周波数は557MHz+57MHz、1段目の中間周波フィルタで57MHz±3MHz（53MHz～60MHz）、この57MHz±3MHzから2段目の中間周波フィルタで4MHz±3MHz（1MHz～7MHz）を取り出し増幅します。

要点BOX

- ●デジタルテレビを支えるA/D・D/A変換
- ●デジタルテレビを支えるデジタル圧縮技術
- ●デジタルテレビを支えるOFDM変調・復調

地上デジタルテレビ放送のしくみ

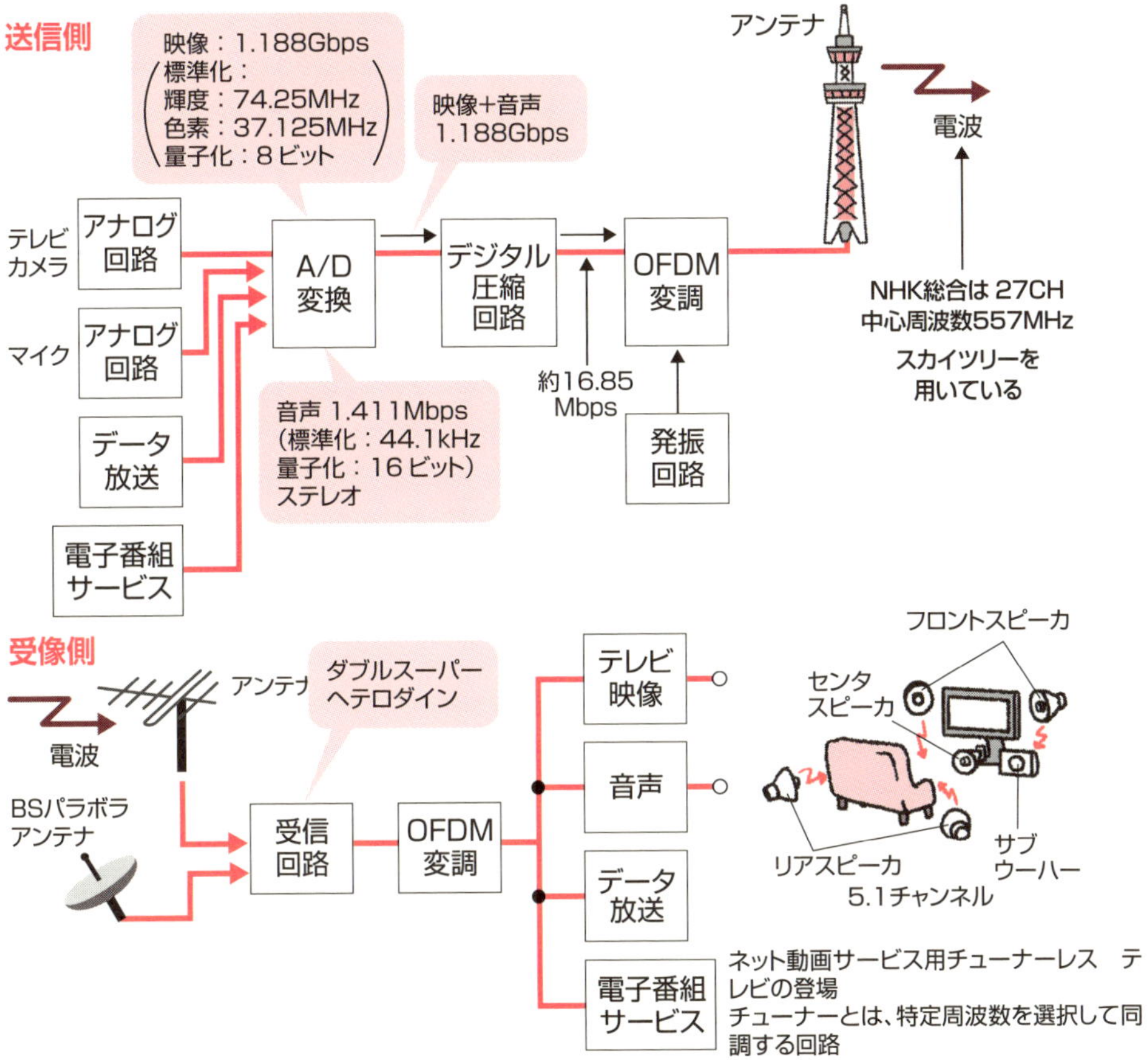

デジタル化で美しい映像を得たが、デジタルパルスのデータ処理で時間遅れが生じ、時報放送ができない。表示のみである。

地上デジタルテレビ放送のチャンネル

●14セグメントの中、1セグメントで携帯電話のワンセグメントテレビに、13セグメントをHDで放送しているが、これを三つの NTSCでマルチチャンネル放送することができる。放送している場合、リモコンチャンネルをもう一度押すと変わる。

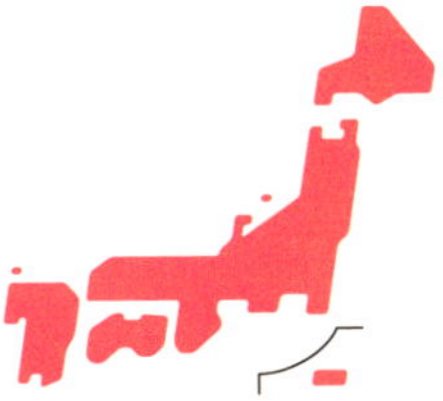

●地上デジタルテレビ放送は北海道から沖縄まで47地域に分けて割当て13CHから 62CH(UHF)

55 携帯電話・スマートフォンの通話網

話すだけから大容量のデータを高速で伝送へ

携帯電話からスマートフォンへ：携帯電話は音声通話からスタートし、次にデータ伝送機能が付加され、次第に大容量データの高速伝送が大きな目標となってきました。ここから多機能化が可能となり、スマートフォン（スマホ）が誕生しています。この基本となる動作方法は携帯電話から発せられた電波で基地局を呼び出し、基地局を経由して再び電波で相手を呼び出していますが、ここで重要な役割を担っているのが基地局と個々の携帯電話・スマホとの間で必要となる無線区間の専用周波数を選ぶアクセス（接続）方法と、送話と受話間で同時通話（双方向性）できる複信方式（全二重通信）です。これらの方法は世代とともに大きく発展していきました。アクセス方法として次の規格があります。

周波数分割多元接続規格（FDMA）は周波数を多数に分割しその一つを1対の携帯電話が利用する方法です（第1世代）。

時分割多元接続規格（TDMA）は一つの周波数を時間的に分割して複数の携帯電話が同時に利用する方法です（PHSなどで使用）。

符号分割多重接続規格（CDMA）は送信側で複数の携帯電話の音声に異なった符号で掛け合わせて一つの周波数で送り出し、受信側で再び符号かけ合わせて必要とする相手の音声を取り出す方法です（第2・3世代）。

次世代規格として、高速データ伝送用のLTE-AdvancedとWiMAX2が国際標準になる予定です（第4世代）。

携帯電話では同時通話として、次の方法があります。

周波数分割複信（FDD）は無線区間で基地局から携帯電話へ送る下りと携帯電話から基地局へ送る上りのチャンネルと異なる周波数を用いる方式です。

時分割複信（TDD）は一つの周波数を下りと上りのチャンネルを短い時間で切り替える方式です。

要点BOX
- ●双方向性のための複信方式
- ●アクセス方法のいろいろ
- ●新しい通信規格LTE

携帯電話とは

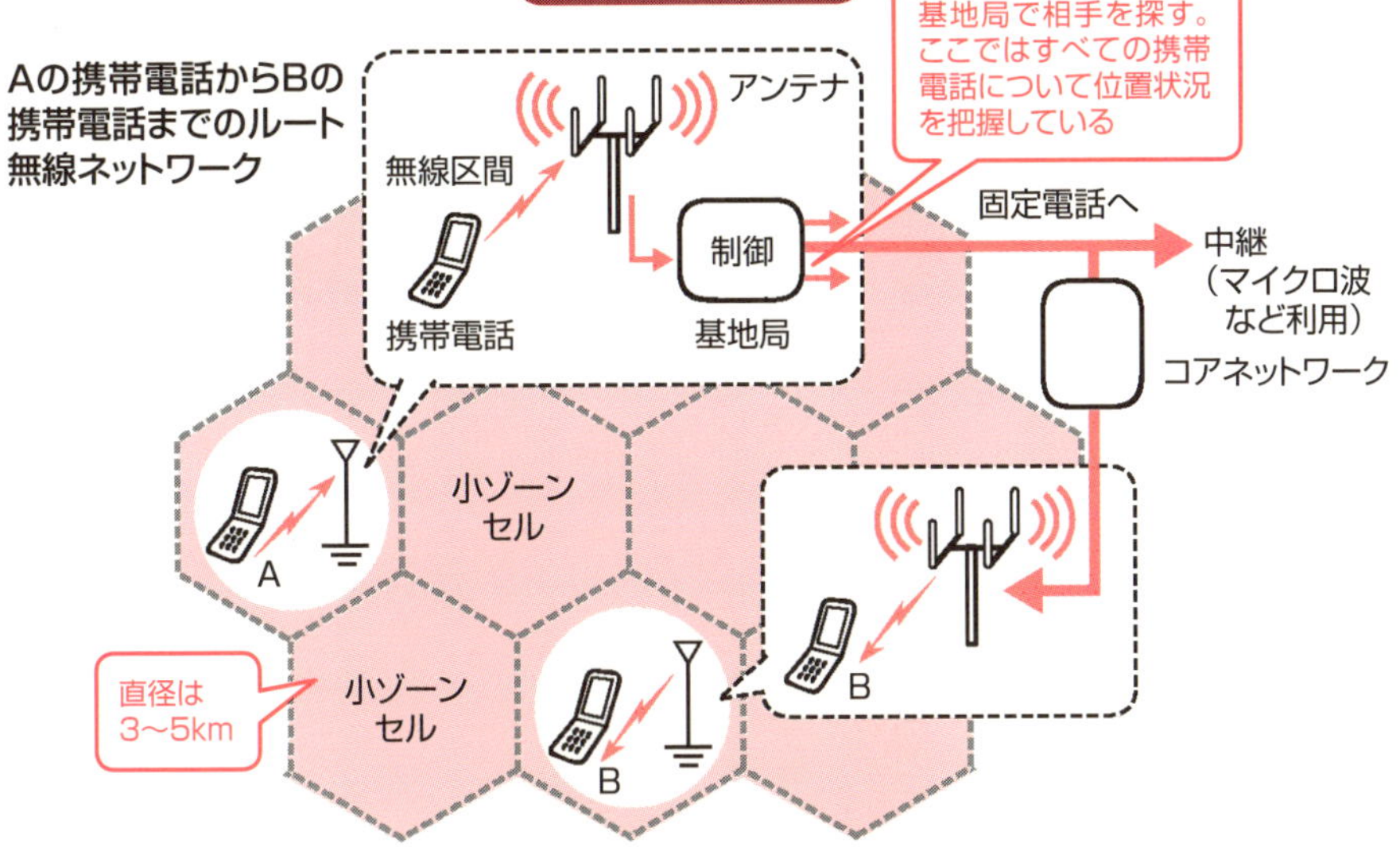

データ伝送量の推移

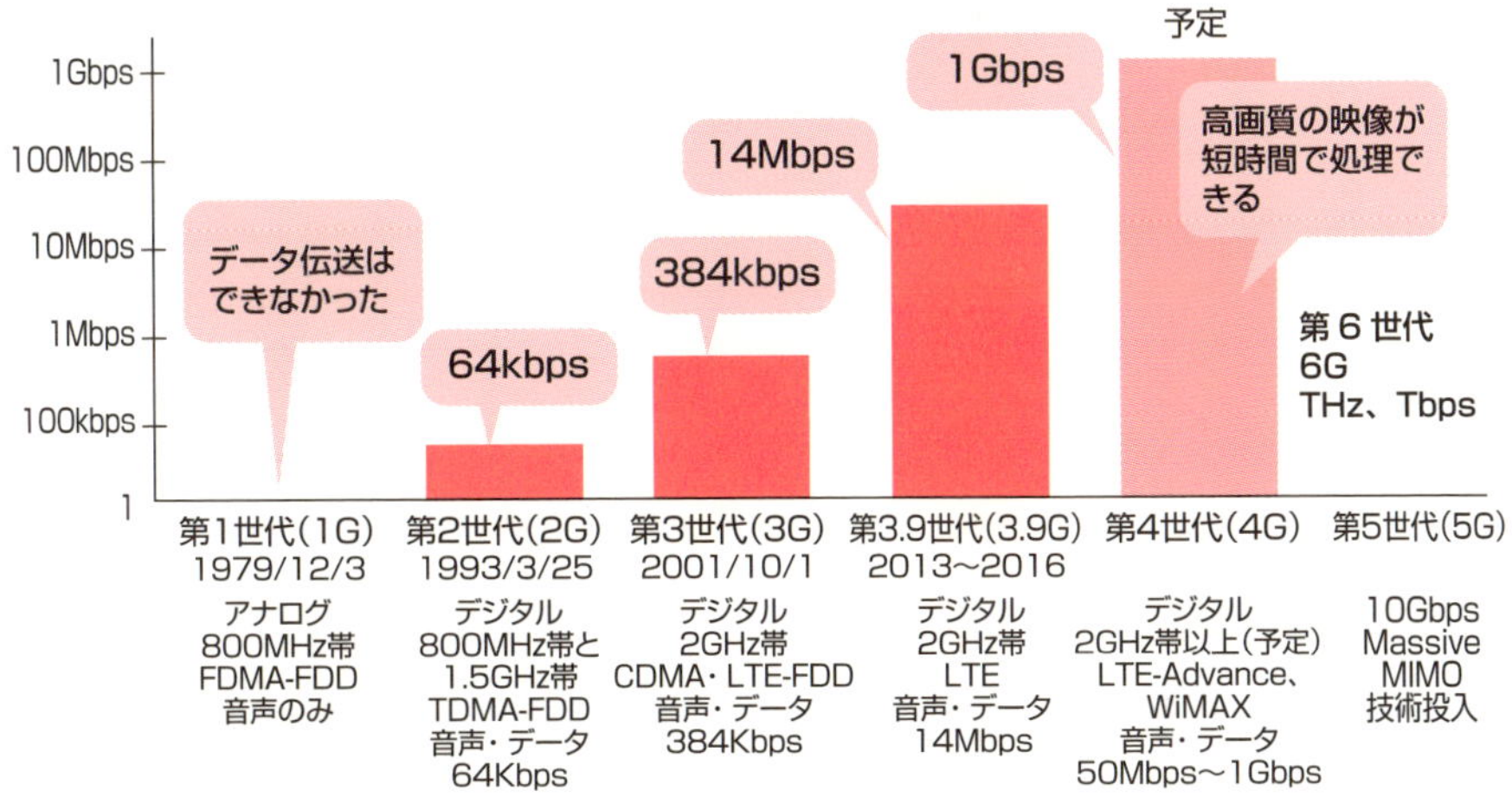

用語解説

FDMA：Frequency Division Multiple Access（周波数分割多元接続）の略
TDMA：Time Division Multiple Access（時分割多元接続）の略
CDMA：Code Division Multiple Access（符号分割多重接続）の略
FDD：Frequency Division Duplex（周波数分割複信）の略
TDD：Time Division Duplex（時分割複信）の略
LTE：Long Term Evolution（新しい通信規格）の略
SIMカード：Subscriber Industity Module Card（加入者のID番号カード）
6Gの目標：超高速・大容量（5Gの10倍）、超高信頼性・低遅延（5Gの1/10）、超多数同時接続（5Gの10倍）

56 携帯電話・スマートフォンの基本回路

携帯電話からスマホに

携帯電話網で用いられるセル：携帯電話では、限られた周波数を有効に使用するため、通話のできる範囲を多数の小ゾーンのセル（数メートルから数キロメートル）に分割し、セル間で周波数が干渉することが生じないように、かつセルからセルへの移動で通話が切断することなく連続通話ができるようになっています。常に通話に影響が出ないように無線区間の周波数を選びながら携帯電話とセルの中心に設置した基地局を多元接続方式で結んでいます。

CDMA規格の特徴：カルコム社はCDMA規格を発展させたCDMA one規格に三つの特徴を持たせました。

電力制御機能とは、基地局に近いところでは携帯電話の送信電力を小さくする技術です。

レイク受信とは、電波伝播でやっかいな電波の反射波をスペクトラム拡散の特性を逆に応用して、有効に利用する技術です。

ソフトハンド技術とは、歩きながら携帯電話で通話中、小ゾーンから小ゾーンに移動すると電波状況が変化してきますが、同時に複数の局が受信できますが、目的とする電波とスムーズに切り替えていくことのできるハンドオーバ技術です。この技術によって、携帯電話は一段と使いやすくなっています。

携帯電話からスマホへ：多機能化した携帯電話をスマホ（Smartphone：賢い携帯電話スマートフォン）と呼ぶようになったのは2000年頃からです。スマホのハード面はアンテナとマイクとスピーカとカメラと比較的大画面のディスプレイと入力テンキーと送信受信のための各種制御電源とより成り立っています。二次電池はニッケル水素からリチウムイオン電池が中心となってきました。

スマホでは通信用の800メガHz帯や2ギガHz帯を、GPSの1.6ギガHz帯を、無線LAN（Wi-Fi）の2.4ギガHzか5ギガHzを、ブルートゥースの2.4ギガHz帯を、ワンセグテレビの700メガHzなどの電波が受信できます。

要点BOX
- ●電波の有効利用に、セル方式を導入
- ●CDMAone規格の三つの特徴
- ●多機能化した携帯電話スマホ

スマホの基本回路

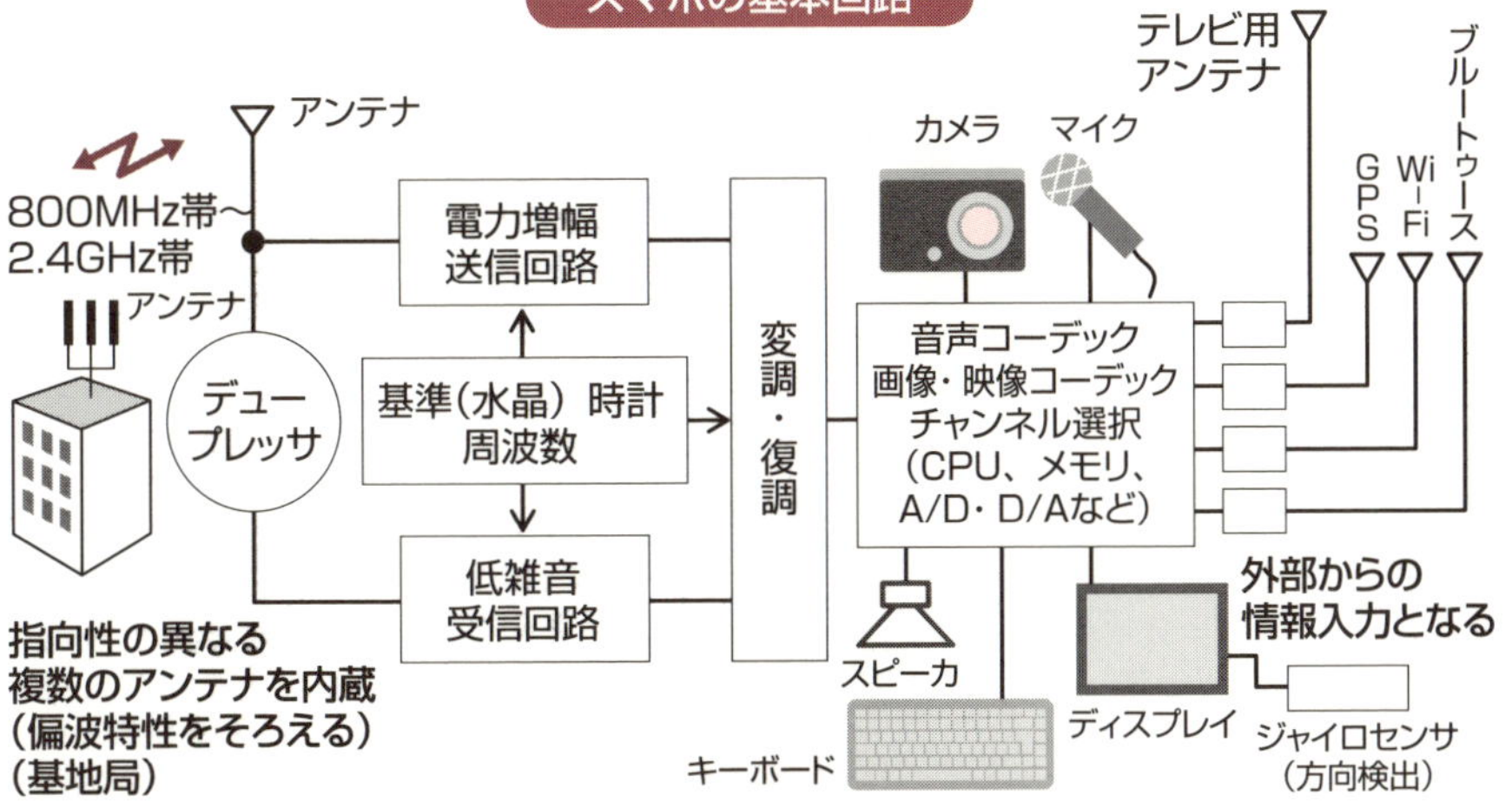

電力制御とレイク受信

電力制御機能

電力制御とは、基地局とスマホの離れ具合で電力を変化させること

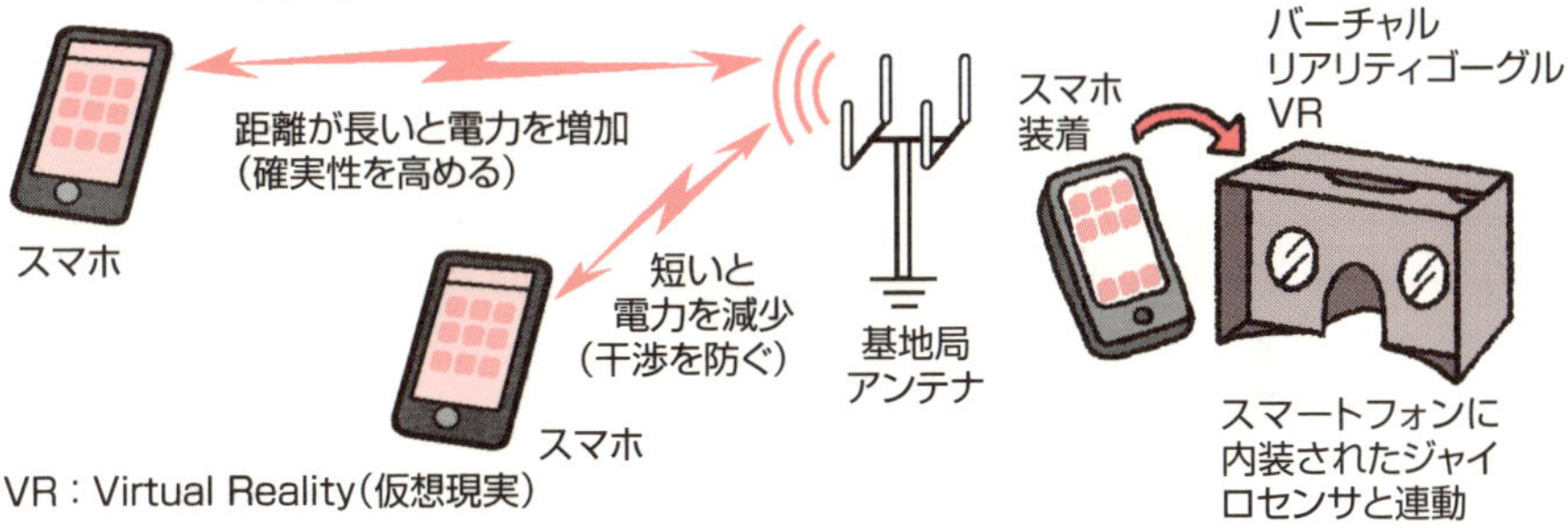

VR：Virtual Reality（仮想現実）

レイク受信

レイク受信とは、複数の電波を合成して受信する
（スペクトラム拡散で、反射波が利用できる）

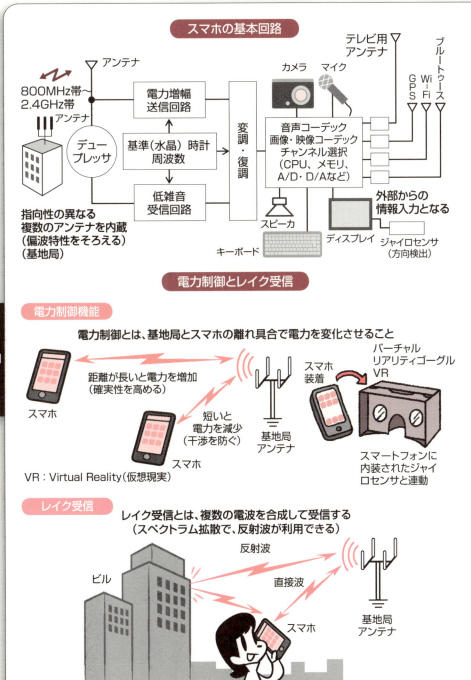

57 電波時計とは

電波時計にはＪＪＹとＧＰＳを利用したタイプがある

正確な時を知らせる電波時計：時計開発の歴史は大変に古く、紀元前から日時計などがありましたが、機械式時計は1世紀ごろから登場しています。時計の大きな目標は精度への挑戦でした。テンプ調整機構、振り子機構など機械式でも精度への挑戦が繰り広げられていました。このような中で、1969年精度の高い水晶腕時計が、1993年に驚異的な精度を持つ電波時計が誕生しました。

電波時計のしくみ：電波時計は標準電波に含まれた時刻に関するデータを受信して時刻を表す時計(腕時計と置き時計)です。標準電波で用いられるセシウム原子時計は3000万年に1秒（10^{-15}から10^{-11}）の誤差しかありません。日本の標準電波はＪＪＹと呼び、正確な時刻を福島県の「おおたかど山40キロHz」と佐賀県の「はがね山60キロHz」の送信所から送信し、日本中に提供しています。40キロHzと60キロHzと長波帯を使用する理由は安定した伝播を行うためです。電波時計は、内部の水晶振動子を用いて動作していますが、1回／1日標準電波を受信し、時刻を修正していきます。時間とは時間軸の目盛りと目盛り（1分間隔）秒の間隔のことで、時刻とは目盛り（12分）の値のことを表しています。

電波時計の情報にはタイムコードがあり、ここに分と、時間と、1月1日からの日数と、西暦2桁と、曜日と、うるう秒のデータが含まれ、1分ごとに配信しています。秒はパルスの立ち上がりで設定しています。この標準時刻は、電波の他にインターネット上で流すＮＴＰ（Network Time Protocol）がありますが、ＪＪＹ標準電波より精度は悪くなります。

ＧＰＳを使用した時計：ＪＪＹ標準電波でなく、ＧＰＳの電波を受信して時刻を表示した時計があります。これはカーナビゲーションなどで内部時計として使用しています。特長はＪＪＹの届かない地域でも使用することができる点です。

要点BOX
- ●高精度の水晶腕時計
- ●セシウム原子時計は3000万年に1秒の誤差
- ●JJYとGPS

JJY電波時計

JJYは情報通信研究機構の登録商標
JJY電波時計は日本のみ動作する。

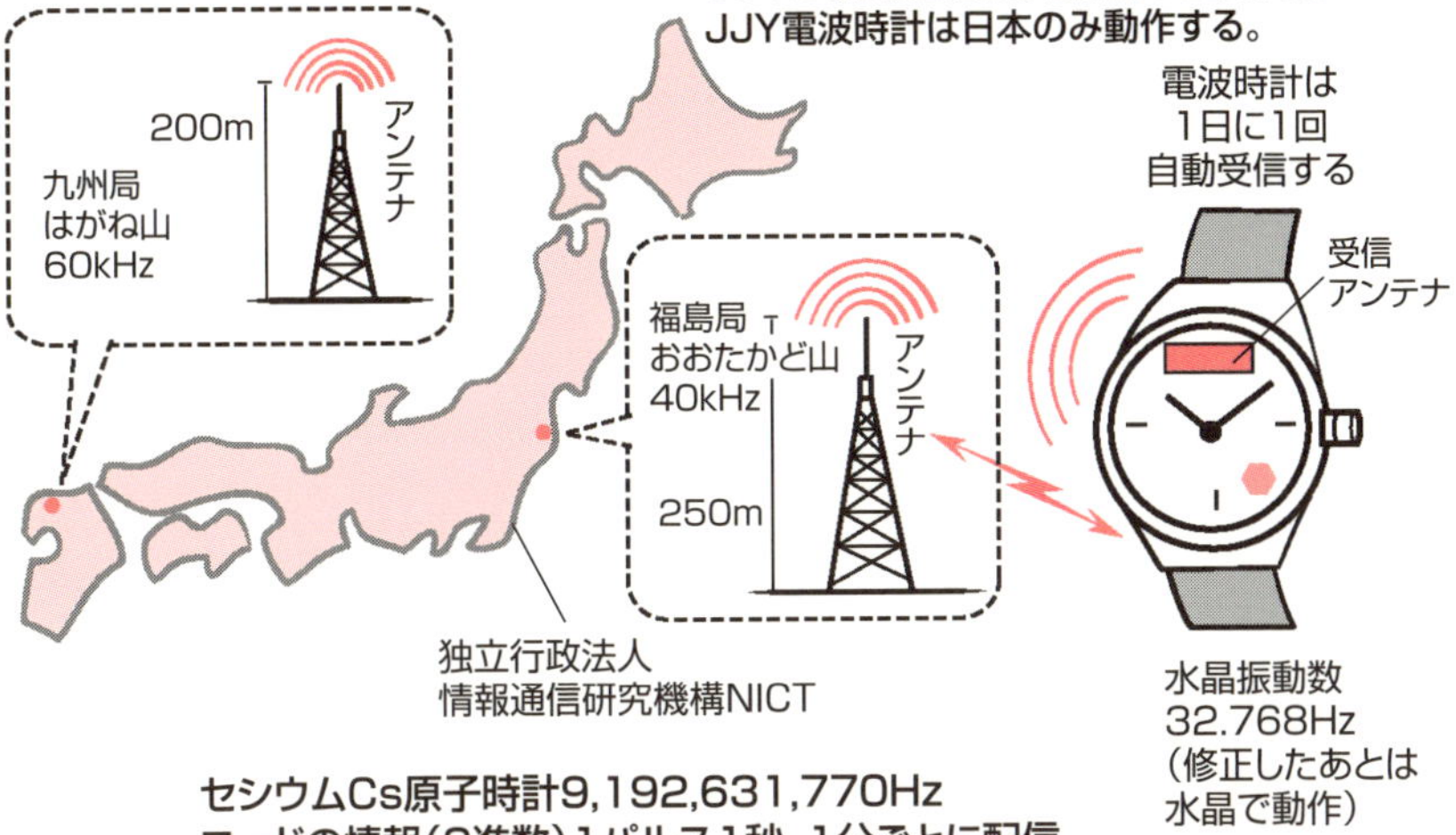

セシウムCs原子時計9,192,631,770Hz
コードの情報（2進数）1パルス1秒、1分ごとに配信

分	時	日付	予備	西暦	曜日

標準電波6カ所（中国河南省：68.5kHz、北米コロラド：60kHz、ドイツ：77.5kHz、イギリス：60kHz、日本：40kHzと60kHz）

GPS電波時計

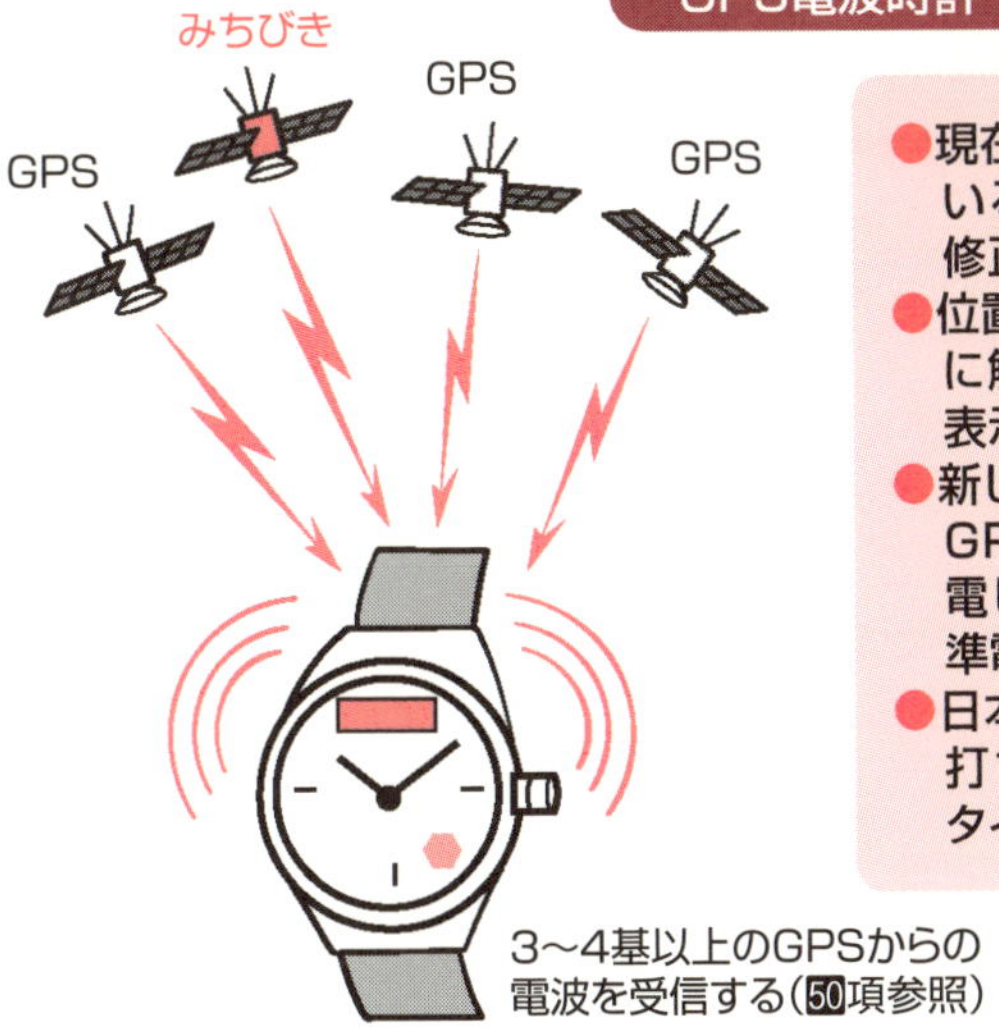

- 現在世界6カ国で標準電波を出しているので、それぞれの地域で自動修正する必要がある。
- 位置を自動的に判断してタイムリーに解析し、世界中で正確な時刻を表示する。
- 新しいハイブリッド腕時計はJJYとGPSに対応し太陽電池で電気を充電し、屋外ではGPSで、室内は標準電波で動作している。
- 日本では準天頂衛星「みちびき」を打ち上げていて、これを利用したタイプもある。

みちびき：1個の電波受信で
精度は1ms位

- 地上デジタルテレビ：放送波に時刻と曜日情報を含んだTDT（Time & Date Table）と時間のずれに関する情報TOT（Time Offset Table）が含まれている。
- FMラジオ：放送波の文字多重データに時刻情報が含まれている。

58 レーダと応用

レーダとは電波が物体で反射する現象の応用

レーダとは：レーダ（Radar：Radio Detecting and Ranging：電波探知装置）の基本動作は、音声が山などで反射する「やまびこ」のように、電波が対象物で反射する現象を応用した装置です。波長の短い指向性のある短時間のパルスを対象物へ向けて発射すると、対象物に当たった部分の状態に対応して散乱し反射波が3×10^8m/s（光速度）で戻ってくるので、これを捉えて対象物までの距離や方向などの状態を認識しようという装置です。

　レーダで使用する周波数は可視光より波長が長いため、人間の見る範囲より広い範囲が観測できます。レーダで用いる周波数は3ギガHz帯（Sバンド：2ギガHzから4ギガHz）または9ギガHz帯（Xバンド：8ギガHzから12ギガHz）ミリ波帯（Wバンド：75GHz～110GHz）を短いパルス幅で区切って送信します。一例として、パルス幅は約1μ秒で繰返し周波数は1000Hzくらい（1000回/秒）です。レーダで100km先を見るために、パルス波を放射すると往復200kmとなり、反射波が帰ってくるまで約0.7msかかります。反射波を確認するために1000回繰り返し放射しますので1点に70msかかります。平面像を1画面得るためには360度にわたって1°ごとにパルス波を放射する必要があり、70ms/1°×360°≒25秒かかります。

レーダの応用：レーダは軍用に開発されましたが、現在は多く民生の分野で活躍しています。空港では航空機の管制での発着状況、港では船舶の位置の把握など、また自動車関連では、スピード違反や自動車追突防止や自動運転など多くの分野で用いられています。

　気象関連では、レーダは大きな役割を担っています。雲の状況を観察する、パルスの性質を利用して（パルスは縦波と横波に分離でき、縦波は縦長に横波は横長に、反応しやすい性質を持っている）氷粒か雨粒などの判定などが可能となります。

要点BOX

- ●レーダのしくみ
- ●レーダに用いる周波数
- ●開発は軍用であったが今は民生用で広く活躍

レーダの動作とは

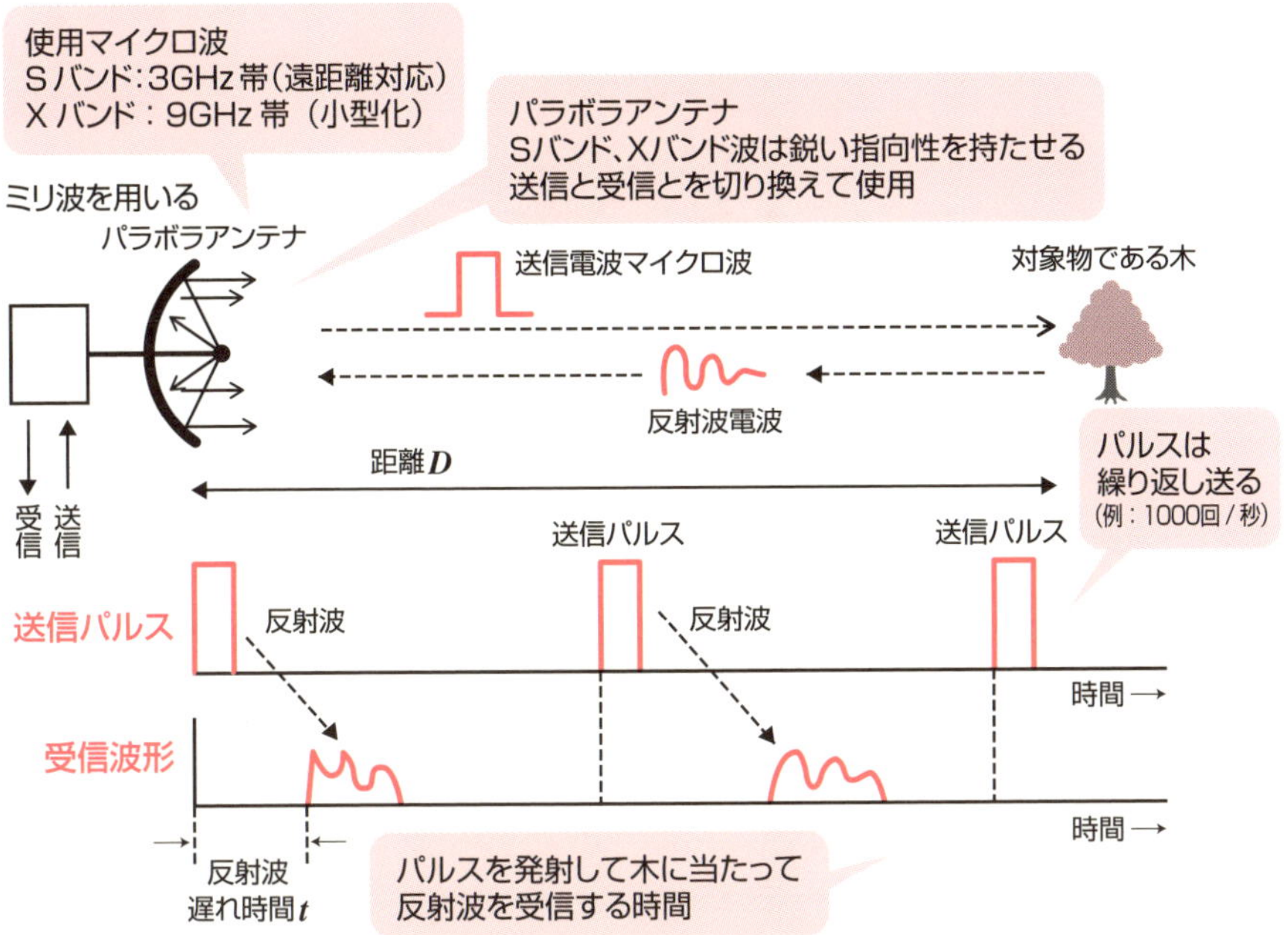

距離 D = 1/2 × 電波の速さ 3×10^{8}〔m/秒〕× t

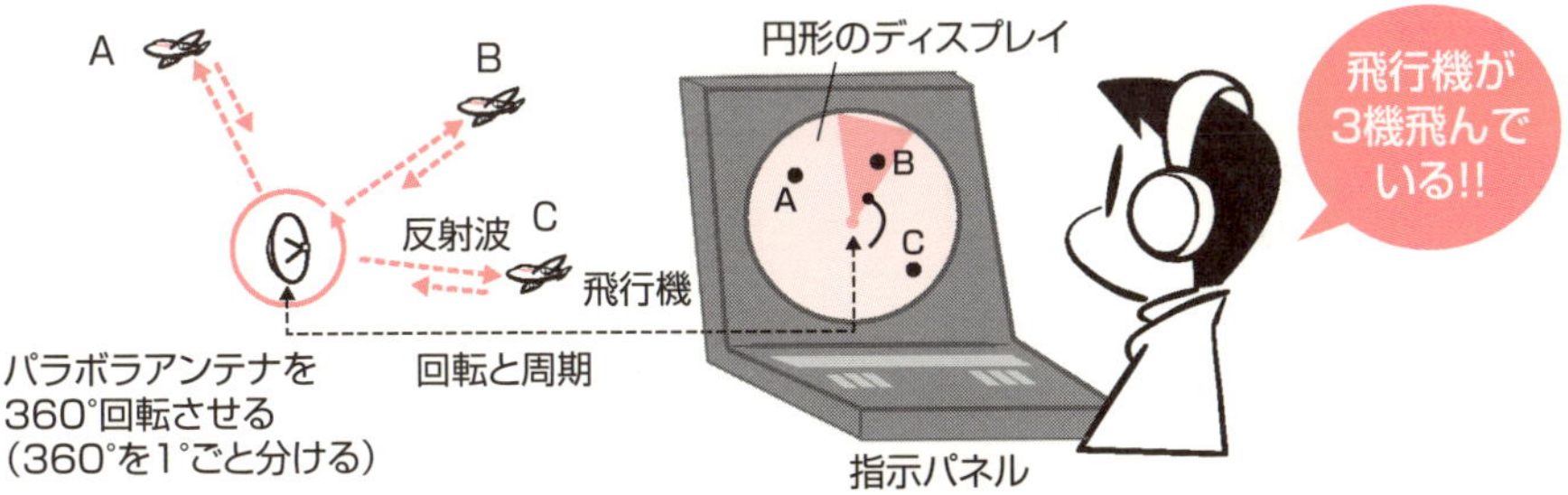

広範囲で用いられるレーダ

航空機の管制、船舶の位置確認などで使用。
自動車では自動運転に向かってレーダの開発が始められている。

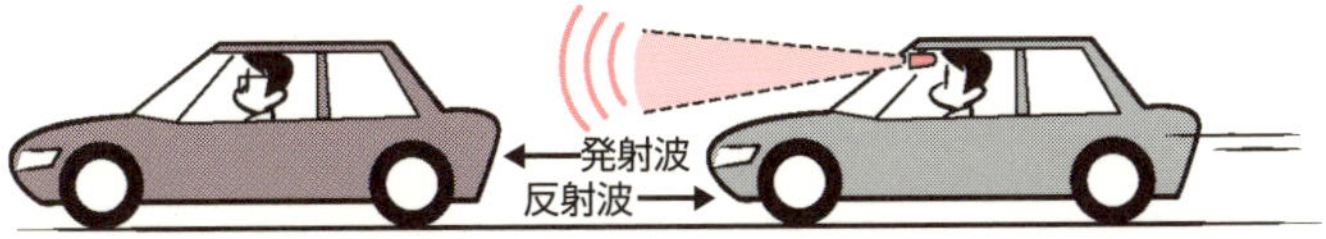

- 自動車の前方障害物検出用ミリ波レーダ76GHzがあり、方位検出には電子スキャンを採用。
- 野球での投球ボール速度はドップラー効果(相対速度の変化で周波数が変わる)を応用して測定する。電波出力0.1W以下のマイクロ波を用いる。スピードガン。

59 電波と運転の自動化

次世代に向けての自動車

自動車社会と電波：次世代の自動車では二つの大きな目標があり、一つがコネクテッドカー（connected Car）という概念導入であり、一つが人手を借りずに運転する自動運転です。このいずれもが、電波とコンピュータとに深い関わりがあり、今や自動車は移動するコンピュータとも呼ばれています。

コネクテッドカーとは自動車に搭載された各種センサからの情報とともにインターネットを通して接続された車外の情報を収集する機能と、自動車からインターネットを通して車外に向けて各種の情報を発信する機能がある自動車のことです。自動車搭載からの情報としては、GPS内蔵カーナビの位置情報や前方障害物検出ミリ波レーダ情報や付近の交通情報を知るVICSなどからの各種データがあります。

一方でインターネットを通しての情報としては、ビッグデータで解析した交通情報や天気予報や映画などの娯楽などの情報と多岐にわたっています。

自動運転とは人間に代わってロボットが運転する安全性や利便性を目標とした車のことです。自動運転では前方障害物検出用ミリ波レーダや各種カメラや道路信号などから得られる膨大な情報を総合的に瞬時に判断する機能が必要となるため、やがてインターネットを通して人間に代わってリアルタイムでクラウドによって人工知能処理し、再びこの結果で自動車のハンドル操作やブレーキやアクセルを操作していくような技術を指しています。これからの自動車では電波と内部のコンピュータが重要な役割を担っています。

カーナビの発展：1990年頃から本格的なGPS内蔵のカーナビ（カーナビゲーション：Automotive Navigation System）が、普及してきました。初めはGPS内蔵の簡単な製品（距離誤差精度約10m）でしたが、やがてトンネル内でも動作する自立走行タイプへ、さらにFM電波を利用して数mの距離誤差精度の高いタイプへと発展してきました。

要点BOX
- 次世代の自動車は自動運転
- 自動車では電波とコンピュータが主役
- 快適なドライブをする自動車へ

次世代に向けての自動車

レベル0；運転手動
レベル1；運転支援
レベル2；部分運転自動化
レベル3；条件付運転自動化
レベル4；高速運転自動化
レベル5；完全運転自動化

自動車と電波

自動車と社会を結んでいるのは電波である

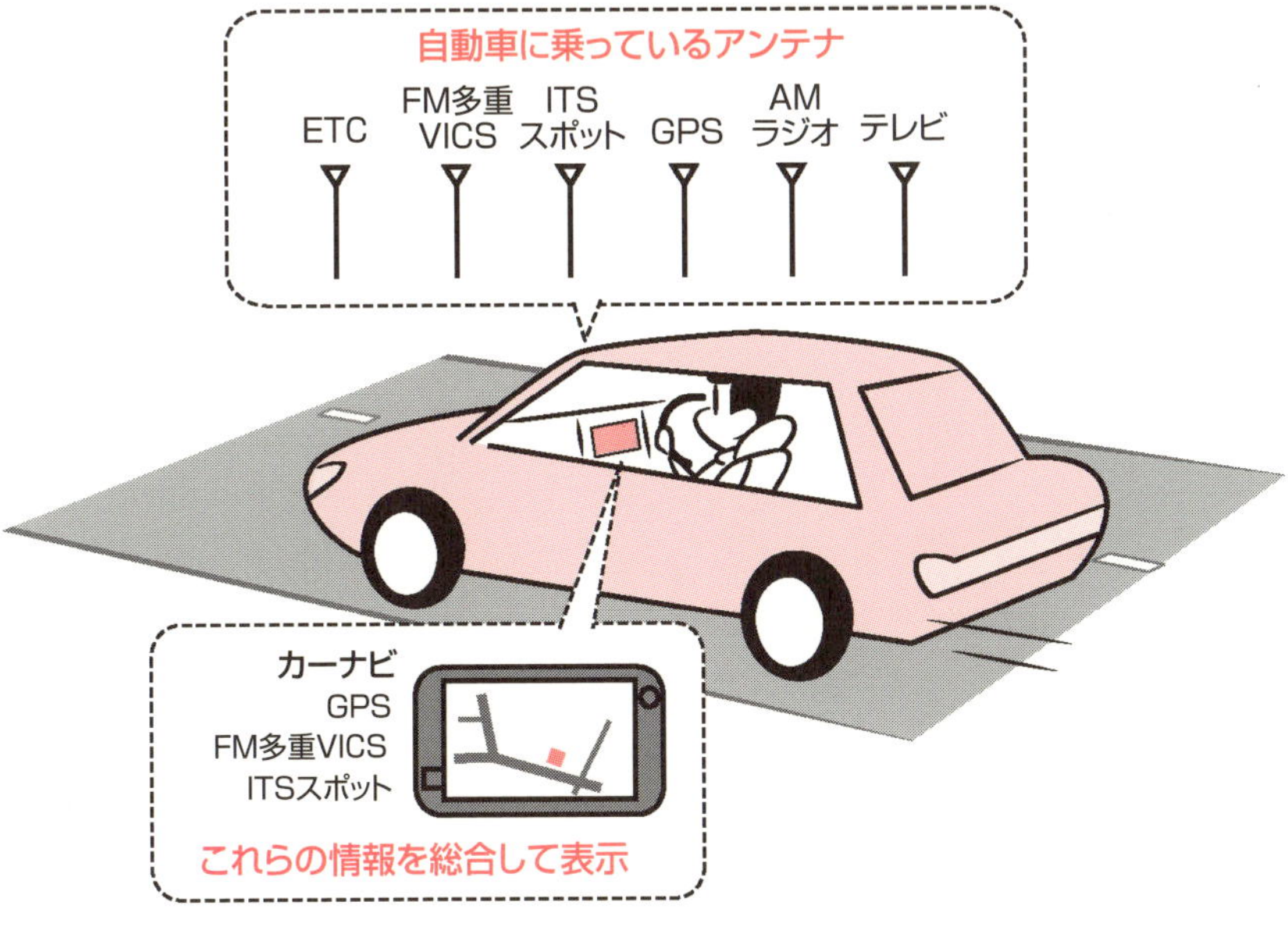

60 自動車社会を支えるインフラ

利便性を求めてさらに進化するカーナビ

カーナビの進化：カーナビは初期のころのと比較して、より利便性の高い方向に向かって進化しています。位置情報とともに重要な地図はCD-ROMからHDD、SDカードへ変わり、さらに道路が新設されるなど変更があったときには地図の一部分のみ書き換えられる差文更新によって常に新しい地図を利用できることが可能となってきました。1997年頃から音声合成による進路案内が始まっています。

カーナビでは、常に自車の位置情報が必要です。GPSからの電波が届く範囲では、カーナビは正常に動作しますが、トンネル内部やビルに囲まれたところではGPS電波は捉えることができません。電波の届かないところでは、加速度センサとジャイロとを用いた自立走行が併用されています。加速度センサは自動車の傾きを、ジャイロは自動車の方向を検出して移動方向と移動距離を導き出して、位置を補完しています。この加速度センサには、MEMSによる固定極と移動極との静電容量変化を、ジャイロにはMEMSによるコリオリの力を応用した振動式を用いています。

VICSとは：VICSはリアルタイムで渋滞や交通規制など交通情報を送る機能のことで、この情報はNHK FM放送VICS東京（例：82・5メガHz）から音声多重データDSRC1024キロbpsに載せて5分間に2回送られてきます。これを受信するには専用カーナビで受信して表示します。さらに200km前方の高速道路情報を提供する電波ビーコンITSがあります。高速道路上に設置されたITSスポットから交通渋滞情報を送信してITSスポット対応カーナビで受信（5.8ギガHz帯域と2.4ギガHz帯のDSRC）することで広域の道路情報サービスを提供するシステムです。

ETCは自動料金収受があります。さらにAHSは走行支援道路システムです。これらの情報をカーナビは受信し判断して、適切なナビゲーションを行うようになってきました。

要点BOX

- ●常に自社の位置情報を表示
- ●VICSや電波ビーコンなどが活躍
- ●自動料金収受、自動車制御を搭載

カーナビとは

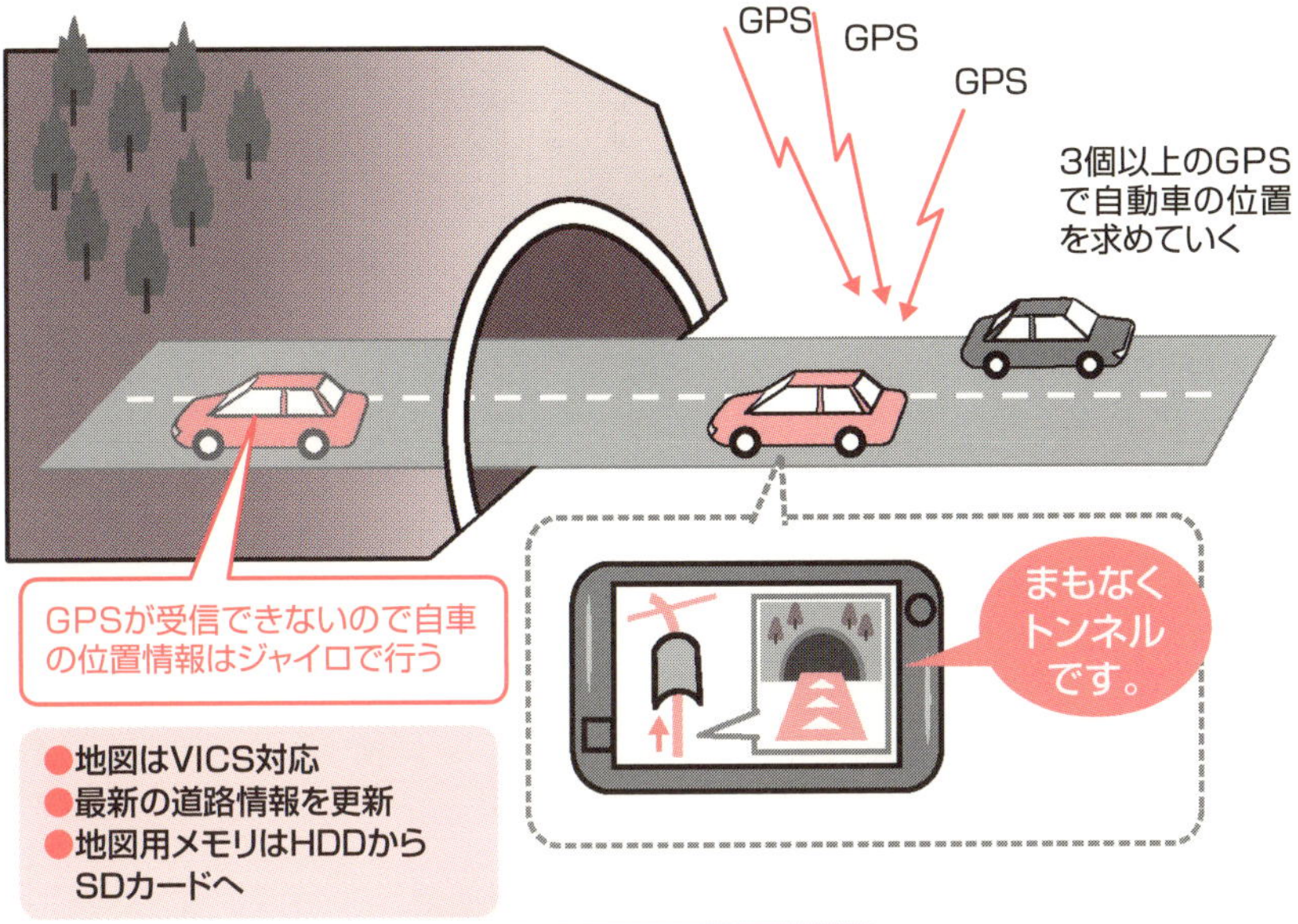

高速道路と電波の応用

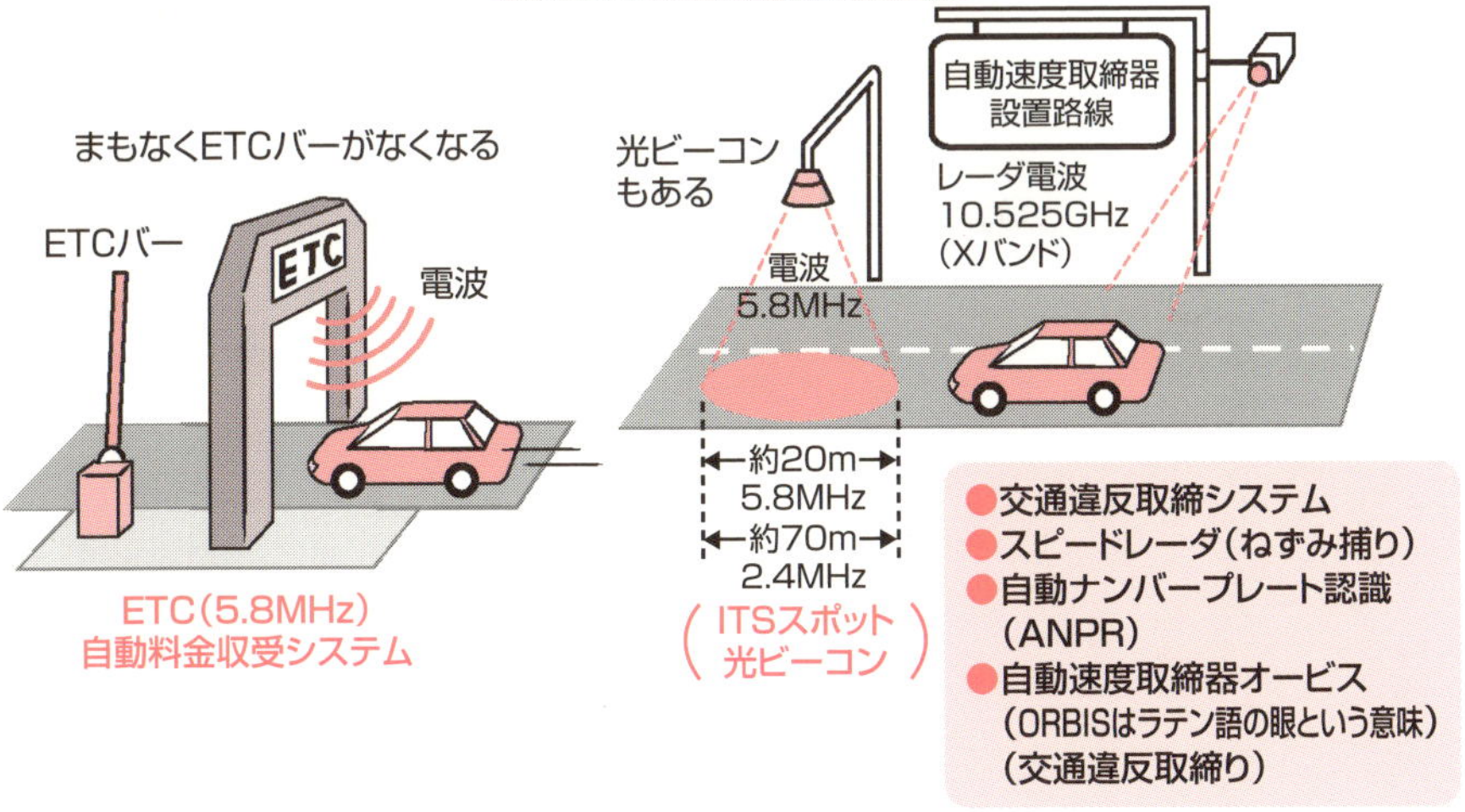

用語解説

DSRC：Dedicated Short Range Communication（専用狭域通信）の略
ITS：Intelligent Transport System（次世代交通システム）の略
ETC：Electronic Toll Collection System：（自動料金収受システム）の略
AHS：Advanced Cruise Assist Highway Systems（走行支援道路システム）の略
ECU：Electronic Control Unit（自動車エンジン制御ユニット）の略
MEMS：Micro Electo Mechanical System（微小電気機械システム）の略

61 人工知能AIと電波

ロボットの知能化

ロボットとは：1920年のチェコスロバキアのチャペックによってロボット（Robot）という言葉が誕生しました。1936年にチャップリンの作った映画「モダンタイムス」の中で登場するロボット、手塚治虫の作成したテレビに登場する「鉄腕アトム」に多くの人々が「将来このようなロボットができるのだろうか」と大きな夢を持って見ていました。

人工知能と電波：これから登場するロボットにはいくつかの種類があります。一つは放射能とか災害現場など危険な場所で動作するある程度自律型と遠隔制御によって動作するロボットです。このロボットによるマシーンの動作はすべてロボット自身の判断で動かすのですが、この制御は遠隔にいる人間がロボットに付いているカメラや各種センサの情報に基づいてロボットに指示していくタイプです。人間とロボットとは電波で結ばれています。

次に登場するロボットは人間の行動に類似したタイプの自律型ロボット（人工知能ロボット）です。これからの人型ロボットは命令に従って動作するだけでなく、ロボット自身の判断（人工知能）で動作するようになります。この命令伝達手段に電波が非常に重要な役割を担っています。注目される応用として人工知能は各種管理や産業用・農業用ロボット、監視用ロボット、介護用ロボット、災害時車両などがあります。

ここで使用する周波数として70メガHz帯（リモコン用として使用中）、400メガHz帯（特定小電力無線）、920メガHz帯（特定小電力無線）、2.4ギガHz帯（小電力データ通信）などが用いられようとしています。例えば農業用ロボットでは、オペレータから電波で送られてくる仕事内容のデータを受信すると同時に、GPSやカメラや測域センサで周囲の障害物などを確認して位置を判断し、進行状況の映像をオペレータに送りながら、ロボット自身で作業を進めていきます。

要点BOX

- ●ロボット自身が行動を判断する
- ●命令伝達手段は電波
- ●人工知能技術によって自動運転へ発展

人工知能と電波

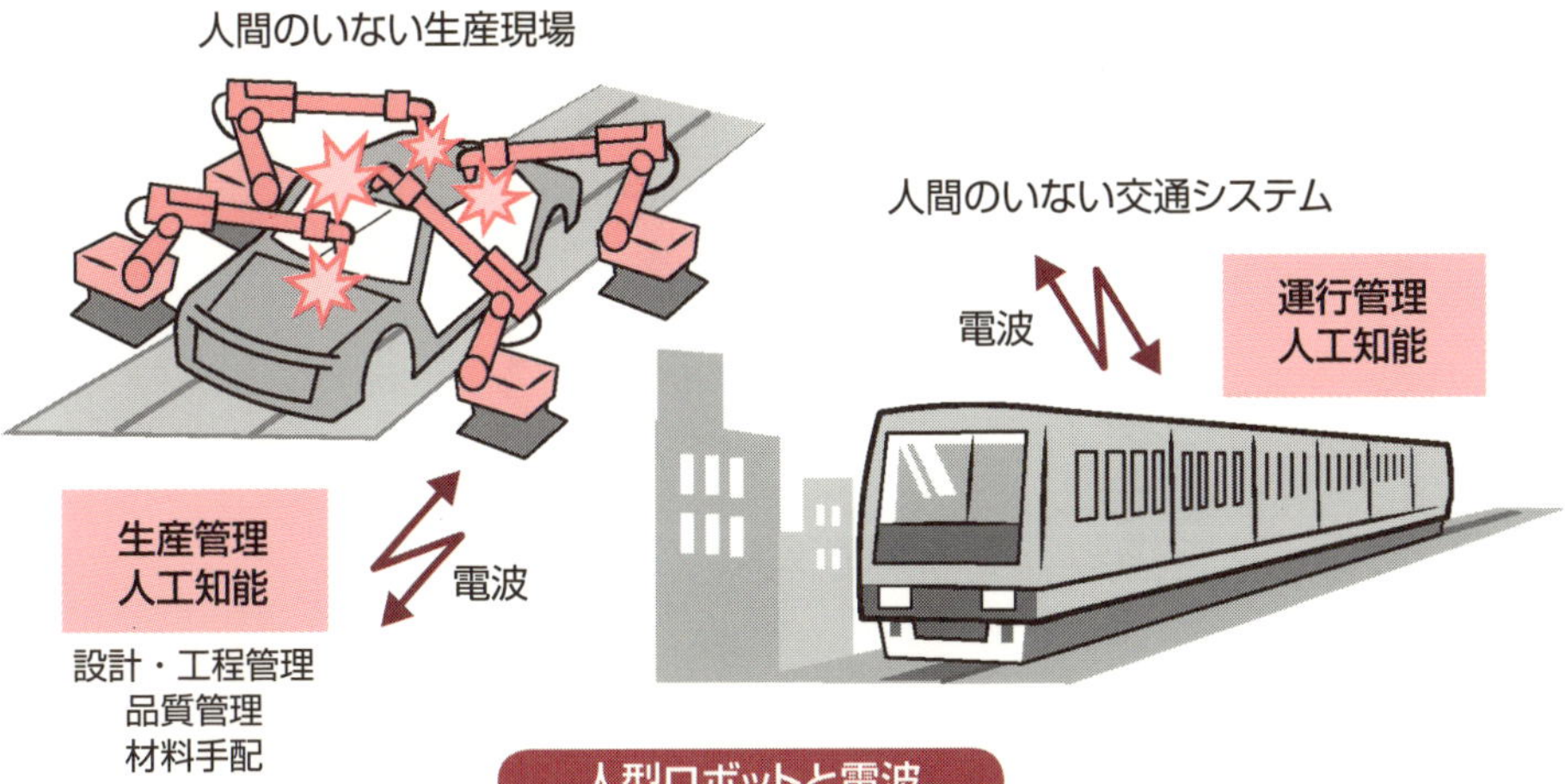

人型ロボットと電波

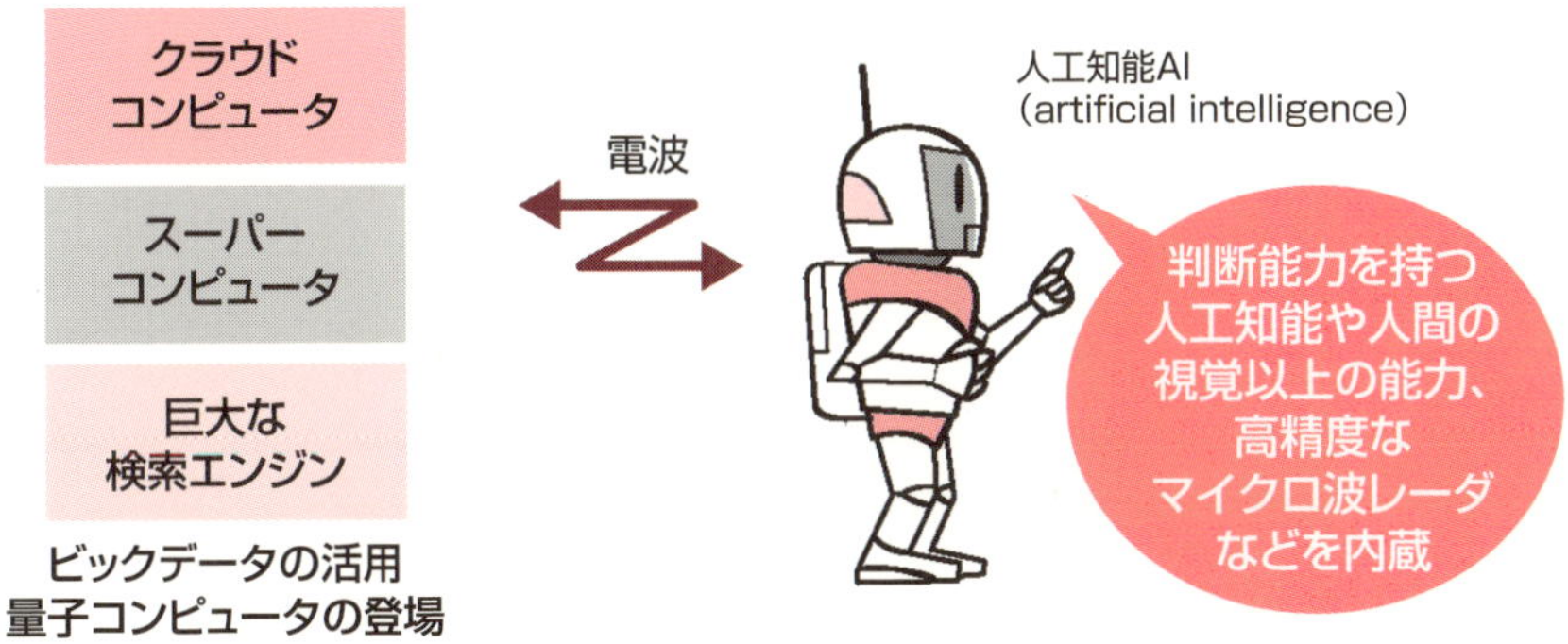

人間と人型ロボットとの会話で活躍する電波

※AI：Artificial Intelligence：人工知能
※ディープラーニング：深層学習

62 天気予報と電波

地上の気象観測データはレーダとアメダスで集めている

天気予報と電波：正確な天気予報を出すためには広範囲の天候に関する情報収集が必要です。この情報収集のためにラジオゾンデや各地に設置された気象レーダや、アメダスや、気象衛星が活躍していますが、ここでも電波が重要な役割を担っています。

気象レーダとは：1959年日本を襲った伊勢湾台風で大規模な災害が発生したことを教訓に、台風の早期発見のため1964年富士山山頂（3776ｍ）の富士測候所へ気象レーダを設置して観測をすることになりました。富士山の気象レーダの電波到達距離は800㎞でした。

気象レーダの設備は重量があり気象衛星に搭載することが困難でしたが、やがて軽量化が進み、1990年頃から搭載可能となってきました。その後、気象衛星の運用が本格化し富士山レーダは1994年に運用を中止しています。

これに代わって長野県周辺の気象を観測する車山山頂（1925ｍ）に1999年、気象レーダが設置されています。現在、この種の気象レーダは北海道から石垣島まで20カ所あります。気象レーダであるマイクロ波レーダは電波を放射して大気中にある雨粒や雪や雹から帰ってくる反射波からそれぞれ存在位置や密度を分析して求めています。波長パルス幅は2μs、探知距離は数十～百㎞、雨粒は1㎜（半径）程度まで検出できる能力を持っています。

この他により細かな雨粒を観測できるミリ波レーダや、雨粒が風で流されるので反射してくる反射波の周波数偏移を観測することで、風速や風向きを推定できるドプラレーダや、垂直偏波と水平偏波の電波を発射して雨粒形状からの二つの反射波率を解析して降水強度を推測する偏波レーダや、雷レーダなどがあります。

アメダス：アメダスは日本中1300カ所に設置されています。

要点BOX

- 正確な予報に気象レーダやアメダスが活躍
- 富士山頂レーダは1994年に運用停止
- 天気予報にマイクロ波、ミリ波レーダを採用

ラジオゾンデと気象レーダ

- ラジオゾンデ
  （電波検出器：ドイツ語）
  ゴム気球：気圧、気温、湿度、風向、風速を測定
  高度30kmまで測定・17カ所
  周波数403.3MHz～405.7MHz

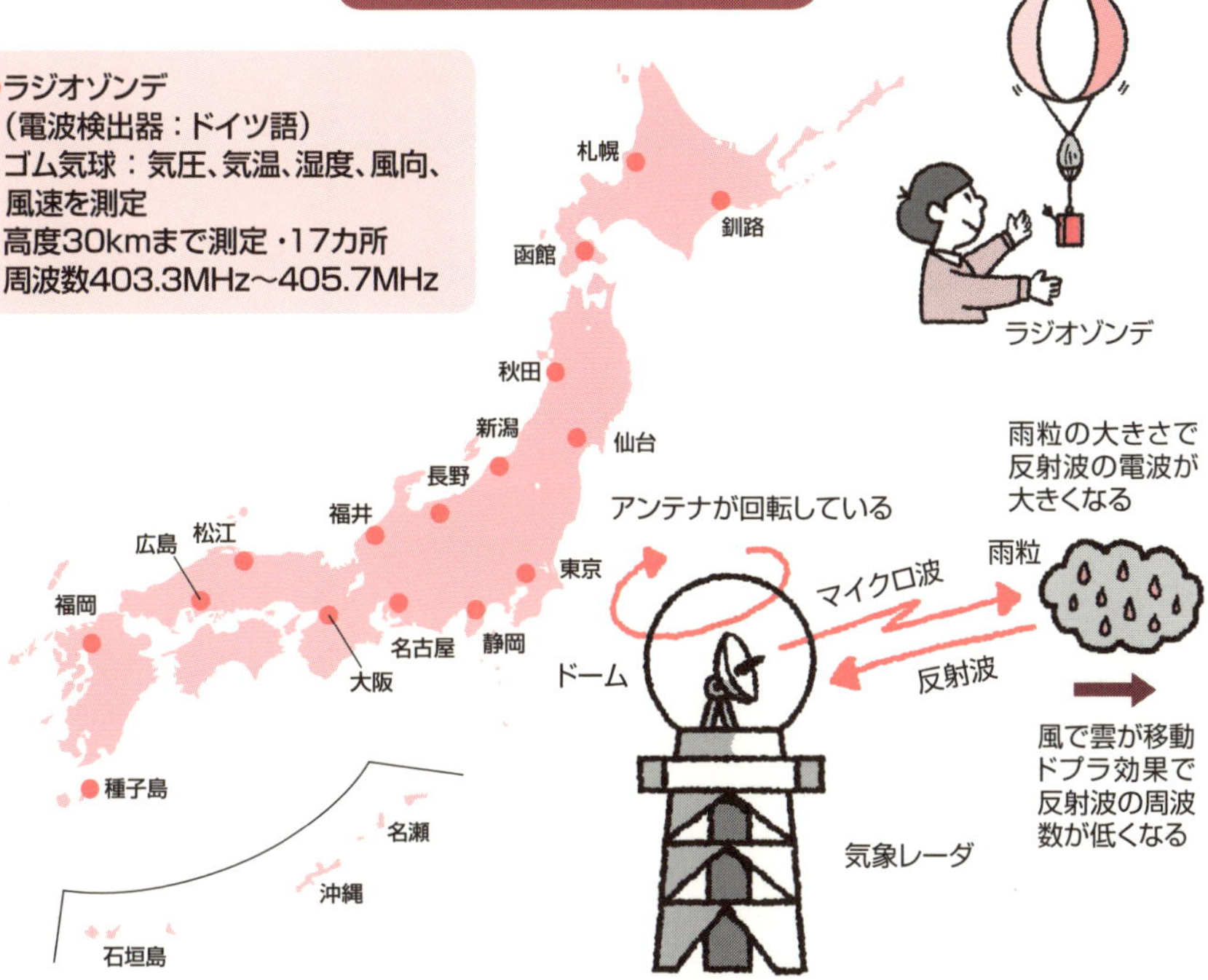

アメダム：地域気象観測システム

- アメダスは気象状況を観測し10分おきに通信網を使って伝達している。
- アメダスでは集中豪雨などのデータを捉えるのは困難。このようなことから気象衛星が注目されるようになった。

- 1974年11月より運用している
- 降水量は約1300カ所（17km間隔）
- 降水量＋風向・風速・気温＋日照時間は1300カ所のうち840カ所（21km間隔）雪も一部で観測している

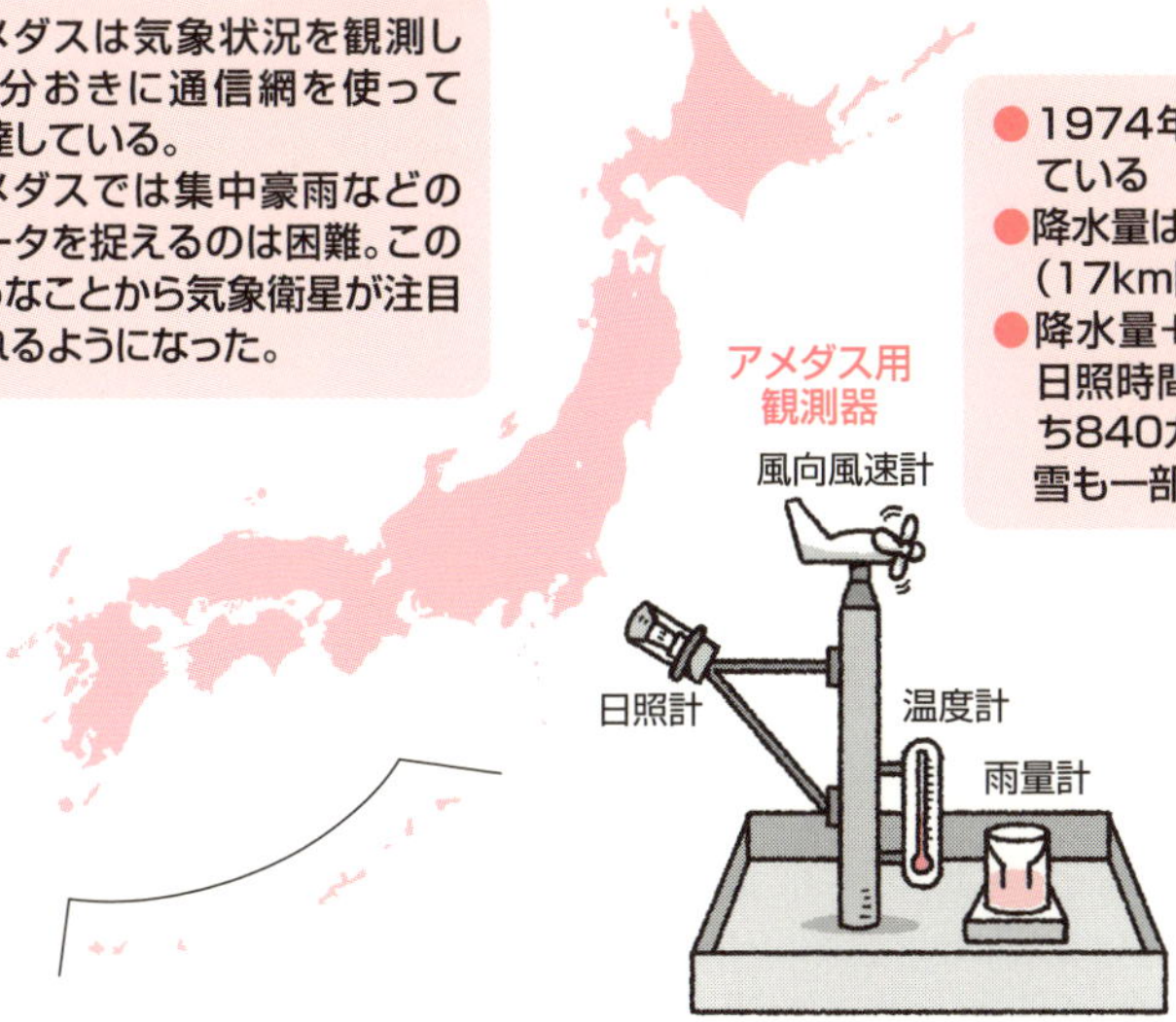

- アメダス（Automated Meteorological Data Acquisition System）

63 世界の気象衛星

静止衛星気象と極軌道気象衛星

気象衛星とは：気象衛星は①雲の状態を観測する可視光線カメラ、②夜間用赤外線カメラ、③水蒸気の状態を調べるセンサ、④気象レーダ、などの機材を搭載した人工衛星で、衛星軌道上を回りながら広範囲の気象状況を短時間で観測できます。特に、台風などのときは非常に威力を発揮します。気象衛星は飛ぶ軌道により静止衛星と太陽同期軌道衛星などがあります。最初の気象衛星はアメリカで、１９６０年に打ち上げたタイロス１号です。これは静止衛星ではありませんでしたが、搭載した可視光線カメラが雲の様子を鮮明に捉えていました。

静止衛星気象衛星：静止衛星気象は赤道上空35,786Kmの高度で 地球の自転と同じ向きの円軌道を回る人工衛星となり、放送衛星BSと同様に地上から見ると静止しているように見えます。この静止衛星気象には、可視光線カメラや赤外線カメラなどが搭載され、常に地球全体の気象を観測するため、ＧＡＲＰ（地球大気開発計画）に基づいて各国から打ち上げられています。ＧＡＲＰは長期予報の可能性を求めて設立された研究機関でしたが、その後ＷＣＰ（世界気象計画）に引き継がれています。この中に日本の「ひまわり」があります。

極軌道気象衛星：極軌道気象衛星は太陽同期軌道気象衛星とも呼ばれ、高度８５０㎞の上空を北極と南極を通過するように１日に２回周回して飛んでいます。静止衛星気象は赤道上空にあり北極・南極の状態は観測できません。この衛星では同じ条件で地球全体に対して、それぞれの観測対象地域における朝夕それぞれの天候状況を知ることができるようになります。

気象衛星ひまわり：日本では宇宙航空研究開発機構（ＪＡＸＡ）が気象衛星を担当し、ＧＡＲＰの一環として計画されたプログラムに従って１９７７年から参加しています。

要点BOX
- ●静止衛星気象は赤道上35,000km
- ●極軌道気象衛星は北極と南極を通過
- ●ひまわりは日本と東アジアをカバー

世界気象衛星観測網について

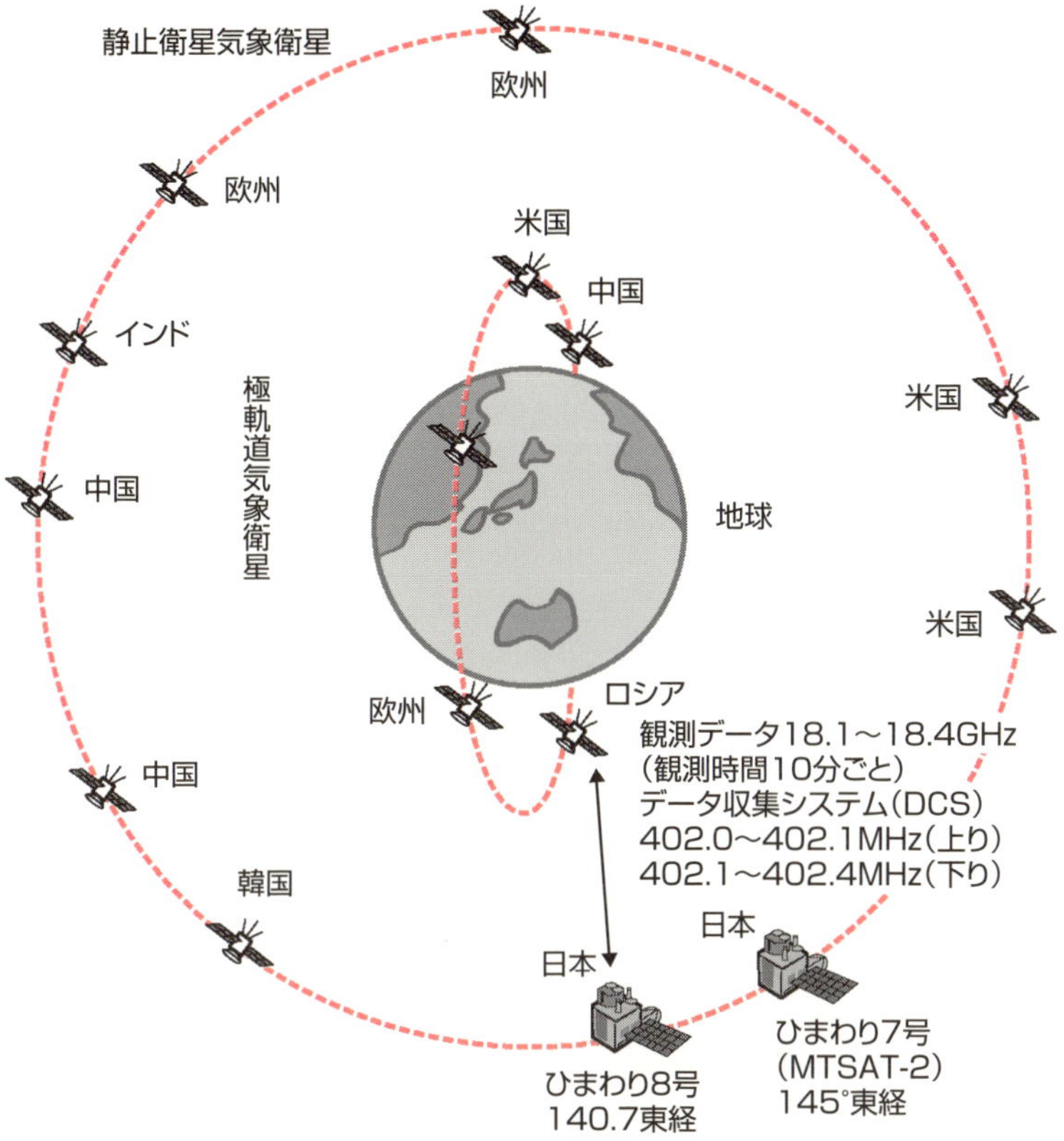

ひまわりは世界気象機関と国際科学会議が行っている
地球大気気象計画(GARP)の一環として打ち上げられている

気象衛星ひまわり8号

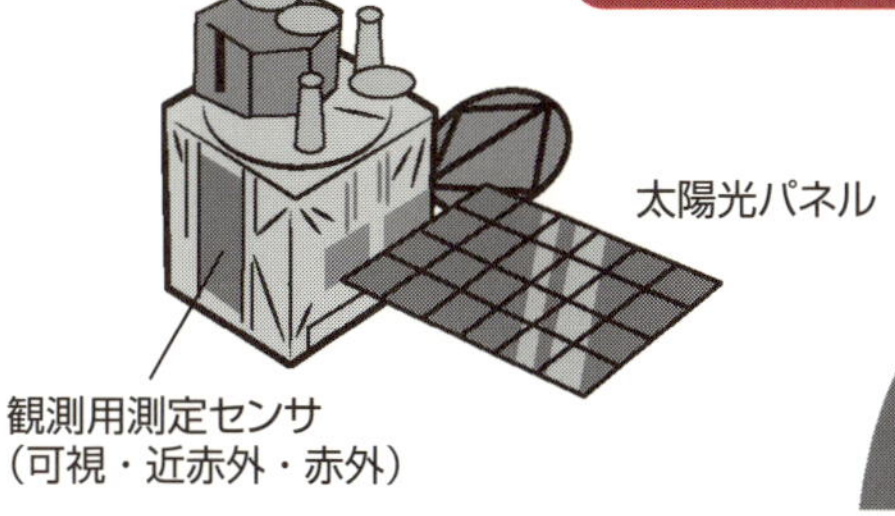

- 2014年10月「MTSA(Multi-function Transport Satellite)気象衛星ひまわり8号」を東経145度の上空に打ち上げ、この気象情報は日本と東アジアなど各国に提供。
- 2016年に高解像度のひまわり9号を打ち上げる予定。

64

電波で電力を伝送

電波は通信だけでなくエネルギー供給でも注目

非接触電力伝送とは：これは電源コードの代わりに電力エネルギーを送る方法で、ワイヤレス電力伝送（無線供給）と呼ばれています。現在、ワイヤレス電力伝送の応用は比較的空間距離の近い範囲の小電力伝送応用に限られています。

ワイヤレス電力伝送の方法：ワイヤレス電力伝送として、四つの方法が考えられています。

一つが電磁誘導方式で、コイルの組み合わせを用いています、片側のコイルに電流を流すと磁界が生じ、この磁界がもう片側のコイルに作用して電流が流れます。この応用としてJRで使用するSuica ICカードがあり、これを改札機にタッチすると、改札機から発生している磁気がICカード内のコイルを通過することで逆向きの誘起起電力が発生し、電流が流れるようになります。到達距離は10cm以下、使用周波数13.56メガHz帯、ICカード以外にコードレス電話や電動歯ブラシなどがあります。

一つが電磁界共鳴方式で、コイルとコンデンサを組み合わせた方法で、両者の共振周波数が一致するようにすると電磁界的に結合しエネルギーを送電するというしくみです。使用周波数は数十メガHz帯、到達距離は数センチメートルから数メートル程度です。

一つが電界結合方式で、ここではコンデンサの電極動作が基本となります。片側の電極と離れた電極との間にコンデンサが形成され、高い周波数を加えると高周波電流が流れるというしくみになっています。使用周波数は数十キロHz帯、到達距離は10cm以下です。

一つが電波放射方式です。この基本は電波を受信して電気に変換しエネルギーを得る方法です。ここで使用する電波は中波からマイクロ波まで考えられています。使用周波数は中波帯、到達距離数メートル、送信電力は数ワット程度です。将来はマイクロ波帯を利用し、到達距離は10km以上、送電電力は数十KW以上を目標に開発が進められています。

要点BOX

- ワイヤレス電力供給の四つの方法
- 電磁誘導方式と電磁界共鳴方式
- 電界結合方式と電波放射方式

電磁誘導方式による電力電送応用

非接触給電は送信側一次コイルと受信側二次コイルを接近させて電磁誘導でエネルギー送電する（電力：数 W～数 kW、到達距離：数 mm～10cm、変換効率：70～90%）

対向したコイル間で生じる磁界の誘導電流を用いて電力として取り出す。磁気共鳴という方法もある。

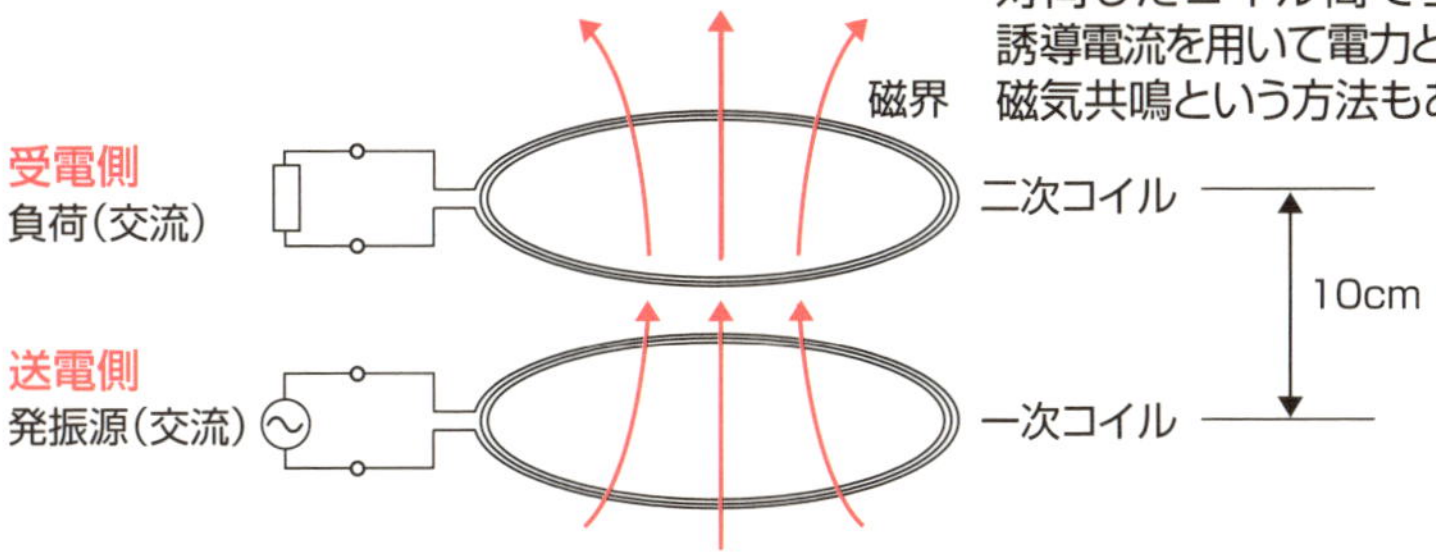

IC カードなどへの応用：13.56MHz
到達距離：数 mm～10cm
送電電力：数 10mW

スマホなどへの応用：6MHz 帯
到達距離：30cm
送電電力：50W 程度

電気自動車への応用：20～200kHz（干渉を考慮）
到達距離：30cm 程度
送電電力：3～10kW

電波受信方式

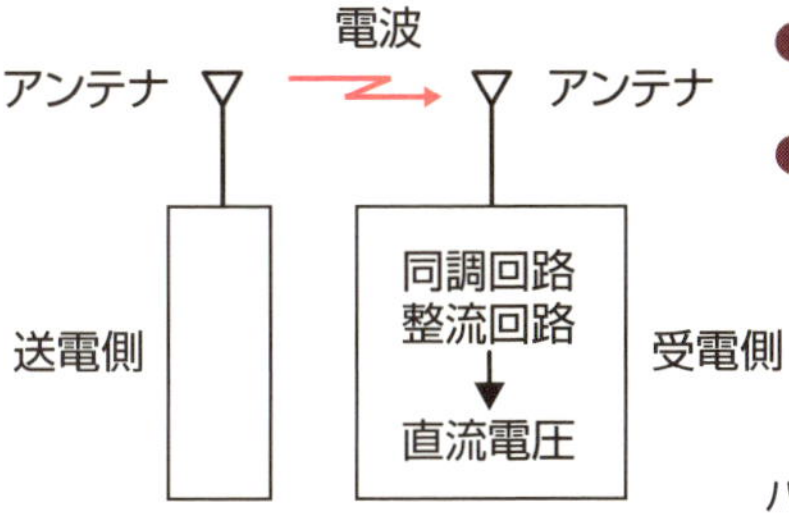

- アンテナで受信した電波のエネルギーを利用した電力伝送で電波を電力として取り出す。
- 初期の鉱石ラジオは電池なしであった。

未来の夢

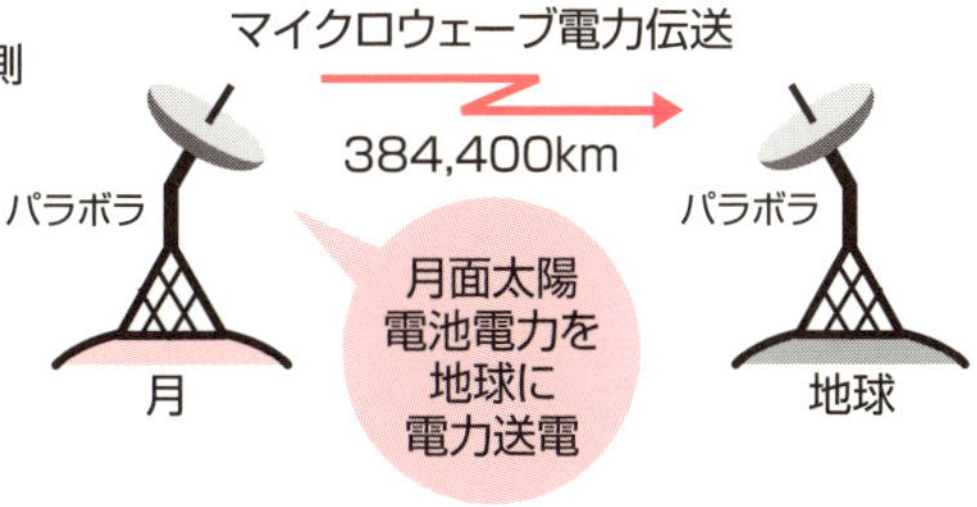

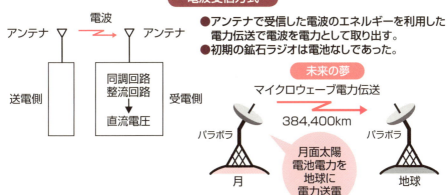

65 電波を応用した家庭内調理器

家庭では電子レンジと電磁調理器が用いられている

家庭の台所で活躍する電波：食品を加熱するにはガスを用いるか、電気ヒータ（ニクロム線）に電流を流して生じるジュール熱を利用していました。ここに電波が登場してきています。従来、電波は通信に利用されていましたが、電波の持つエネルギーを利用して熱に変換して調理器具に用いることができるのです。電波による加熱には誘電加熱と、誘導加熱があります。代表的な調理器具として、誘電加熱の電子レンジと誘導加熱の電磁調理器（IHクッキングヒータ）があります。

電子レンジの動作：電子レンジ（microwave oven）の動作はマイクロ波を利用した誘電加熱方式で、加熱すべき対象物である食品に直接熱を加えるのではなく、電波の電界を利用して食品に含まれている水分子の方向が振動ごとに変化したときに生じる摩擦熱で加熱するという方法が用いられています。

電波は粒子であり波動です。粒子とみたとき粒子の持つエネルギーEは$E = h\nu$で表されます。〔h：プランク定数、ν：振動数（物理学ではν、電子工学では周波数）〕です。電波の強さは単位時間当たりに飛んでくる粒子の数で決まります。このことから、電波のエネルギーを大きくするには周波数を高くして、電波の出力を大きく（粒子数を多く）する必要があります。

使用周波数は2,540MHz（≒2GHz）で、マグネトロンという真空管が用いられています。特長として、加熱対象物である食品を内部も外部も一様に加熱するので、調理時間が短縮できます。1961年頃から販売開始されました。

電磁調理器の動作：電磁調理器は長波を利用した誘導加熱方式で、商用周波数から周波数をインバータで20キロHz〜90キロHzに変換してコイルに流し、ここから生じる磁界によって金属に誘起された渦電流が流れることで金属の持つ抵抗からジュール熱が発生していきます。1971年頃から販売しています。

要点BOX

- ●電子レンジと電磁調理器
- ●マイクロ波利用の電子レンジ
- ●電磁誘導利用の電磁調理器

誘電加熱の電子レンジ

誘電体である不導体にマイクロウェーブを加えると、分子の摩擦で熱が発生する。

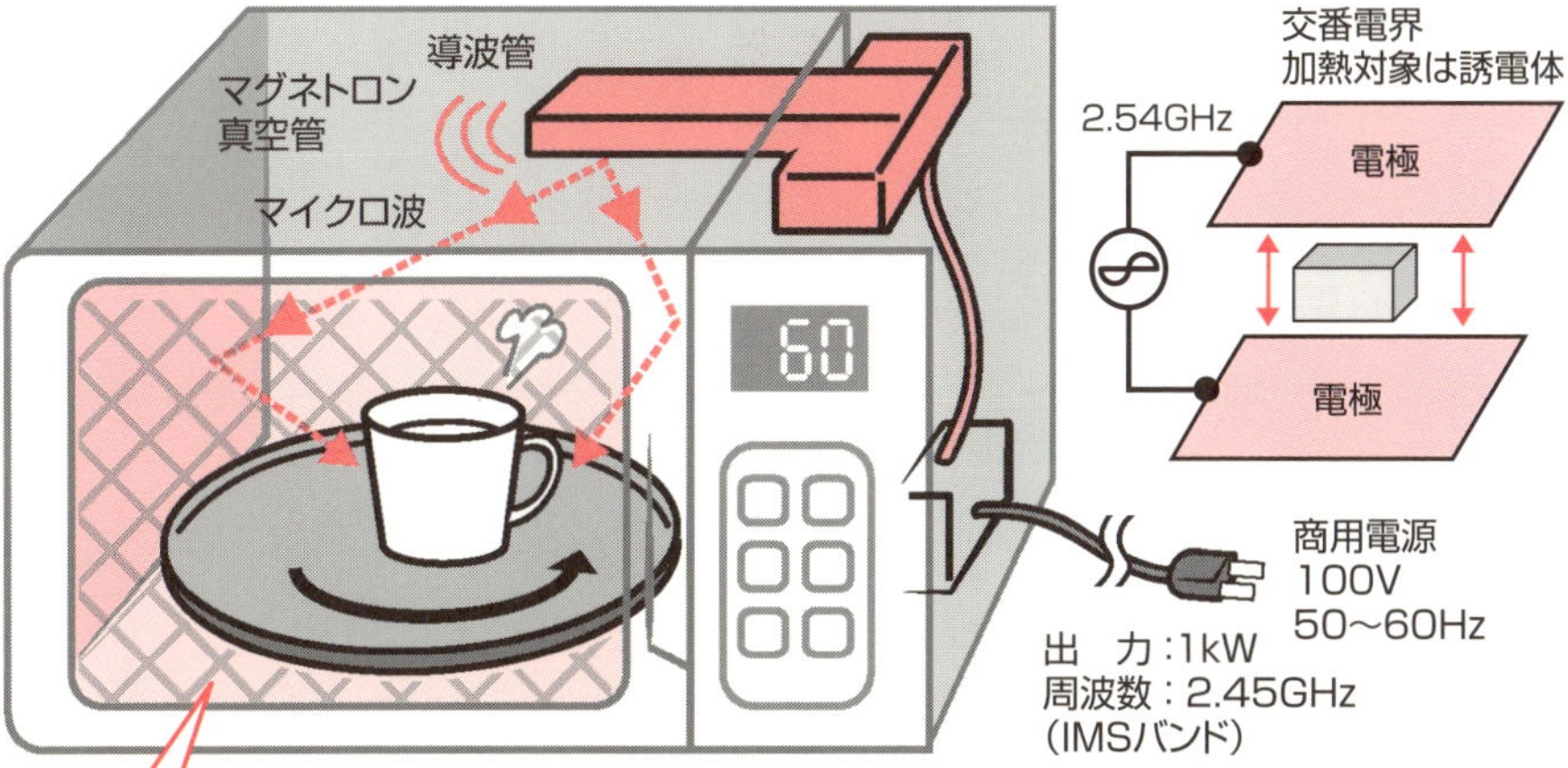

ガードスクリーン
電磁波遮蔽網（穴径は1/2波長以下とする）は2.54GHzとしたとき、1/2波長は6.25cmとなり、それよりも細かくする

実際の料理器では金属である鉄などの素材でできた鍋をジュール熱で加熱していく。電磁料理器にはコンロ型 IHクッキングヒータや IH炊飯器などがある。1971年頃から販売開始。

誘導加熱の電磁調理器

- 導線でできたコイルに交流を流すと磁力線が発生する。このとき近くに導体である金属鍋を置くとここに過電流が流れ、発熱する。
- IHクッキングヒータともいう。
  (IH：Induction Heating)

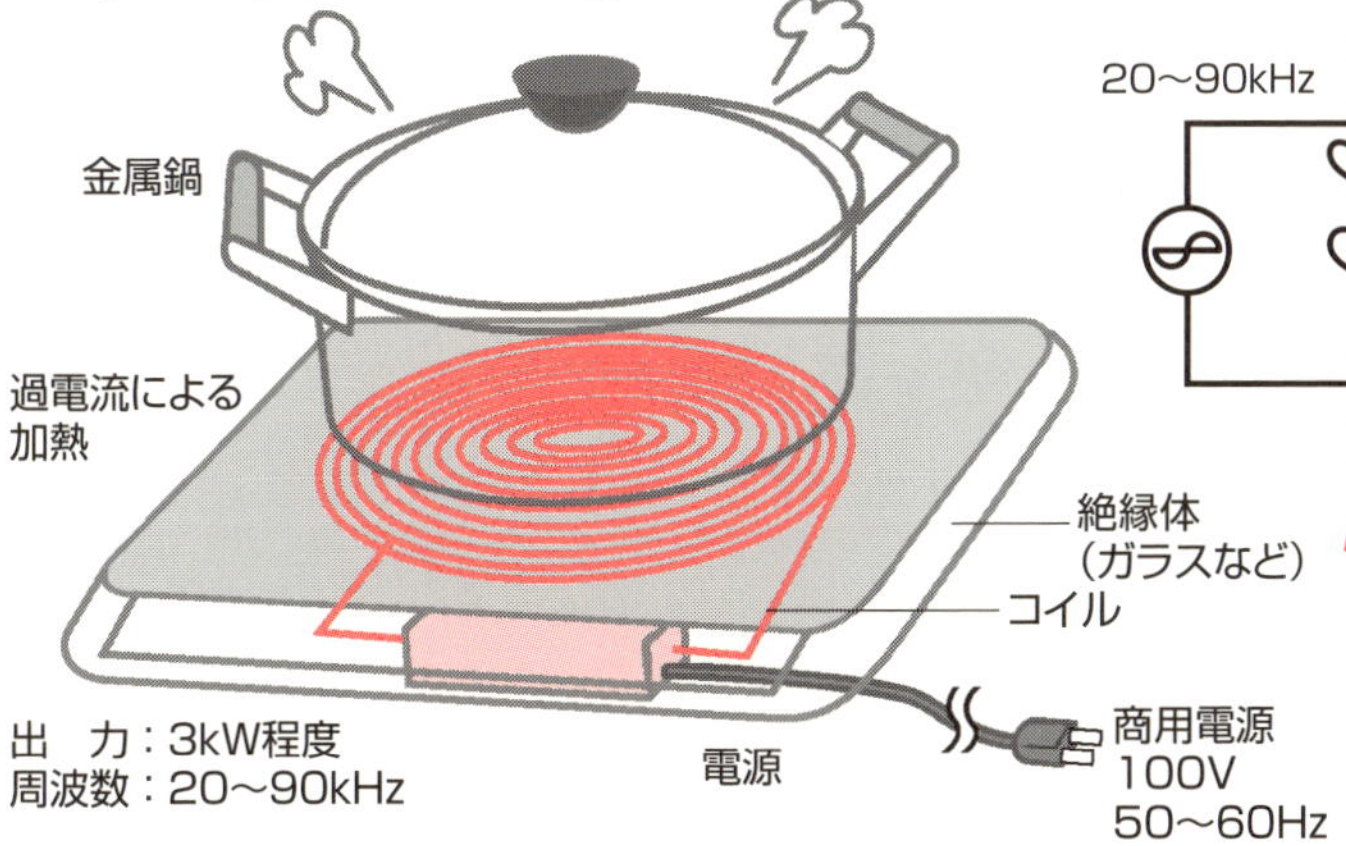

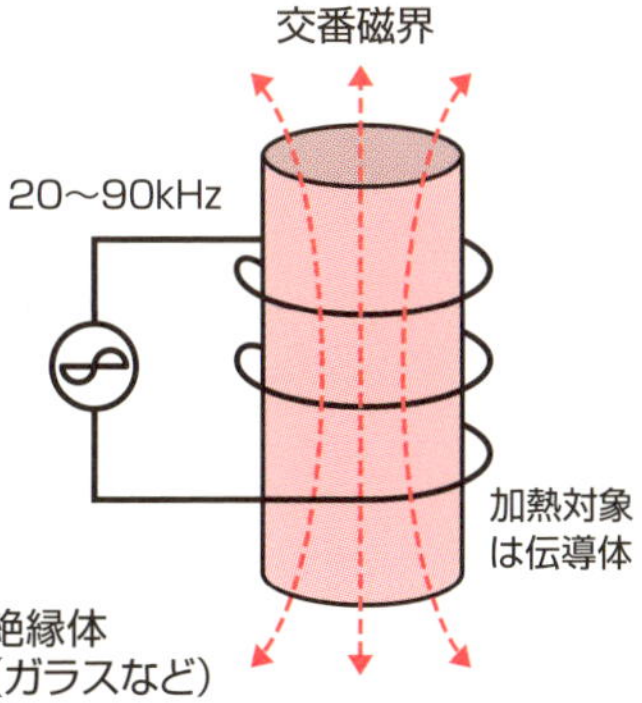

66 宇宙と電波

太陽のフレアで電波障害が生じる

太陽嵐による電波障害：太陽面では時折大爆発（大きな太陽嵐は大凡11年周期）が発生します。これが大太陽嵐（solar frare：太陽フレア）で、この爆発によって太陽は強力な磁界やプラズマ化（電離した荷電粒子）した超密度な粒子（磁界を含む）を宇宙空間に時速100㎞で放出しています。このプラズマ粒子が地球の磁気圏に到達すると磁気変動を起こし、電離層に強い電流が流れ、強力な電磁波エネルギーが発生してきます。この電磁波エネルギーが地球の周辺軌道にある人工衛星や地上の通信システムや電力送電線に甚大な影響を及ぼすようになります。

この予防のため、地上の天気予報と同様に太陽フレア予測が重要となってきました。フレアの無い状態でも若干のプラズマ粒子が飛んできますが、磁気圏や大気圏を通過するときオゾン層などに存在する粒子と衝突してエネルギーは放出され、影響はありません。通過するのは主として可視光線のみです。

宇宙の探査と電波：宇宙探査に向け、アメリカのNASAは1977年9月ボイジャー1号を打ち上げました。ここには原子力電池（400W）が搭載され2025年頃まで動作可能です。地球との交信にはSバンド2,295MHzと8,415MHzが用いられ出力は22・1Wでアンテナは3.7mが搭載されています。地球では64mのアンテナを3カ所に設置して受信しています。この間に、木星や土星の写真を送り続けてきました。2015年ボイジャー1号は、地球から約165億㎞飛び続けており、太陽系の端に到達しています。電波は片道11時間近くかかります。

ハッブル宇宙望遠鏡の登場：宇宙の神秘を解明するためハッブル宇宙望遠鏡（長さ11m、重量11トン、直径2.4mの反射望遠鏡搭載）がアメリカのNASAによって1990年（改修1993年）に打ち上げられました。地上約600㎞の軌道を周回しています。

要点BOX

- 重要な太陽フレア予測
- 宇宙探査にボイジャー1号
- 宇宙の神秘解明にハッブル宇宙望遠鏡

宇宙天気予報も重要

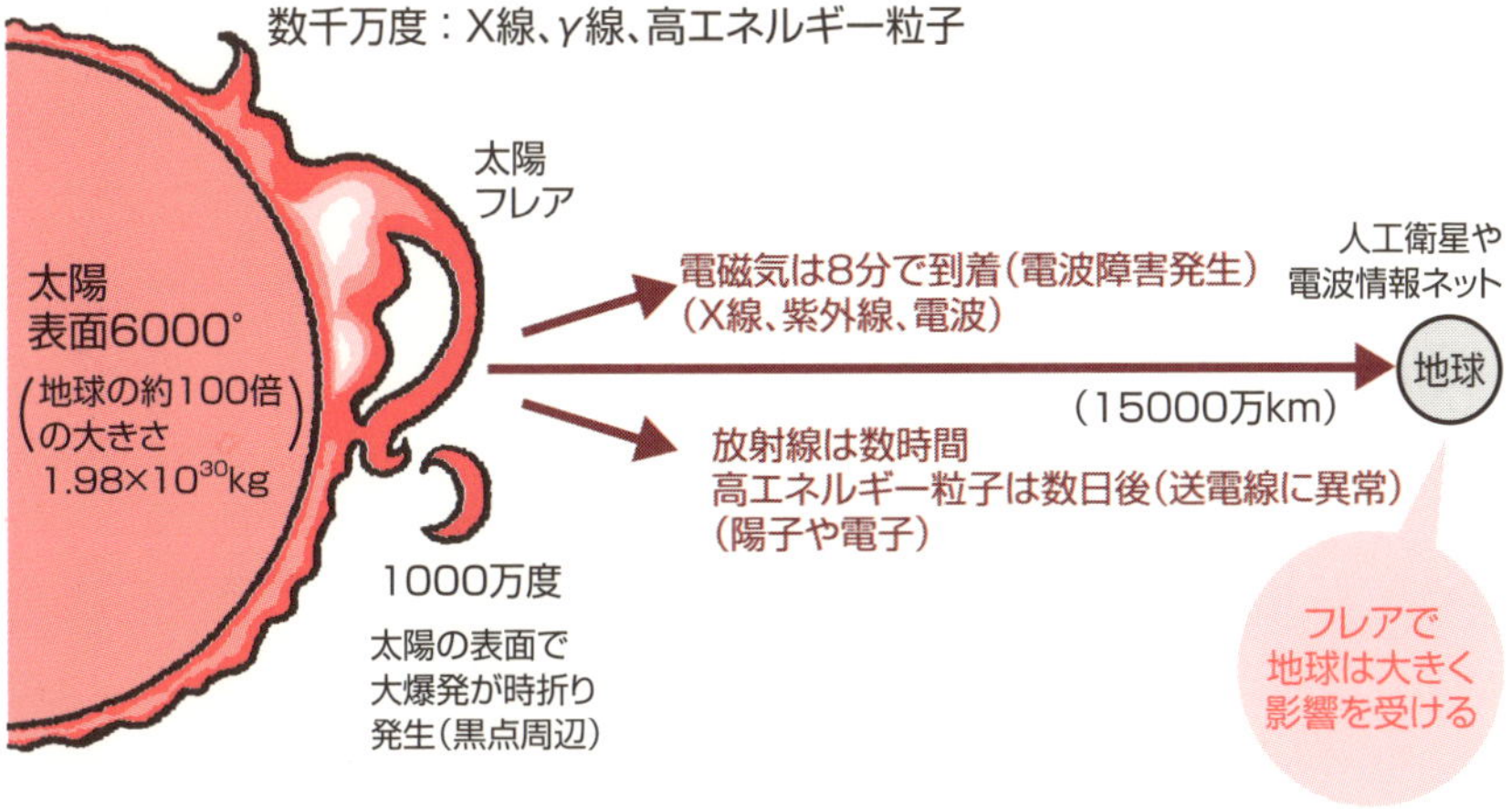

宇宙探索で活躍する電波

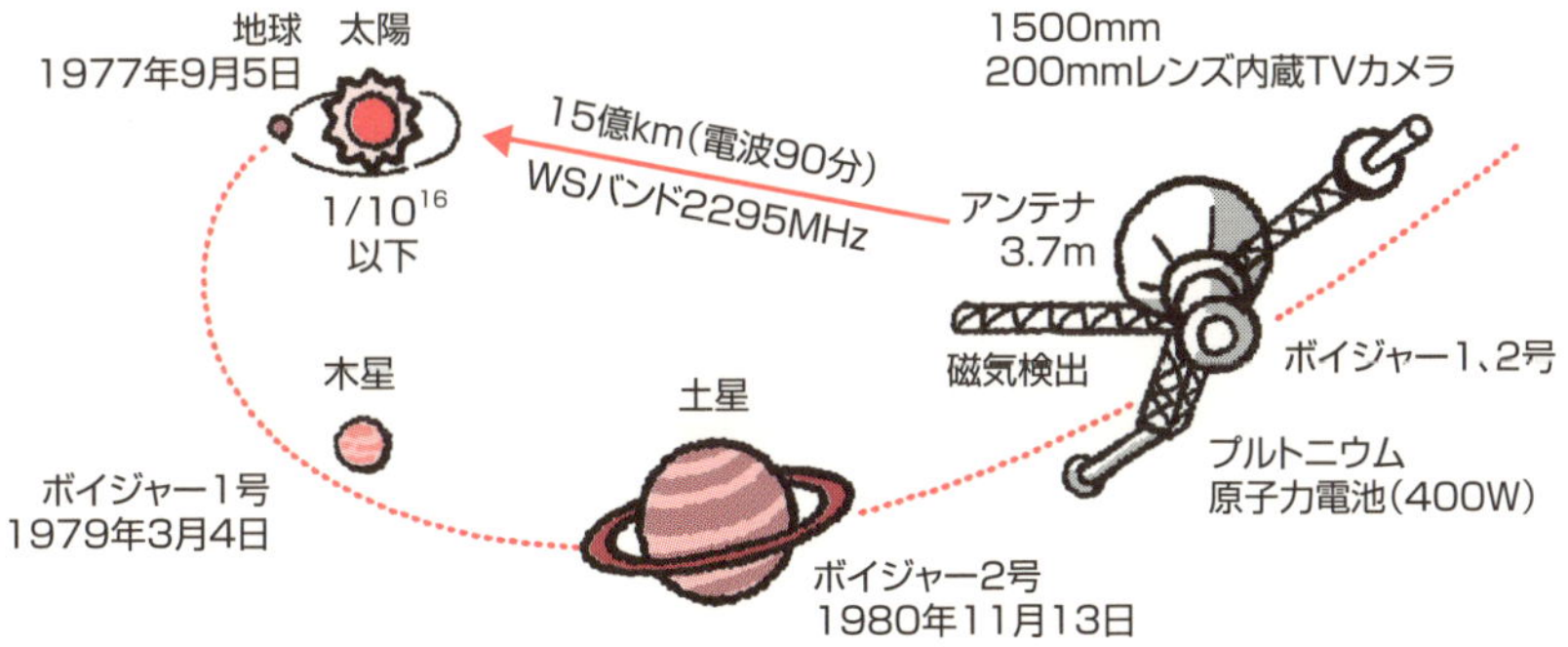

ハッブル宇宙望遠鏡

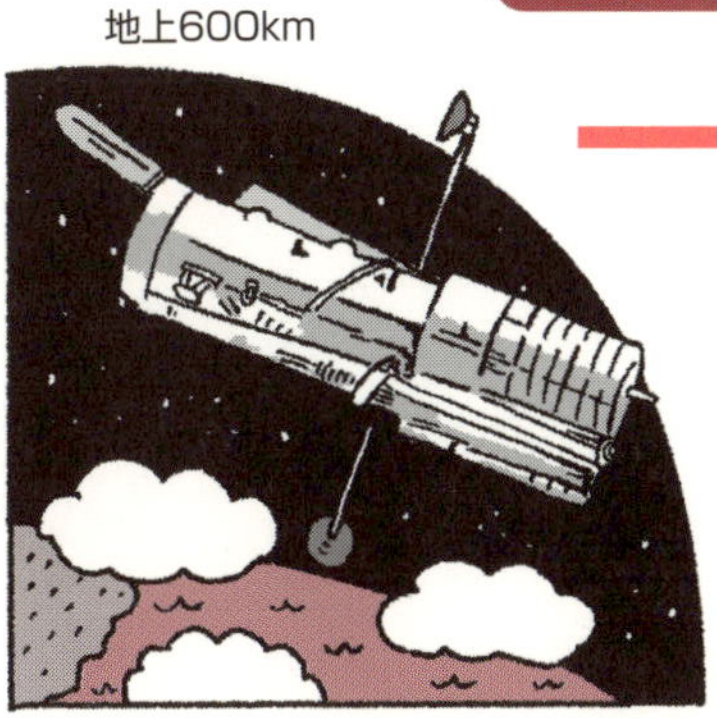

2021年12月ウェッブ宇宙望遠鏡
打ち上げ

- TDRS追跡・データ中継衛星によるネットワークと地上局とのネットワークを結び天体観測通信を行っている。
- Sバンド、Kuバンド、Kaバンド
- TDRS：Tracking and Data Relay

Column

日本でも電波の応用が始まった

マルコニーが火花放電を飛ばして電波を発見した翌年1897年、日本の逓信省電気試験場（当時）は東京月島海岸で火花放電式無線機を用いた実験に成功しています。マルコニーは多くの無線に関する内容は公開せず秘密にしていたため、日本では独自の技術開発をしたと伝えられています。

この成果によって、1905年5月27日旧日本海軍の哨戒艦信濃丸には最新鋭の火花放電無線機が搭載されていて、対馬海峡（朝鮮海峡）に姿を現したロシアのバルチック艦隊を発見し最新鋭の火花放電無線機で「敵艦見ゆ」という有名な無線電信を発信しています。

さらに1925年八木秀次は宇多新太郎と一緒に波長の短い電波の指向性を鋭くして受信できる「八木・宇多アンテナ」を開発し、世界を驚かせています。だが、当時の日本の技術者は関心を示しませんでした。

この独自な技術開発の力が、その後の日本における電子産業を支える原動力になっていきました。

この表はアナログとデジタルの交換で使用するA/D変換の分解能です。

A/D ビット数	量子化 ビット数	1LSB の重さ 2^{-n}	段階数
0	0	1.0	0
1	1/2	0.5	2
2	1/4	0.25	4
3	1/8	0.125	8
4	1/16	0.0625	16
5	1/32	0.03125	32
6	1/64	0.015625	64
7	1/128	0.0078125	12.8
8	1/256	0.00390625 ←	256
≀	≀	≀	≀
10	1/65,536	0.00001525878 ←	65,536

マ

ヤ

ラ

ワ

サ

タ

索引

英数

ア

カ

追　悼

2003年「トコトンやさしい電波の本」が谷腰欣司先生によって記述され、大変に好評を博しました。年代も経過しましたので、新しい応用を含めて記述して第2版を出版することになりましたが、大変残念なことに2013年谷腰欣司先生はご病気でお亡くなりになりました。大役を小生が担当することになりましたが、先生のご遺志を引き継いで記述するように心がけました。谷腰欣司先生のご遺徳を偲び、哀悼の意を表します。

相良岩男

今日からモノ知りシリーズ
トコトンやさしい
電波の本 第2版

NDC 547.5

2003年 3月24日　初版1刷発行
2011年11月25日　初版7刷発行
2016年 2月22日　第2版1刷発行
2022年11月11日　第2版6刷発行

©著者　相良 岩男
発行者　井水 治博
発行所　日刊工業新聞社
東京都中央区日本橋小網町14-1
(郵便番号103-8548)
電話　書籍編集部　03(5644)7490
販売・管理部　03(5644)7410
FAX　03(5644)7400
振替口座　00190-2-186076
URL　https://pub.nikkan.co.jp/
e-mail　info@media.nikkan.co.jp
印刷・製本　新日本印刷(株)

●DESIGN STAFF
AD――――――志岐滋行
表紙イラスト――――黒崎　玄
本文イラスト――――輪島正裕
ブック・デザイン――奥田陽子
(志岐デザイン事務所)

●
落丁・乱丁本はお取り替えいたします。
2016 Printed in Japan
ISBN　978-4-526-07525-4 C3034

●定価はカバーに表示してあります

●著者略歴

相良 岩男(さがら・いわお)

昭和7年	東京都に生まれる
昭和31年	東京理科大学卒業　物理学専攻
昭和31年	沖電気工業(株)へ入社し ED事業部総合技術部技師長を経て、
平成3年	KOA(株)常務取締役
平成10年	KOA(株)顧問　平成23年退職

主な著書として、「わかりやすいOPアンプ入門」「トコトンやさしい情報通信の本」「A/D・D/A変換回路入門第3版」「わかりやすいフィルタ回路入門 第2版」「わかりやすいアナログとデジタル基本・応用回路入門」「よくわかる デジタル信号処理入門」「よくわかるデジタルテレビの基本動作と仕組み」「トコトンやさしいアナログ回路の本」「トコトンやさしい電源回路の本」(以上、日刊工業新聞社刊)など多数。